U0267587

四川大学“中国语言文学与中华文化全球传播”学科群资助

数智时代的人类学

Anthropology in the Age of Digital Intelligence

徐新建　著

人民出版社

序一

为“人类世”占卜

叶舒宪

我和徐新建教授相识于1993年的张家界。相识的缘由在于两个青年在学术追求上的契合。这种天造地设的契合，加上其他必要因素，终于在我国新时期以来的人文学界，催生出一个新兴交叉学科，名叫“文学人类学”。今年伊始，文学人类学五个字，作为中国语言文学一级学科下的文艺学招生方向，写进了国家新颁布的研究生专业目录，成为一个三级学科的名称。

文学人类学，顾名思义地讲，这是我俩接受大学教育的专业——中国语言文学专业，嫁接另外一个国内高校一般都没有的专业“人类学”的结果。回首我俩三十一年来的交往，都是在忙忙碌碌中度过的。可谁也不曾料到：迎接2024年这个中国人的龙年，我拿出一部彩图版小书《龙的元宇宙》为献礼；徐新建教授拿出的献礼新书，就是这部《数智时代的人类学》。

其书名，指向某种超出一般常识的新知识：什么是数智时代呢？

这样的新名词，在我们接受高等教育的年代里，以及毕业后任教的一二十年里，都是闻所未闻的。我想先借用本书作者自己的说法，来回应一下对此术语感到困惑的大量读者：数智文明是“人类世”的新标记。

要说明什么是数智文明，本书不得不在开篇用很大篇幅，讨论2000年以来的另一新术语“人类世”。好在“人类世”的说法，要比数智时代或数智文明的提法出现更早，它专指一个地质学的年代，即人类自己的行为结果，已经发展到彻底改变地球的自然生态系统，迫使大量生物种走向灭绝，给地球生命史敲响警钟。普遍认为人类世的到来，是发生在工业革命以后的事，一般以 1950 年为标志。那不正是我们五零后们出生的年代吗？

在我们的文学专业里，数千年的世界文学史上能够预见到人类世降临的作者，如同凤毛麟角。既然这个并不美妙的地质学年代已经来临，人类对自己的未来选择，会不会发生决定性的影响呢？要回答此类问题，在传统的前现代社会里，一般只有巫师萨满、占卜师或预言师，才有这个资格。徐新建写的这部新潮之书，就是要自觉去充当今日社会的预言师角色吧。

工业革命大大增加了社会财富，也极大提升了人类群体间彼此杀戮的能力。紧接着工业革命而来的数字革命，伴随着我们的中年时光。从互联网到人工智能，短短几十年，数智文明已经要全面取代工业文明。数智文明时代的当下战争，要依赖海量的无人机去完成。军事攻击目标的锁定，也会靠人工智能完成。就像以色列军队攻击巴勒斯坦人聚居的加沙地区那样。数智时代的暴力程度，升级无限。从电视和自媒体上的情况看，如今巴勒斯坦社会中的人类个体，已经变成全套智能化杀戮机器自动攻击下的非常渺小而无助的牺牲者。

人类学，作为解说人类行为奥秘的科学，从 1850 年代的达尔文主义进化论，到 1950 年代的人类世降临；再到 2050 年代的可预期的新世界格局，200 年间所留下的伟大教训，足以抵消以往思想史的一切结论：那就是，人类被进化的历史正在走向一种无限加速变化的失控状态，任其发展下去的结果已经明确：人类的自我毁灭以及地球生态本身的毁灭。

听起来，这哪里还像人类学说教，简直就像科幻。

当 21 世纪的全球最畅销书《人类简史》的作者，在其书的结尾留下悲观的预言时，已经精准地诊断出人类自孕育出文明国家以来便患上的不治之症：

> 拥有神的能力，但是不负责任，贪得无厌，而且连想要什么都不知道。天下危险，恐怕莫此为甚。[1]

这位70后的以色列作者赫拉利自己也不会想到，自己的民族和国家会在2024年，成为四万多巴勒斯坦无辜平民的屠杀机器，并将第三次世界大战的巨大威胁，变成这个星球上的残酷现实。

徐新建教授在《数智时代的人类学》中，多次讲述到他亲历的学术史回忆场景：如文学人类学团队在2000年的四川大学讨论现代性危机下“原始复归”主题；2004年又在宁夏银川举办的人类学高级论坛上发表十分超前的《生态宣言》……

如今回头看，这些早年的学术表态都是“人类世”意识尚未成熟时期，国内的文学人类学方面未雨绸缪的忧思表现。当时预感到飞速变化的当下社会必然遭遇前所未有的大难题，却没有料到这一切来得如此迅猛，以至于今日的社会生活已经难以区分现实和虚拟的界限。今天的人们，如此强烈地拥抱被理性时代误判为已经衰亡或消逝的神话幻想，并以科幻和虚拟现实为名，竭力拓展高科技驱动的幻想体验新方式，从网络游戏到各种玄幻主题公园。

可以这样说：我和徐新建教授在合作推进和普及文学人类学专业知识的当初，是想给文学研究提供某种科学实证的可操作的范式。几十年下来，才发现我们已经身处在一个比以往文学史的所有玄幻作品还要更加玄幻的世界。因为时代的变化速率和程度，已经大大超出个人理性预见的可能范围。

在我们有幸考入大学的1977年，也恰逢适合结婚成家的年龄段。当时的社会家庭理想，表现为所谓的结婚三大件：手表、缝纫机、自行车。如今

1　[以色列]尤瓦尔·赫拉利：《人类简史》第二十章“智人末日”，林俊宏译，中信出版社2014年版。

呢，我们还是我们，从求学的学子，变成即将退役的老教师。本周我出差，载我去虹桥机场的出租车司机段师傅，一路上都在抱怨一件事：为什么要搞什么无人驾驶？据说浦东区已经开始无人驾驶的试点，不久就会推广开来。出租车司机谋生的饭碗，眼看就要面临机器人的威胁，而不保了。

我们自己的一生，经历过那样一个以自行车为标志的理想代步工具的年代，如今呢，嫦娥六号探测器已经从月球背面采集到土壤标本并带回地球了。这几十年间完成的技术变化和知识迭代，不就是《数智时代的人类学》所要面对的问题吗？

在此，我郑重地把徐新建教授的这部新书推荐给读者，它恰好可以见证：这一代人的不懈追求、自我超越和深度思考。

序言的结尾，请允许我引用我们中国民间文艺家协会的老战友，已故的桐柏县文化馆马卉欣先生采录的一则盘古神话，让读者亲自体验一下：当今的科幻与古人的玄幻，二者是什么关系。

> 天地未分时，有个叫盘古的神人，身披驾云衣，脚穿登云鞋，在彩云里游玩，前面飘来个大气包，挡住了他的去路。他一恼，抽出腰里的斧子，把大气包砍破了，落向下方。盘古追上去，睡在大气包上。不知过了几万年，盘古醒来不见了驾云衣和登云鞋，大气包变成了地，地上有了天。从此有了天地，盘古成了地上第一个人。[1]

（作者为中国比较文学学会第13届会长、上海交通大学讲席教授）

1　参见马卉欣（编著）：《盘古之神》，上海文艺出版社1993年版。

序二

自主知识体系构建的大胆创新

陈跃红

新建兄微信飘了过来，要我为他即将在人民出版社出版的新著《数智时代的人类学》写几句话，书稿随附件直接就递过来了。

我在电脑上打开这厚重的书稿，浏览目录和内容，对着屏幕硬是楞了好一会儿，觉得如此精心大著，自己何德何能，又如何能写得出什么样的一个序！于是赶紧微信回复过去表示婉拒，理由是一直在瞎忙，没空细读书稿。没想到他的回复马上又过来了，“你不写谁写?”我于是无言以对，40多年的朋友交情和学问同好，又都是先后从贵州大山里走出来的山民类非正统学人，写几句就写几句吧，70岁的人本来已经可以“从心所欲”了，在朋友面前看来还是得说个恭敬不如从命，咋办呢、赶紧浏览书稿，然后凝心静气敲会儿键盘。

不妨从书名说起，如果是一般所谓“人类学”的书名，那肯定和新建无关，但若是《数智时代的人类学》，不用看内容，我就能猜到，这八成就是徐新建的大作。在中国人文学界，絮絮叨叨地说什么数字人文，早已经重复了几十年，大家对这个概念似乎感觉不言自明却又往往都语焉不详，一头雾水。

我记得1985年在深圳，我的导师乐黛云教授与人合作启动设计《红楼梦》的计算语言数据库研究的时候，就是在尝试开展这种被称为数字人文学的研究，几十年后的今天，人类早已经进入大模型计算时代，智能互联网和智能手机如此普及的社会，我们还是把但凡和0+1，和计算机沾点边的人文研究都叫作数字人文研究，未免实在是眉毛胡子一把抓，太笼统太含糊其辞了！正是见不得这种言不及义的表述，我不敢说新建是第一个叫出“数智人文”的学者，但他肯定是最早发现这一问题，又最早肯定“数智”表述，并认真区别数字与数智二者差异的学人。早在2018年他来南方科技大学出席我主持的人文与计算机学者10+10“人工智能时代的技术与人文”跨学科对话会议时候，就非常认真地提出“数智人文”的概念，并且仔细厘清过数字与数智的代际差别。在他看来，数智的“智”具有升级意味，不但突出与计算技术关联的智能、智力、智慧，并且与人类作为“智人”物种的自我命名紧密对应，以人工智能和智慧互联网为代表的数智社会的出现，不仅标志着“人类世”进程中的新文明诞生，更意味着后新人类对历史人类的新挑战。

请注意，上面这段话又引出了一个新词汇“人类世”。这当然不是新建的发明，学过地质学专业的我，对这词儿并不陌生，在地层学古生物学等课程教材中，相对于震旦、寒武、泥盆、侏罗等等这些古老的地层和生物年代，人类世实在是不值一提的阶段，既新又短，可以忽略不计，对于地球成因和找矿也没啥关系，所以地质专业大伙儿就常常忘记他的存在。可是对于人类学而言，如新建这样的文学人类学者率先把这个概念引入学科论述，在学术上立马就有宇宙空间和地球时间的宏大视野，这实在是太符合新建做学问的风格了。回想上个世纪80年代，我们这一帮贵州青年学人凑在一起研究贵州文学，研究傩戏和面具文化的时候，新建以及我们都主张，研究地方文化要有京城高度，全球意识，要从世界的面具文化和戏剧发展史去看贵州傩文化的意义。而今40多年过去，新建已经成为一名走遍世界，遍访名校，回头又深入考察中外田野，穿越大西南山脉搞调查研究，学术硕果累累的国际化比较文学和文学人类学者了。

阅读这本即将出版的《数智时代的人类学》，立马就能感受到他一以贯之的学术视野和写作特点。无论是讨论“数智之维”，还是力图建构“新人类学”，都能从字里行间呈现出他那种试图穿越古今中西，勘破学科壁垒，以地球尺度、百万年人类进化史和上万年文明史去观察事物，分析现象，同时大开大合，纵横捭阖地展开论述的酣畅淋漓叙述风格。新建的著述特点是绝不人云亦云，在这本新著中，他从天地创生，文明初起，向上看宇宙科幻，向下看科玄并置，向外看世界学术风云，向内看传统文化积淀，向后看文字以外的神话世界，向前看通用人工智能的趋势，凡此种种学科视野和方法手段，又都紧紧围绕新人类学的建构层层展开，一气呵成。于是，一种数智时代新人类学的学科逻辑结构和方法模型论述已经得以清晰呈现，于是，本书的意义已经不言而喻。

我相信，年轻读者阅读此书，一定会感觉不落俗套，突破许多规范，更是新见迭出的启发；专业学者阅读此书，定会有茅塞顿开，启发神思的会心领悟；而我读此书，则开始一路浮想联翩，说来也是，两百年中西文化激荡，西化化中，西学东渐；40年改革开放，中西互鉴，和而不同。在学科知识体系上，却始终没法超越欧洲启蒙时代和欧美工业革命背景下生成的学科结构体制和命名范畴。他们是谁？我们如何？未来怎样？接下去十年，二十年，三十年，还应该是如此格局吗？所谓百年未有之大变局，所谓新AI时代将引发的教育大变革的前夜，东方文化，中国学术，如何以自主的知识体系和学科命名定位去参与世界学术的大循环，大变革？一个宏大的历史课题摆在所有人的面前，避不开，躲不过，那么，要不要试一试，一起来一场自主知识体系构建的大胆创新闯荡和寻求学科命名话语权的奋发努力！

就此意义而言，新建此书，我看算得上开先河之举，或者说，至少是一块稳当的学术垫脚石。

2024年8月27日，于深圳南科大寓所

（作者为北京大学中文系原主任、南方科技大学人文社会科学学院院长）

目　录

一、人类世：地球史中的人类学

本章要点：有科学家提出，地球在第四纪后半期迈入因人类活动而导致地表发生巨大改变的“人类世”。与地质年代的时空坐标相对应，随着生存方式的变异和技术手段的扩展，可以说人类物种已进入了自我演变的第四期。

在这一时期里，不但工业化食品生产与化工能源的急速耗费造成地球环境极度变异，随着“人工智能”（AI）、“虚拟现实”（VR）及“脑机融合”（BCI）等电子装置的开发，更是使人类的基本需求逐渐转向精神愉悦和超现实满足，从而打破“智能圈”与“生物圈”已保持了较长时间的既有平衡。面对如此严峻的突变，有必要从地球史角度出发，反思既有的人类学，重建超越人类中心的新人类学。

2017年发生了一系列令全球瞩目的科技事件。随着“阿尔法狗”（AlphaGo）升级版“阿尔法元”（AlphaZero）在围棋技法方面的再度突破，由电子装置体现的超强“人工智能”（AI）对人类智能的挑战引起了波及甚广的各界关注。有科学家甚至认为，人工智能代表的挑战不仅对过去“人类规律”产生强烈冲击，使人类历史发生根本性突变，而且在迈向未来的新阶段里，随着生物与机器结合，技术还将进一步改变地球生命的原貌。面对严峻局面，有学者在担忧未来突变之时，认为有必要掉转目光，重新检讨人类走过的路。[1]

可见，即便以人类现代命运为起点，也需要连通未来和过去，创建更为完整和久远的时空构架。然而多大才算完整？多久才算连通？无疑还需思考辨析。

（一）地质史年表中的地球时间

20世纪后半期以来，跳出社会研究中的当下眼光乃至断代史的短时段局限，关注特定族群或文化的“长时段”或“大历史”，已成为学界不断追捧的新风尚。西方社会科学界较早倡导关注“长时段”的是法国年鉴学派的代表人物布罗代尔（Fernand Braudel，1902—1985）。1958年布罗代尔发表《历史与社会科学：长时段》，提出历史研究包含三种基本单位：“事件”“态势”（周期）和“结构”。[2]布罗代尔提出的此三者在时间度量上呈递增关系，可以分别称为人类历史的“短时段”“中时段”和“长时段”。布罗代尔认为，在历史和社会科学研究中之所以必须关注“长时段”（Long-Period），是因为其“不仅长期存在而且左右着历史长河的流速，具有促进和阻碍社会发展的作用”。布罗代尔说，短时段的历史只是“报纸上就‘当前历史时刻’所写的一切”，其“不过是海面，是只要载入书籍簿册就会冻结和凝固的表面”；因此，唯有“在长时段中才能把握和解释一切历史现象”。[3]

与此相似，在以中国为例的史学研究中，也有学者提出了关注“大历

1 ［美］皮埃罗·斯加鲁菲(Piero Scaruff)、牛金霞、闫景立：《人类2.0：在硅谷探索科技未来》，中信出版集团2017年版，第375页。

2 ［法］费尔南·布罗代尔：《资本主义论丛》，中央编译出版社1997年版，第176—180页。

3 ［法］费尔南·布罗代尔：《资本主义论丛》，中央编译出版社1997年版，第176—180页。

史”（macro-history）的主张，例如黄仁宇。为何如此？在名为《中国大历史》的论著里，黄仁宇提出的理由是中国有10多亿人口，在过去150年内所经历的变化巨大，其情形不容许“用寻常尺度衡量”。[1]

可是相对于以地球衡量的更广阔时空而言，上述“长时段”和“大历史”却又都是“短时段”和“小历史”。它们的共同点仍然是以人类文明也就是人类进入“历史”后的社会活动为坐标来加以看待和计算。在以往西方主流观念中，“历史”要受历史理论的制约，有特定的选取标准，并非随便哪段时间都能称为历史。这就是说，“历史”并非自然生成，而要受史学家们指定的“元话语”划定和支配。比如，在雅斯贝斯（Karl Jaspers，1883—1969）看来，人类历史发展的漫漫岁月中，堪称“历史”的不过是其中一个特定阶段。它的标志是“人类理性的觉醒”。以此为准，往上溯的部分叫“史前”，往下排的才是“史后”（虽然一般不这样说），也就是“历史”的开始。根据亚里士多德、孔子、基督及释迦牟尼等的出现年代，雅斯贝斯推算人类的“历史”起始于西元（即基督纪元）前800—前200年。他把这个时期命名为“轴心时代”（Axial Age），并以此为基

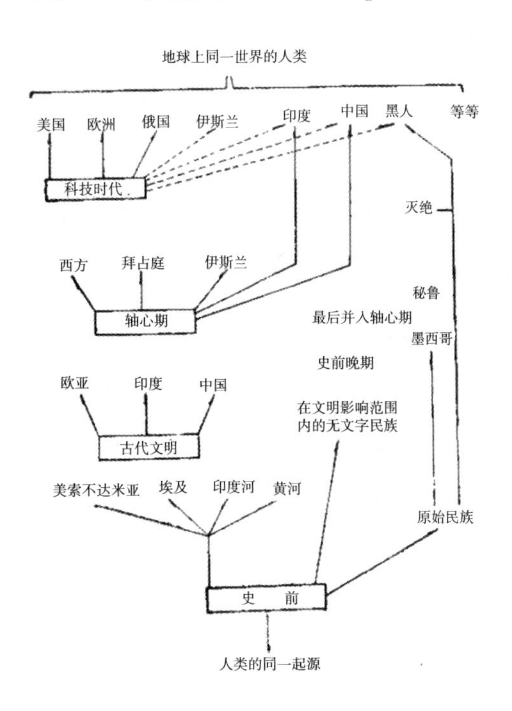

雅斯贝斯的人类“历史”示意图

（参见雅斯贝斯：《历史的起源和目标》，魏楚雄等译，华夏出版社，1989年，第35页。）

1　黄仁宇：《中国大历史》，生活·读书·新知三联书店1997年版，“自序”第1—7页。

准绘制出人类世界的“历史”整体图参见上页。

雅斯贝斯认为，“轴心时代”是认识人类进程的必要尺度。只有依据这尺度，人们才能够“衡量各民族对人类整体历史的意义”。但是按照他这样的标准和划分，正统的“历史”研究便理直气壮地排除了“史前”，从而也就把人类看待自我和世界的时间缩短在很小的范围里。这样的观点对“历史”概念的阐发具有推进意义，但同时又带有难以摆脱的自我局限。固执此见，便会把人类“历史”锁在欧洲中心的史学话语中。

不过还有例外，那就是人类学。人类学通过对“原始”（野蛮）社会的关注，把“史前”和“史后”打通，尤其是以达尔文《物种起源》为代表的进化论，把人类自身从当今“文明”社会不断往前追溯，一直追到被认为有祖源关联的灵长类物种之中，从而获得远比文明时代更为广阔的“长时段”和“大历史”。

然而这还不够。在达尔文等人那里，即便将人和动物连为一体来看待，时间的单位仍局限于生命世界（或有机世界）。对于更为寂寞漫长的“无机世界”而言，其显然还是“短时段”和“小历史”。如今从方法论、认识论乃至价值观的角度审视，这样的局限同样对人类自身及其赖以生存的地球均产生了不利的影响。

在这样的背景下，地质学界最新提出的“人类世”学说便有了重要而迫切的意义。

（二）“人类世”场景里的人类尺度

“人类世”（The Anthropocene）是对地质演变阶段的新划分，最早由诺贝尔化学奖得主、荷兰大气化学家保罗·克鲁岑（Paul J.Crutzen）等学者提出。为了强调现代的人类在地质和生态中的核心作用，克鲁岑提出用“人类世”概念来标志一个新地质年代的产生。在著名的《自然》杂志 2002 年第 1 期上，克鲁岑发表了题为“Geology of mankind”的文章，意为《人类地质学》。在文章中他指出：自 18 世纪晚期的英国工业革命开始，人与自然的相互作用加剧，人类成为影响环境演化的重要力量。克鲁岑指出：地球已在人类数百年来的改造中脱离了本有的自然面貌。在 21 世纪，人类总人口可望达到 100 亿，地球表面 30%—50%陆地业已被人类占领和开发。[1]

这样，在更为漫长的地质史构架里，“人类世”便与此前的“更新世”(The Pleistocene)、“全新世”(The Holocene) 等年代并列起来，凸显出其对地球环境的巨大影响。在接下来的英国地质学家们的描述里，“人类世”出现后对地球面貌的改变表现为四个方面：地质沉积率改变、碳循环波动和气温变化、生物种群急速灭绝以及海平面上升：[2]

在右图中，时间原点设在西元 2000 年，左边的虚线代表“全新世”，右边末端指向“人类世”的来临。

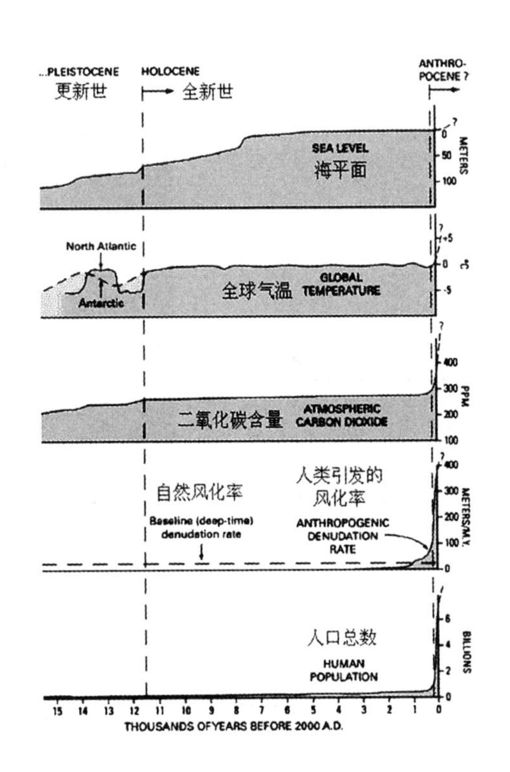

“人类世”年代示意图

（资料参见：an Zalasiewicz, Mark Williams. Are we nowl-iving in the Anthropocene? [J]. GSA Today. 2008(2): 4-8.）

地质年代（Geological Epoch）以数万年至数百万年划分，基本单位包括宙、代、纪、世。大

1 Paul J. Crutzen，“Geology of mankind”，*NATURE*, VOL 415, 3 JANUARY 2002, p.23.

2 Jan Zalasiewicz, Mark Williams. “Are we now living in the Anthropocene?” *GSA Today*. 2008(2): 4-8.

致说来，自 260 万年前以来是第四纪 (Quaternary)。在近代自然科学研究的论述体系中，“第四纪”被用为地球科学广泛使用的术语，代表地质年代中最晚的一个时段，“对人类社会来说，也是最重要的一个地质年代单元”。[1] 其中的时段又分为两个世，即“更新世”和“全新世”。前者指从 260 万年前到一万多年前的地质年代；后者指从 1 万多年前直到现在的时期。[2] 因此从“地质史”角度看，人类存在的地质时期是“显生宙新生代第四纪中的全新世”。[3] 对于地球演化来说，该时期也被称为“人类地球”阶段。这一阶段的最突出标志，是形成了由生物圈衍生而来的“人类圈”(Anthroposphere)，其范围下限自地表开始，上限在目前已达到载人航天飞行器的高度。[4]

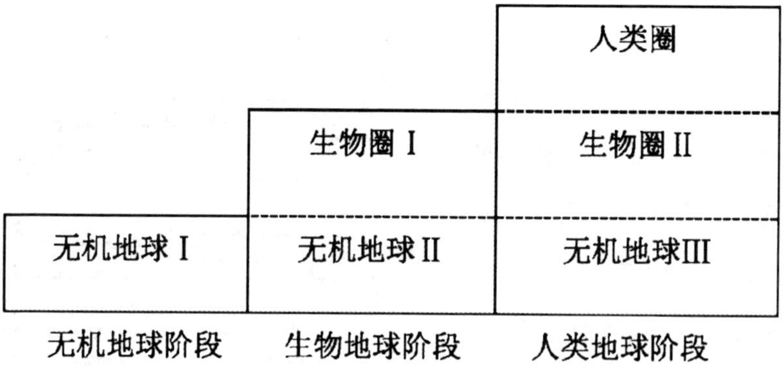

无机地球阶段	生物地球阶段	人类地球阶段
		人类圈
	生物圈 I	生物圈 II
无机地球 I	无机地球 II	无机地球 III

地球系统演化三阶段示意图

（图示引自陈之荣：《人类圈・智慧圈・人类世》，《第四纪研究》2006 年第 5 期。）

依照我的理解，就建立在现代性基础上的科学话语（包括自然科学和社会科学）而言，相对于达尔文以“物种起源”为起点或雅斯贝斯以“理性觉

1 姚玉鹏、刘羽：《第四纪作为地质年代和地层单位的国际争议与最终确立》，《地球科学进展》2010 年第 7 期。

2 参见刘东生：《第四纪科学发展展望》，《第四纪研究》2003 年第 2 期。

3 参见保国陶：《新的显生宙地质时代表》，《海洋石油》1996 年第 4 期。

4 参见陈之荣：《人类圈・智慧圈・人类世》，《第四纪研究》2006 年第 5 期。

醒”为基准的历史主张而言，地质史意义上的“人类世”视野及其尺度堪称“更长历史”或“超历史”。以此为坐标，或许才能更接近宇宙本貌，理解所谓“历史”和“文明”，从而进一步认清人类与世界的本质关系。延伸而论，以关注、研究和反省人及其文化的人类学或许才能在更新自己的尺度和框架后，提出对生命演化的新阐发。遗憾的是，正如有学者指出的那样，即便在西方的大学课程中，“历史学仍然主要关注的是过去几千年的人类历史”，由人类学家博亚士（Franz Boas）等扩展的人类学式的“深历史”框架，在时间尺度虽有扩展，也至多延至古人类边界便打住，局限依然明显，即都“阻碍了学者完整而全面地了解人类、人类起源和人类历史”。[1]

（三）从全球都市化到智能数字化：人类进入第四期了吗

早在 1873 年，意大利科学家安东尼奥·斯托帕尼（Antonio Stoppani）就从地质学角度对人类出现后的地球史提出过新的命名，使用的术语是“Anthropozoicera”，即“人类纪”。只是到了克鲁岑在 21 世纪的表述里，相应的术语才又上升为“人类世”，并有了进一步发挥。根据克鲁岑的解释，“人类世”的主要特征在于导致地球环境改变的力量正由自然转变为人类，尤其是从物质力变为思想力。克鲁岑转述 20 世纪 30 年代俄国科学家弗纳德斯基（V. I. Vernadsky）的话说，演化的趋势必将朝向人类思想和意识的日益增强，从而导致其周遭万物深受影响；并且“除非爆发世界大战或全球瘟疫那样的巨大灾难，人类还将作为主要力量继续影响地球环境数千年”。[2]

1　此话出自“大历史”（Big History）观念的提出者、澳大利亚麦考瑞大学历史系教授大卫·克里斯蒂安（David Christian），转引自张哲采写：《扩展人类理解历史的疆域——对话“大历史”、“深历史”、“人类世”叙述者》，《中国社会科学报》2013 年 11 月 15 日。

2　Paul J. Crutzen，“Geology of mankind”，*NATURE*, VOL 415, 3 JANUARY 2002,p.23.

2011年3月，美国《国家地理》网站刊登专文介绍“人类世”，题目叫作《进入“人类世”：人类的纪元》（“Enter the Anthropocene：Age of Man”）。文章说：“人类世”这一新词语标志着一个新的地质纪元。该纪元由我们人类对地球的巨大影响所定义。在全世界的所有城市都灰飞烟灭后，人类的巨大影响仍将以地质式的记录在这个星球上长久留存。[1]

通过卫星图像比较不难见出，仅以被称为“发展中地区”的迪拜和上海两城为例，无论中东还是东亚，都显示出人类活动已多么突出地在地表上留下了“地质式的记录”。

在中国，因关注科技发展对地球环境的负面危害，刘东生院士等科学家对“人类世”概念给予高度评价。刘东生认为，“人类世”对地球的影响已达到了全球尺度，极有可能“改变地球系统”并“威胁人类的生存”。[2]

与作为理论和学科的人类学一样，“人类世”的词根也是“人”。在西方科学式的话语里，无论用Anthrop还是Human或Man表示，都指进化阶序里一个生物种群的诞生。按照人类学的通常界定，人与其他动物分离的主要标志是大脑的发展，亦即智力的形成或思维突变以及能制造工具等。据体质与考古相结合的计算，这个时刻距今已有20万年至10万年。但这一时间单位显然不能直接等同于“人类世”。目前科学界赞同“人类世”概念的学者里，对其标志年代的划定是有差异的，有的提出当以1784年蒸汽机的发明为界，有的则认为应划在8000年前农业方式出现之际，等等。不过既然以“人的纪元”命名，这些划分显然都与人类学以往对人的界定相区别，除非重新以地质年表为基准，在“地球史”框架中对以万年计的“人类史”加以调整。

的确，在“人类史”的数十万年里，人类的生存方式经历了多次的重大

---

1 Elizabeth Kolbert, “Enter the Anthropocene—Age of Man”, *National geographic*, March 2011.http://ngm.nationalgeographic.com/2011/03/age-of-man/kolbert-text.html.

2 刘东生：《全球变化和可持续发展科学》，《地学前沿》2002年第1期。

演变。若将其中的阶段再作细分，则更能便利地探寻其与“人类世”框架的对应。在我看来，就食物获取方式及其对地质生态造成的影响而言，人类世中的人类史还可分为四个相互连贯的时期——

第一期：“采集—狩猎”时期，由于食物主要是自然获取，人类与地球环境的依存关系大致均衡；

第二期：“游牧—农耕”时期，因砍伐森林、使用工具及栽培、养殖技术，人类行为导致地貌发生较大改变；

第三期：“工业生产”时期，通过化肥、农药的广泛使用以及生物技术在食品领域的推广，人类不但致使地球环境遭受重创，而且几乎摧毁了动植物系统固有的生态链；

第四期：“转基因食品与人工智能”时期，通过对食物基因的人工改造并依托电子技术的拓展，人类在改变有机食品的生产模式并使对精神食粮的需求逐渐超过对有机食品的依赖的同时，日趋加剧地改变着自身的生物面貌。

具体而言，在人类史第一期的“采集—狩猎”阶段里，人类能够通过近于天然的方式获取食物，以满足物种生存的基本需要，对环境的自然状貌几乎改变不了什么，即便有了火的发现和使用简单的辅助工具，也未对生态平衡造成破坏，故而难以造成地质学意义上的显著影响。

到了第二期的“游牧—农耕”时代，事情开始有所变化。通过对动物的驯化和植物的培育，人类掌握了能更稳定和成规模获取食物的技术，从而促使大型聚落（部族、城邦、王朝）的四处出现以及各地人口持续、成倍的增长。与此同时，伴随着大面积农田的日益开垦和森林砍伐，自然界的地表生态也遭受到日趋严重的改变和损害。

在我看来，导致地球生命在第四纪发生突变的真正起点——亦即地质学意义上的“人类影响”，正是从以农耕和畜牧为标志的第二期开始的。正因有了人类在这一时期引以为豪的从认识自然到改造自然、征服自然的划时代“开创”，才延伸了后面“工业化生产”及“食品转基因”阶段的相继出现。而且正是从第二期开始，后续阶段均依据同样的思想驱动力，都坚持“以人为本”和“人类中心”，坚信“人是万物尺度”。

在学术界，对于“人类世”的时间上限问题目前尚有争议。保罗·克鲁岑从蒸汽机问世对地球环境的深远影响出发，建议把起点定在工业革命发生的 18 世纪。另有人主张定在 1945 年 7 月 16 日美国在新墨西哥沙漠进行的首次核爆试验。我赞同威廉·拉迪曼（William Ruddiman）等人观点，认为“人类世”的缘起应为大约迄今 8000 年前人类的“农业革命”开创之初，[1] 原因就在于农业及其伴随的人类定居聚落从根本上改变了地球陆地的原本面貌。

正是在第二期“农业革命”出现之后，接下来，由于城市诞生及工业制造对能源的巨量需求，出现了改变河床的大坝和污染环境的工厂，于是进入“人类史”第三期与第四期后的人类不但造成了地质学意义上的显著变化，甚至可以说导致了人类生存本性的灾难性蜕变。在持续至今的后面两期里，为了无限制地追求产量，人类不仅争相向所有未征服的区域挺进，竭力占领并开发地表上仅存的“荒原”（生地），而且向固有的农田（熟地）持续施放巨量的化肥和农药，甚至借助不受制约的科技手段，以可能摧毁后代身体机能的风险为代价，生产形形色色的转基因食品。

在这个意义上，如果以“人类世”坐标来表明人类因自身活动使地质史进入一个导致环境灾变、物种毁灭拐点的话，这拐点的标志便是人类历史从

---

1 Ruddiman, William F., *The Anthropogenic Greenhouse Era Began Thousands of Years Ago*. Climatic Change. 2003, 61 (3): 261–293.

第三期向第四期的迈进。而如今的人类，可以说正处于第三期至第四期过渡的重要环节。

彻底改变地貌：农业工业化的场景

[莫杰：《地球进入“人类世”(Anthropocene)》，《科学》2013 年第 3 期。]

（四）人类世方向：上升、坠落还是循环

以人类学观点看，作为灵长类之一的人类，其体质上的生物性特征决定了对自然环境的根本依赖。为了生存，无论个体还是族群，也不论卑贱者还是统治层，生活在东方或西方，人类成员中没有谁离得开维持生存所必需的充足阳光、洁净的水、无毒的食物以及未被污染的空气。在人类世的第一期和第二期里，这些最基本的生存条件以经验和常识方式，被普遍认知并世代传承，先从“采集—狩猎”开始，而后又延续到“游牧—农耕”阶段，人们对地球家园，也就是今天所说的生态环境，予以持续的维护和坚守，并通过自然神话、祭天仪式以及宗教禁忌等多重手段，从观念到实践维护着人类获取与环境修复之间的均衡。在通往世代延续的漫长路途中，不同环境中的人们既总结出了五行（金、木、水、火、土）“相生相克”、人与万物交映生辉的互补观念，也呈现出让牲畜在冬夏草场轮流放牧从而不让地表受到破坏的

循环类型。这时，即便有了城市，在最初也更多只是充当着自卫（城）和贸易（市）的功能。

到了第三期，一切开始变形、变性。连片扩张的农田、过度放牧的草地、无限增多的水坝以及超大规模的城市，统统成为地质学视角里的地表伤痕。且不说地下能源近于耗尽、天空臭氧层严重受损，因森林砍伐、动物和鸟类被大量捕杀形成生物链断裂而导致的生态危机以及可乐一类碳酸饮料造成的人体变异[1]……所有这些，无不表明进入第三期后的人类物种似乎不仅背离了地球，也背离了作为生物性现象而存在的生命自身。所以严格来说，第三期的人类是其物种的自我异化，本质上已走向了否定自身的歧途。因此如果不以单线进化的思路加以表述，也就是说如若改用非线性思维的方式来阐释的话，第三期的人类就仍有希望，尚还没有因堕入深渊而无法回头，仍可视为不幸感染疾患的病人，如能得到正确治疗即可再获解脱。

进一步说，也只有在这种历史可以倒转（修复）的认知前提下，步入歧途的人类才有自救的可能。在人类物种的自我调适系统中，这种自救的可能之一，便是摆脱异化，自觉向第一期的"原住民知识"复归。所谓"原住民"，在广义上讲，就是指"具有原生知识，懂得尊重地球、敬畏地球、保护地球并能够与万物共处的自然人群"。在此，"原住民知识"也可称为与地球相连的"原生知识"，关乎人类自然属性的经验和常识——

> 这些常识在日常经验里平凡地发挥作用并反复告诫人们：天空是蓝色的，河流应该清澈，空气清新，大地布满植被，气候循环稳定，万物

1　新华每日电讯报道：美国康涅狄格州议会通过禁令，从 2005 年 5 月 26 日开始"禁止全州中小学向学生出售高热量碳酸饮料和薯条等垃圾食品"。杨威：《美国学校开始对可乐薯条说"不"》，《新华每日电讯》2005 年 5 月 30 日。

相互依存，人在与自然的关联中收获，食品不应有毒……[1]

可见，由人类世前三期所构成的演变趋向还有不同可能，既可是直线的、无法逆转的堕落图标，亦能是虽有偏离但业经努力便有可能再度循环的场景。

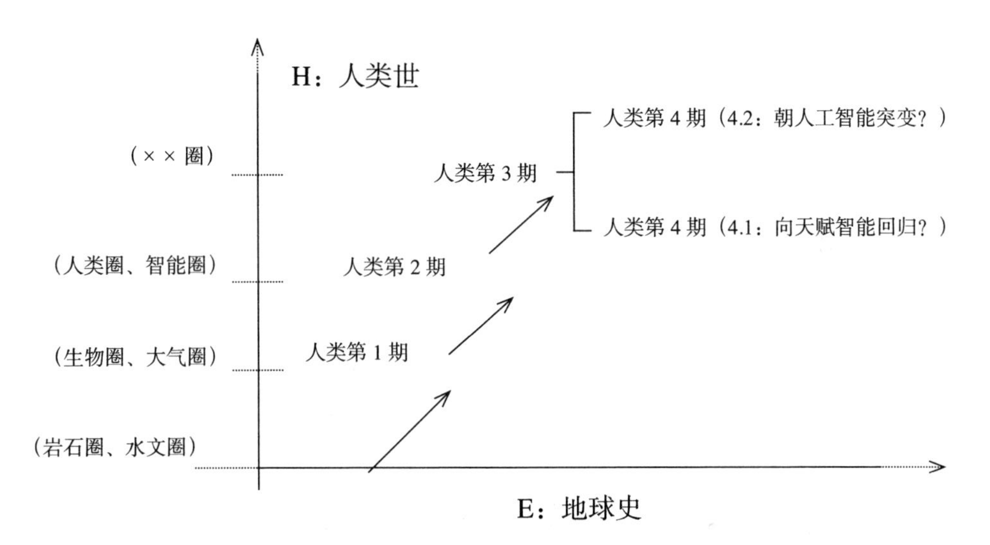

地球史中的人类演变周期图，笔者自拟

图表说明：

1) E（Earth）和H（Human）分别代表“地球史”与“人类世”，纵横两向表示演化的历程和生物延伸。其中的水平方向象征以地心引力为基点的“生物地平线”；

2）起伏的连线和箭头表示人类周期，从1到3代表自“采集—狩猎”“游牧—农耕”至“工业生产”的三期演化，标志着人与地球轨迹——生物地平线的逐渐疏离及由此派生的地质灾变和人类异化的出现和加剧；

3）数字4表示人类进入第四期后的双重可能，既可经由“天赋智能”（NI）的自省，向生物圈及地球轨迹回归（4.1），亦可能在失控的“人工智能”（AI）引导下加深蜕变，在表面上升的幻象中，进一步加重地球危机……（4.2）

1　参见徐新建：《“盖娅”神话与地球家园：原住民知识对地球生命的价值和意义》，《百色学院学报》2009年第6期。在文章中，笔者把人类经历的三个阶段比作“科技史上的三次革命”。联系此处的“三期说”及其可能因危机而出现的逆转来看，三次革命即包括从第一次的“认识地球”到第二次“改造地球”再到如今第三次之后的“保护地球”。

不确定的未来意味着多种可能。一方面，在人类意识与思想力作用下，通过计算机与网络技术的推动，出现了日益将全球推向技术与功利为核心的“智能时代”，并派生出以 AI（人工智能）和 VR（虚拟现实）及转基因食物为标志的新突变；另一方面，由于人类不仅对各类精神性人造食粮的需求，并在数量与比例上即将超过由自然提供的生物食品，演化出仅因满足精神需求便派生的对地表环境的大规模改造，而且力图把精神的满足延伸到神经中枢，通过“脑机融合”（BCI）技术改变自身，故而使人类在即将到来的未来世代变为近乎神灵的新物种。[1]

值得关注的是，由于这一阶段的人类发生了与以往既有特征日趋不同的变异，在一些硅谷科学家眼里，新演化而成的物种被称为“人类2.0”。[2]然而，结合人类以往演化历程来看，即将形成的新物种与其说是“人类 2.0”，不如视为 4.0 更为恰当，因为自进入以栽培和畜牧为标志的第二期起，“人类 2.0”便已诞生了。

如今，地质学意义上“人类世”还处在形成和演变中，对它的评价也还有争议。然而对于自然与人文相结合的人类学研究来说，有必要在地球史框架里，以“人类世”为新尺度和新坐标，通过反思和评述人类演进的四期历程，重建连接并贯穿人类各期的新话语和新范式。在中国，这样的推进尤其紧要。正如李济当年通过把地质年表引入本土，从而以人类学的科学话语极大延伸了国史叙事一样，[3]如今更需要通过全球范围的科学人文对话，在搭建审视与阐发人类生存的时空坐标意义上，不仅尽可能与“史前”漫长的更

1 ［以色列］尤瓦尔·赫拉利：《未来简史：从智人到智神》，林俊宏译，中信出版集团 2017 年版。

2 参见［美］皮埃罗·斯加鲁菲 (Piero Scaruff)、牛金霞、闫景立：《人类 2.0：在硅谷探索科技未来》，中信出版集团 2017 年版。

3 李济：《再谈中国上古史的重建问题》，载李济：《中国早期文明》，上海人民出版社 2007 年版，第 58—59 页。相关论述参见徐新建：《科学与国史：李济先生民族考古的开创意义》，《思想战线》2015 年第 6 期。

新世、创新世等地球周期相同步，还需与因可能的历史终结而堪称“后人类史”的未来相适应。

（五）“智能圈”：第四期的人类可否重塑自身

从地球史角度反思人类进程，可以看出人类第三期引发的危机理应由与其同步的文明观念及生产制度负责，但仔细检查，在前面的阶段其实就埋藏了诸多的相关“祸根”。比如，在以文明史为尺度的“长时段”中，先是进化式的观念将人类适应环境的不同方式作等级排列，从否定采集、狩猎开始，继而贬低、排斥游牧，张扬、推广农耕，以“野蛮”和“文明”为分野，竭力在教化与实践两个方面齐头并进，推行以某种类型为标准的生存方式单一化。进入工业化时代后，又出现了对科学技术不加限制的一味追捧以及对“万物有灵”等传统信仰的无情扼杀，以至于引发出如今遍及全球的环境污染、资源匮乏乃至有可能出现的地质灾变。

可见，以“进化主义”为核心的人类观念仅依照生产力标准，否定了被视为蒙昧和落后的“土著”传统，尤其是把地球视为大地母亲的“采集—狩猎”类型。如今，若改用环境、生态及健康等更多样的指标来衡量，则可即刻获得另外的结论。例如，仅从疾病传播的角度对“农业出现之前”的状况进行总结，《剑桥医学史》编撰者罗伊波特（Roy Portey）等就得出令人耳目一新的结论，强调：

> 人类的祖先（类人动物）作为狩猎者和采集者至少有450万年的历史。他们以50至100人的群体分散生活。人口的低数量和低密度减少了病毒和细菌感染的机会。此外，狩猎和采集者的生活方式也使他们避免了许多其他疾病。他们是永不停顿的民族，经常迁移……也不会积累

> 吸引携带病源昆虫的垃圾。[1]

接着，针对牧业文明的出现，作者们又作了进一步比较，指出："最后，狩猎和采集者还没有驯养动物。驯养动物有助于他们创造食用和使用的肉类、兽皮、奶类、蛋类以及兽骨的文明，但是也会因此传播许多疾病。"[2]

不过若从"人类世"观点进一步讨论的话，或许须对"文明"的含义再作反思。相对于低破坏的"采集—狩猎"而言，游牧和农耕共同标志着人类进入了"第二期"的文明阶段。不过如今得对其作双向思考：一方面，因对动力资源等的索取有限，尤其是大部分群落还保持着"万物有灵"式的思想动力和精神信仰，此阶段的人类尚能保持"低能耗"水平从而维系与地球环境的共处；另一方面，第二期的"文明人群"在科技力的帮助下对自然界加以粗暴干预，从而开始了对环境的破坏进程——不是改变动物本来的生物链关联，便是造成原有多样性自我更新能力的植被人工化、单一化……

于是还得思考"文明"究竟是什么。在有关生态文明的文章里，我曾作过这样的阐释：

> 西语中的"文明"（civilization）一词，本义之一是城市化。这既意味着走出自然、改变自然，又标志着人类自我中心。这种核心理念蔓延至今，便催生了从工业革命直到全球现代化的一系列社会巨变，并引发了遍及世界的环境污染、气候异常和生态危机。[3]

---

1 ［英］罗伊·波特（Roy Portey）编：《剑桥插图医学史》，张大庆主译，山东画报出版社2007年版，第7页。

2 ［英］罗伊·波特（Roy Portey）编：《剑桥插图医学史》，张大庆主译，山东画报出版社2007年版，第7页。

3 徐新建：《族群表述：生态文明的人类学意义》，《北方民族大学学报》2010年第3期。

可见，即便可把游牧和农耕并称为人类史上的“文明生态”——亦即与生态相关的文明的话，这种文明已经潜伏病灶。正是这一文明病灶在工业化时代的发作、蔓延，导致了如今日趋显著的生态危机。为了挽救危机，今天的人们开始呼唤“生态文明”。在我看来，对生态文明的建设与其说是重新设计未来，不如说是要重温乃至修改过去。这就是说，为了在地球上更持久的生存下去，人类必须进行自我批判。批判的路径就是认识“文明”的问题和局限。诚如叶舒宪指出的那样，20 世纪人类学对文明的反思，在某种意义上意味着人类历史的“再启蒙”。其直接的目标不仅是“文明”的自我质疑与批判以及对“文明霸权”的挑战，并且还将使原有“文明 / 野蛮”二元对立的模式重新翻转。[1]

在 2004 年召开的中国人类学高级论坛上，我与其他与会同仁一道着手分析所谓的“文明生态”，提出进入此阶段后的人类如何蜕变，“开始以自己为中心，迷信‘文明’的力量，不断征服和改造自然，滋生出以‘文明’为世界目的的生态观，打破既有的平衡，要生态为文明服务，创造出使自然系统大为改观的牧业文明、农业文明，直至发展出威胁生态环境的工业文明”。[2]

论坛之后，通过对“发展”观念的激烈辩论，与会学者联合发表了有关生态文明的《银川宣言》，强调：

> 人类社会经历了从自然走向文明的阶段，如今在生态危机的威胁下已处在从文明回归自然的紧要关头，如何摆脱自身行为对生存环境的破坏、在族群互补的基础上重建维护生态和谐的文化理念，这是一个关系

---

1 叶舒宪：《文明 / 野蛮：人类学关键词的现代性反思》，《文艺理论与批评》2002 年第 6 期；《文明危机论：现代性的人类学反思纲要》，《广东职业技术师范学院学报》2002 年第 3 期。

2 本段论述引自笔者在论坛交流中的发言，后以座谈摘登方式发表，参见叶舒宪等：《建构中国人类学高级论坛的基本模式》，《广西民族学院学报》2004 年第 4 期。

到全球人类生死存亡的大问题。对此悠悠大事，全球的人类学者携起手来，走向生态文明！[1]

回到“人类世”视角。克鲁岑强调，在“人类世”时代，科技人员（scientists and engineers）有责任引导人们走向（重返?）以环境和生态的持续为基础的社会管理。[2]尽管这样的看法流露出对科技精英的高度肯定，但毕竟承诺了对未来的重大职责。

20世纪中期，曾在中国生活工作多年的法国科学家德日进（Pierre Teilhard de Chardin，1881—1955）就提出了由思想、精神和智慧构成并包裹地球的新圈层——“智能圈”，预言其将对地球——尤其是地球生物圈的状况产生深远影响。[3]“智能圈”的原文是Noosphère，汉语也译为“人类圈”“智慧圈”“理性圈”或“灵智界”等。[4]不过虽然都是对英文词汇的“拿来”式翻译，所选择的对应词还是当有所细分。在长期历史积淀中，汉语的“智慧”意涵深邃，同时具有“理性”“超理性”乃至“心性”及“神性”的多重所指。在我看来，此处的Noosphère当与“智力”“智能”对应，故译为“智能圈”（“智域”）更恰当。

德日进于1923年来华，取汉语名为“德日进”，1929年担任中国地质调查所新生代研究室顾问，指导过周口店的发掘研究，被誉为“中国古脊椎动物学的奠基者和领路人”。[5]他同时关注宇宙、地球和人的问题，集科学

1　2004年的《银川宣言》标题是《生态宣言：走向生态文明》，《广西民族学院学报》2004年第4期。

2　Paul J. Crutzen，“Geology of mankind”，*NATURE*, VOL 415, 3 January , 2002, p.23.

3　[法] 德日进：《人的现象》，新星出版社2006年版，第120页；王海燕编选：《德日进集》，上海远东出版社1999年版，第195页。

4　参见陈之荣：《人类圈与地球系统》，《地球物理学进展》1995年第2期；徐卫翔：《求索于理性与信仰之间——德日进的进化论》，《同济大学学报》2008年第3期。

5　参见刘东生：《东西科学文化碰撞的火花：纪念德日进神父(1881—1955年)来中国工作80周年》，《第四纪》2003年第4期；贾兰坡：《我所知道的德日进》，《化石》1999年第3期。

家、神父与跨文化研究者为一身。与德国的潘能伯格（Wolfhart Pannenberg，1928—2014）一样，[1] 德日进的研究成果也堪称为“神学人类学”。在地球演化的整体意义上，德日进把人类降生视为生命之树的顶端萌芽，并概括出人在生物学意义上的四个特点，即：1）超常的扩张能力，2）极快的分化速度，3）意料不到的生长能力的持续性，以及 4）漫长生命史上从未出现过的在各分支间相互联系的能力。[2] 根据德日进的判断，伴随着地理上和心理上的不断适应、调整，位于“智能圈”顶端的人类将以前所未有的速度继续演变、扩张，走向组织复杂化和反思意识的更高程度，从而更为深广地参与地球演化。

继德日进之后，学者们对“智能圈”（“智慧圈”）作了进一步阐发，维尔纳茨基（Vladimir Vernadsky）阐释说：“在我们的行星上，智慧圈是一种新的地质现象。人类第一次变成强大的地质力量。”[3] 陈之荣认为“智慧圈”由“生物圈”演化而来，代表后者的新阶段，特征是智慧与科技将为地球构建和谐的“人类圈”。以此为标准，真正意义上的“智慧圈”的时代还未到来，因为“一系列全球性问题正在困扰人类，表明人类地球还不够‘智慧’”。[4]

2017 年被称为人工智能“应用元年”。在这一年当选美国《财富》杂志年度人物的，即为“硅谷人工智能革命的引领者”。[5] 令中国精英深感欣慰的是，在这轮激烈的国际竞争中“中国不再缺席”，[6] 不但国内业界成绩斐然，而且由国务院发布了具有宏观导向的《新一代人工智能发展规划》，要求在

1　参见［德］潘能伯格：《人是什么——从神学看当代人类学》，李秋零等译，上海三联书店 1997 年版。

2　La place de l’homme dans la nature, OE, Volume 8, Paris, Editions du Seuil,1956, pp. 104-112。转引自徐卫翔：《求索于理性与信仰之间——德日进的进化论》，《同济大学学报》2008 年第 3 期。

3　Vernadsky W I. The biosphere and the Noosphere. *American Scientist* , 1945, 33(1): 1-12.

4　陈之荣：《人类圈 · 智慧圈 · 人类世》，《第四纪研究》2006 年第 5 期。

5　安德鲁 · 卢思卡（Andrew Nusca）：《〈财富〉2017 年度商人：硅谷人工智能革命的引领者》，《财富》杂志中文网，2017 年 11 月 26 日。

6　李佳琪：《科大讯飞高级副总裁杜兰：2017 年将成为人工智能的“应用元年”》，《金卡工程》2017 年第 5 期。

未来规划中将人工智能全面运用制造、医疗、城建及国防等各大领域。[1]

面对如此迅速的变化，不难预见由人类创立的“智能圈”将对万物生存的地球产生何等重大的影响。如果期待这种影响能够通过人类自省，朝向有利于地球生命在“人类世”持久生存而非像恐龙那样灭绝的话，不但有必要将人类史与地球史视为一体，以地质年表为单位拓展既有认知范式，而且还得跳出受“人本中心”束缚的地球观，回归将地球当作母亲、把其他生物视为同类的元知识、元信仰，在生命发生的原点上重塑人类。

应当重视科学家提出的“人类世”概念，进一步放开视野，关注地球在第四纪后半期迈入因人类活动而导致地表发生的巨大改变。

以此为前提，应调整人文与社会科学的研究范式，在时空尺度上与地学年代相对应，也就是要扩展视野，更换坐标，关注人类物种的第四期演变。

在人类演变的第四期里，需要不断强调的共识是：不但“只有一个地球”，[2] 而且只有一个整体的人，也就是只有一个命运相关的人类共同体。面对地球家园的濒危处境，必须突破 19 世纪以来以“民族—国家”为基础的旧世界体系束缚，重视生态环境在地球各地的普遍变异；与此同时，关注因“人工智能”（AI）有可能对“天赋智能”（NI）的取代，从而改变地球“生物圈”与“智能圈”既有平衡的未来趋势。

有鉴于此，有必要从地球史尺度出发，不仅在体质—生物、文化—社会和哲学—神学的综合层面回向“整体人类学”，[3] 还应进一步反思人类学原有的人观、群观和时空观，创建超越人类中心的新人类学。

---

1 《国务院印发〈新一代人工智能发展规划〉》，《人民日报》2017 年 7 月 21 日。

2 参见［英］巴巴拉·沃德、雷内·杜博斯主编：《只有一个地球：对一个小小行星的关怀和维护》，国外公害资料编译组译，石油化学工业出版社 1976 年版。

3 徐新建：《回向“整体人类学”》，《思想战线》2008 年第 2 期。

二、人类学与数智文明

本章要点：人类学探究文明。文明关涉人与环境的互动联系。人类在特定的文明类型中认知并影响事物，同时改变和形塑自己。一届人类有一届人类所处的时代和文明，因此，一个时代有一个时代的人类学。数智时代的人类学与数智关联，关注数智、理解数智、阐释数智，由数智派生，与数智博弈；承继演化论，建立共时观，以未来眼光关注本届人类共同体。

（一）一个时代有一个时代的人类学

人类因环境演化，学术随时代转型。特定环境形塑特定人类，一个时代产生一个时代的人类学。

1813 年，韦尔斯博士（H.C.Wells）在一篇内容独特的报告中陈述道："所有的动物都具有变异的倾向。"他由此推论说：

跟家畜的人工选择一样，自然界也在缓慢地改造人类以形成几个不同的人类变种，使他们适应各自的居住领地。[1]

1　H.C. 韦尔斯：《一位白种妇女的局部皮肤类似一个黑人皮肤的报告》，转引自［英］查尔斯·达尔文：《物种起源》，舒德干等译，北京大学出版社 2005 年版，第 3 页。

40 多年后，查尔斯·达尔文（Charles Robert Darwin）梳理了韦尔斯及拉马克（Chevalier de Lamarck）等同行的相关成果，继而发表有关物种起源的重要论述，提出“物种不是被分别造出来的，而是跟变种一样，由其他物种演化而来”，“我还认为，自然选择是形成新物种最重要的途经，虽然不是唯一的途经”。[1]

韦尔斯与达尔文的表述具有博物学的时代特征，体现出 19 世纪的科学对自然作用的再度关注，即在日趋注重社会参与的文明类型里重新凸显自然选择；对人类物种的自我认知来说，也就是重新强调人类自身的生物性由来和根基。于是，带有“单线进化”及“螺旋上升”印记的“达尔文表述”应运而生，引导人类看待历史的时间往回移动，连接到了“古人类”与“史前史”的漫长岁月。

到了 21 世纪，随着人工智能（AI）等新科技成果的加速涌现，事情发生了反向式逆转。在“后人类”即将降临的惊呼中，世人的认知模式又一次突破人类中心，转向了“未来已来”的全新框架。对此，学界的反应纷杂不一。不少人感受到了巨大冲击，认为“后人类”的影响深远，“关系到摆脱诸如道德理性、统一身份，超验意识或者固有的普世道德价值观”。[2] 政治学家福山（Francis Fukuyama）则表示出深切担忧，呼吁“保卫人性”！福山希望人们“继续感知痛楚，承受压抑或孤独，或是忍受令人虚弱的疾病折磨”。为什么呢？因为那些都是“人性”。福山指出，“人的价值观来源于人性”；是人性“建成了现在的人类文明”。为此，他提出以政治制约科技，阻止后人类入侵，因为“生物技术可以改变人性，即可能破坏人类的文明成果”。[3]

---

1 ［英］查尔斯·达尔文：《物种起源》，舒德干等译，北京大学出版社 2005 年版，第 9—12 页。

2 ［意］罗西·布拉伊多蒂：《后人类》，宋根成译，河南大学出版社 2016 年版，第 134 页。

3 ［美］弗朗西斯·福山：《我们的后人类未来》，黄立志译，广西师范大学出版社 2017 年版，第 10—11 页。

如今，面对新冠病毒带来的全球危机，有必要深入反思与人类学关联的文明问题。在数智技术把我们带入貌似已出现的“超人类”幻象之后，冠状病毒又将众人视野拉回有机循环的生物圈中。在现代国家体系不断示弱、世人呼吁“命运共同体”愿望日益增强的前提下，究竟是人类主宰命运还是命运改变人生，已成为越来越需要廓清并达成共识的核心问题。

于是，一边是病毒极的生物体，一边是去身化的后人类，人类夹于其间。未来的前途或许是左右逢源，或许两面受敌；结果既受制于外部的环境变异，更取决于内在的人类自知。

正是在这样的情景下，需要从人类学角度正视数智文明。

（二）数智文明是“人类世”的新标记

鉴于人类行为对地球面貌造成的巨大影响，科学家们已建议用“人类世”替换“新生世”，以重新命名距当今最近的地球时期。[1] 而所谓影响，主要便指人类物种借助各种技术手段对地球景观的深刻改变。在这意义上，文明即可视为人类世得以出现的主要推手。文明是什么？文明是人与环境建立的互动结果，作用是帮助人类在特定联系中适应并影响事物，同时改变和形塑人自身。例如，农耕文明、游牧文明即为人类与植物、动物建立的栽培及驯养的互动关联。在农耕文明的类型中，形成了农业、农民、农村及其与庄稼生长的稳定结构；而在游牧文明中，形成的则是牧民、牧业、牧场及其与牲畜繁衍的相伴迁移。进入工业文明后，人类越来越多地涌进都市聚居，通过机械化的加工生产，制造出批量化的人工物品。于是，在改变——甚至遗弃

1　Paul J. Crutzen，Geology of mankind, in NATURE, VOL 415, 3 JANUARY 2002;Elizabeth Kolbert, Enter the Anthropocene—Age of Man, National geographic, March 2011.http://ngm.nationalgeographic.com/2011/03/age-of-man/kolbert-text.html.

自然事物的同时，不断变异着地球及人类自身。在可称为“人类世”第三期的工业文明里：

> 通过化肥、农药的广泛使用以及生物技术在食品领域的推广，人类不但致使地球环境遭受重创，而且几乎摧毁了动植物系统固有的生态链。[1]

依照笔者理解，当以地质演变为尺度来看待生命演化时，“人类世”便成为重塑历史的新坐标。其中，无论以农田、牧场、水坝还是核爆炸为标尺，如果说从农耕、游牧到工业制造的前三阶段均只代表文明引起的物表变异的话，如今由人工智能 + 互联网构成的数智文明则意味着生命种类的再度分化。由于新分化的出现，引发了智能主体向外迁移——从生物机体转向机器装置。此趋向形成的最大挑战，不在于将有多少“无用阶级”失业或流离失所，[2] 而在于动摇了人类成员的自我认知及其业已习惯了的宇宙地位。

19 世纪 60 年代，托马斯·赫胥黎（Thomas Henry Huxley）力挺达尔文学说，积极宣传被当时许多人视为大逆不道的“从猿到人”观点。赫胥黎坚信，科学的主要任务，就是“弄清人类在自然界的位置以及人类同宇宙中的万事万物的关系”，并强调“这个问题构成了其他问题的基础”，也“比其他问题更加有趣”。[3] 为此，赫胥黎引述了人类自身的反复追问，即：

> 人类与自然的相互约束究竟有着怎样的范围？人类的最终目标是什么？这些反复出现的问题不断引起生活在这一星球上的我们的强烈

1　参见本书第一章。

2　有关“无用阶级”的论述可参见瓦尔·赫拉利：《未来简史：从智人到智神》，林俊宏译，中信出版集团 2017 年版。

3　［英］托马斯·亨利·赫胥黎：《人类在自然界的位置》，李思文译，北京理工大学出版社 2017 年版，第 51 页。

关注。[1]

对此的解答是什么呢？在赫胥黎等人的描绘中，答案即是：作为灵长类的生物种类，人类已抵达进化顶点，在心智完备的意义上，人类居于宇宙中心，不会有超越人类的物种出现了。在题为《人类在自然界的位置》的著作中，赫胥黎以无比自豪的语气宣布：

> 人类现在好像是站在大山顶上一样，远远地高出于他的卑贱伙伴的水平，从他的粗野本性中改变过来，从真理的无限源泉里处处放射出光芒。[2]

结合后世的学术脉络来看，被赫胥黎凸显的人类位置，其蕴含的思想意义与其说从溯源角度揭示了人类的动物由来，不如说在于以未来眼光预告了生命进化的历史终结。相信这一学说的人们从此便可高高在上，稳当当地居于宇宙巅峰，无须顾虑再被新物种取代了。

然而事情偏偏出现了变化。那就是人工智能导致的“后人类”出现。有趣的是，这些以数智技术为基础的新物种被称为“机器人”，其中大多有人形，无人心，有的智商——如“阿尔法围棋”（AlphaGo）等甚至大大超乎于人，从而使地球行星上的生命样态发生机械 + 生物的突变，开始由林奈（Carl von Linné）描绘过的“人形动物”（Anthropomorhpia）转向了更为离奇的“人形机器”，也就是俗称的“机器人”（Robots）。

---

1 ［英］托马斯·亨利·赫胥黎：《人类在自然界的位置》，李思文译，北京理工大学出版社 2017 年版，第 51 页。

2 ［英］托马斯·亨利·赫胥黎：《人类在自然界的位置》，李思文译，北京理工大学出版社 2017 年版，第 97 页。

已被造出的“人形机器”与林奈描绘的“人形动物”

（已成为沙特阿拉伯公民的机器人“索菲亚”。图片引自“南书房”博文：《首个有公民身份的机器人》，https://www.sohu.com/a/461967099_120158973，2021 年 4 月 20 日上传，2021 年 5 月 2 日下载。图像转自托马斯 · 赫胥黎：《人类在自然界的位置》，北京理工大学出版社 2017 年版，第 97 页。）

对于物种关联的旧式宇宙观而言，“机器人”或“人形机器”造成的最大挑战，在于突破了人与生物的天然联系。如果达尔文学说创造了令人类引以为荣的一个突出贡献，即在物种进化的等级阶序上，通过智商等级的评定令人类超越其他堪称“前人类”的灵长动物，从而成为高高在上的“天之骄子”；如今，数智时代机器人的出现则意味着达尔文神话有可能冷寂退场。因为日益更新的机器人表现出的数智，已比“天之骄子”的人智更高、更快、更强。也正是这样的认知推论，引出了由“后人类”命名派生的一系列担忧与论辩。其中的一派还算乐观，认为“后人类”的降临，标志的是生命智能更新，就像人类物种的自我换届，将沿着旧石器以来从蒙昧、野蛮到文明的路线继续演化。于是，本届人类——文明之人也将以人机结合或虚拟现实（VR）等方式升华至下届人类——数智之人而已。

与此相反，另一派的看法较为悲观，认为“后人类”之“后”，意味着人类物种的终结，人类退出历史舞台；说达观一点，可理解为生命进化的升级换代，就如达尔文学说所勾画过的“史前文明”一样，地球上的生命智能再度经由灵长类物种向机器人物种的转移。然而那样一来，也即宣告了人类物种的地球使命就此结束。

吊诡的是，既然机器将终止人类，人类为何又要制造机器人呢？其实即便这意味着人类自己结果自己，也不表明人类选择的自相矛盾。因为说到底，人类制造机器和机器人的行为其实正体现了物种演化。正如黑猩猩演化出猿人、猿人演化出人类，在生命演化背后，是智能进化（或生命基因）在自我选择（调整），所有物种都是外表，都只是被选择或淘汰的阶段性形制而已。

接下来又可追问：既然将被替代，本届人类所制造的为何是机器“人”，而不是机器“虎”、机器“鱼”或机器“鸟”呢？也就是为什么仍坚持以“人”为形？有学者认为，对机器“人”的设计和制造，其实是人类意志的自我循环，仍属于人类求真求善的范围。[1]这样的看法遮蔽了人类意志的另外一面，即对人自身的否定和超越。且不说从《荷马史诗》到《山海经》以来的神怪传说，就是在如今的科幻想象里，人类也不再是宇宙中心和万能体现，一如玛丽·雪莱编写的《弗兰肯斯坦》描绘的那样，真正具有神奇魅力的世界主角，仍是隐藏在西方文化深层的天神普罗米修斯，而不是卑微渺小的人。[2]可见，被“后人类”想象同时关涉的，是科技与神话的并列，亦即世俗与神圣、功利与超越的交融；而“后人类”的意涵也不仅指向人类之后，而且包括人类之外，即“超人类”“非人类”。

凯瑟琳·海勒（Katherine Mansfield）对“后人类”做过类别区分，根据各自的构成原理及形态分为“硬件”“软件”和“湿件”三种。[3]在她展望的未来社会里，人类能与后人类并存，也即本届“碳公民”与未来“硅公民”互为补充，合作共处。凯瑟琳阐述说：

---

1 曹东溟：《为什么必须机器“人”？——人形机器人研制动因解析》，《自然辩证法》2017年第7期。

2 ［英］玛丽·雪莱：《弗兰肯斯坦》，孙法理译，译林出版社2016年版。

3 ［美］凯瑟琳·海勒：《我们何以成为后人类》，刘宇清译，北京大学出版社2017年版。

成为人类的意义并不关乎智能机器，而是在于如何在跨国的全球化世界中创造公正的社会，这一社会图景中既包括碳公民（人类），也包括硅公民（机器人）。[1]

凯瑟琳的论述体现了对“后人类”景象的共时理解而非历时性的进化替代。由此我想强调的是，即便以人为中心，对于“后人类”的命名不妨“去时间化”，从我主张的“共时历史”角度加以思考，从而让人类关联的世界呈现为更加开放的图景，即：

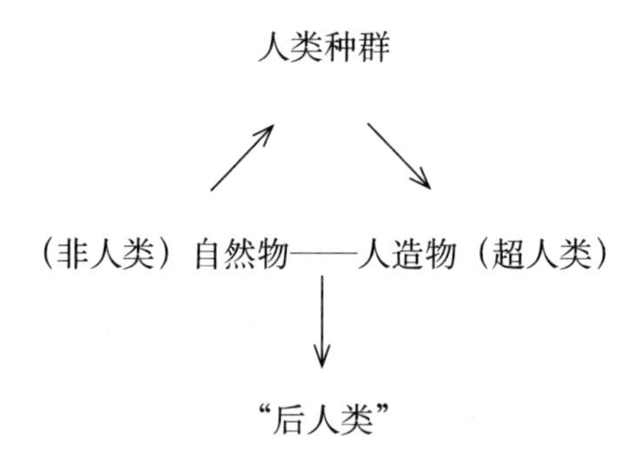

在此系统中，人属于自然物，“非人类”居于两边，“后人类”则各占一半，既属自然（湿件），也为非自然（硬、软件）。

“湿件后人类”的特征为生物体，本体（母体）保持人类的基因特征，同时具有功能方面的获得性增强，因此可称为“新人类”或“超人类”。

硬件和软件后人类则不一定具有生物属性，但由于在智能上源于人类或曰与人捆绑，可称为“异人类”。相比自然，与人类同属生物的非人类，种类繁多，在现实世界里包括所有的动植物生命，在文学和信仰的世界里则包括了形形色色的神异存在。

因此，若要知晓该如何面对未来的“后人类”问题，首先需要重温人类

1 ［美］凯瑟琳·海勒：《计算人类》，《全球传媒学刊》2019 年第 1 期。

曾经如何面对“非人类”。在此意义上，神话、AI及虚拟现实、科幻未来等便连在了一起。

凡此种种，无不标记了人类世的新阶段，同时也凸显了数智文明的新构成。

（三）人类学如何关联数智文明

上面说了数智文明是人类与万物关联的新转型，并且一个时代有一个时代的人类学，那么数智时代会有什么样的人类学呢？或者反过来说，人类学将如何与数智时代相适应？

早在2005年，乔治·马库斯（George E. Marcus）在为《写文化》一书汉译本撰写序言时，就揭示了英语人类学界由学科“四部类”（生物人类学、语言人类学、考古学、社会文化人类学）引发的分裂和转型。马库斯描绘说，由于传统范式的撕裂导致人类学家陷入危机，不能够“清晰地为自己（和他人）提供一个对研究计划的历时性修正，并以此来顺应自80年代以来他们在基本的田野工作和民族志实践中所实际发生的急剧变化”。对此，马库斯的看法是只能向前，“没有回头路”。[1]

危机促成变革。在接下来的时段里，至少在美国的人类学界，事情出现了明显转变：

> 人类学雄心勃勃地在诸多新的领域中开展研究，去研究各种制度诸如媒介、科学、技术、市场、广告与公司……在90年代晚期，这些新

1 ［美］乔治·E.马库斯：《〈写文化〉之后20年的美国人类学》，［美］詹姆斯·克利福德、［美］乔治·E.马库斯编：《写文化——民族志的政治与诗学》，高丙中等译，商务印书馆2006年版，“中文版序言”第1—23页。

的研究至少已经获得了与惯用模式同等的合法地位和声望。[1]

如今十多年过去，随着科技创新引发的更急剧挑战，迫使越来越多的人类学家进一步越出传统边界，迈入由互联网与人工智能开启的新田野和新论域，继而催生出更为开阔的人类学研究新格局。于是，与数智文明相关的各种案例相继涌现，以大数据、互联网等信息技术为基础的理论方法层出不穷。其中，网络人类学被视为增长最快的代表。其特点在于“能借助多媒体和超媒体系统的协同效应，并利用它们的比较优势”。[2]

在汉语学界，伴随着国内网络用户已达10亿、达到国民总数70%的惊人跨越，[3]也相继涌现了“虚拟田野”[4]“微信民族志”[5]“赛博格人类学”等多种突破和拓展。学者们认为，随着“互联网+”模式对当代社会的全面渗透，现实世界出现了信息化日益加深的深刻变化，于是：

> 一个全球规模的生活方式革命正在不断扩散；一个物理空间与信息空间叠加混合，人类能动与机器能动交互汇聚的后现代新世界正扑面而来。[6]

不过在我看来，由数智技术引发的全面转型显而易见，不容丝毫怠慢，

---

1 《写文化——民族志的政治与诗学》，高丙中等译，商务印书馆2006年版，第8页。

2 Nikša Sviličić (Institute for Anthropological Research, Zagreb,Croatia)，Cyber Anthropology or Anthropology in Cyberspace. Coll. Antropol. 36 (2012) 1: 271–280, Original scientific paper.

3 参见中国互联网络信息中心（CNNIC）2021年2月发布的第47次《中国互联网络发展状况统计报告》。

4 朱凌飞等：《走进“虚拟田野”——互联网与民族志调查》，《社会》2004年第9期。

5 赵旭东：《微信民族志时代即将来临——人类学家对于文化转型的觉悟》，《探索与争鸣》2017年第5期。

6 阮云星：《赛博格人类学：信息时代的“控制论有机体”隐喻与智识生产》，《开放时代》2020年第1期，第162—175页。

但同样值得关注的是，新格局的形成并不意味着对既有范式的完全取代，而将是新旧依存，彼此互补。因为即便在作为田野对象的人类社会里，现实的类型依然保存着人群及文化的多元和多样，以生物基因为前提的身体样态及其遗传属性仍旧稳定。尽管全球日益连为了一体，世界各地的人们依然持续着各自有别的生存方式，从采集、狩猎、农牧、城市工业直到微信社群、网络虚拟，在遍及全球的国家面具下，仍有不少人群继续生活在林地山区、乡村牧场或海岛渔村，也有日益倍增的人群涌入到密集的城市街区；与此同时，几乎所有的人都通过互联网链接，日益双重交错地生活在线下与线上；此外，还有极少数的类别可望经由基因编辑的再造而降临人间，成为新人类、超人类。

因此，数智时代的人类学呼吁更为宏观的完整体系，而非支离破碎的相互分裂。有鉴于此，我认为以世界各地的既往成果为基础，人类学在数智时代的新格局将呈现为涵盖多种范式的整体联盟。若以田野对象而论，则包括了彼此呼应的五维，即上山—下乡—进城—入网—反身。

具体而论，在以田野民族志方式差不多完成了世界档案的平面报告——也就是人类生活从乡村、牧场到都市的线下“深描”之后，人类学开始了反身和上网，亦即“向内转”和“网络化”，扩展出堪称“身心＋互联网”的新样态，从而形成由五维并置并受制于数智文明的新整体。

五维并置的人类学面对的首要难题，是如何适应线上与线下双重生存的数智文明。虽说依存介质有所改变，数智文明的核心仍在智慧（intelligence，或称智识、智能），但问题的焦点不在智商程度而在智能来源。作为被称为“智人”（homo sapiens）的生物类别，现代人的智慧基于生物，源于自然，并可通过基因携带世代遗传，因此只要不发生个体突变即可生而具有，并且人皆相同。

与源于自然的“人智”（natural intelligence）不同，“数智”（digital

intelligence）来自人工制造，依托数码技术的生产而成。在与人相关的意义上，数智时代的重大特征是通过改变生物算法令人变异，使人智变成数智，智人（homo-sapiens）变为“数人”（digital-man），最后变异为《未来简史》等论著形容的“超人”、“神人”（homo-Deus）。[1]不过此过程并非等到大数据与互联网结合才出现，而是自第一台计算器面世之际便已发生。对其后果，罗伯特·维纳（Norbert Wiener）早在1948年出版的《控制论》“导言”里就已指出，“第一次工业革命是革‘阴暗的魔鬼的磨坊’的命，是人手由于和机器竞争而贬值”；“现在的工业革命便在于人脑的贬值，至少人脑所起的较简单的较具有常规性质的判断作用将要贬值”。[2]

作为人类物种与环境互动的双向产物，文明意味着既与基因关联又超越生物群体。如今，就人类生存的总体环境来看，“数人”或许业已诞生，“神人”却尚未降临。在目前，作为部件的数智已经出现，但与之相关的整体文明还未成型。为此，我们还可把数智文明视为一种趋势、一项建议乃至一个问题和一种危机。在此背景下，人类历史呈现为双向循环：走向未来就是回到过去。历史在数智中折叠，时间消失了，终点就是起点，神话重返人间。

于是，迈入数智文明的人类学，如同线上线下照映盘旋的飞碟（UFO）。并且因其出现，人类学的三个基本追问得到了进一步升级，即：

——“我们”是谁？

——“他们”是谁？

——怎样成“人”？

1 ［以色列］尤瓦尔·赫拉利：《未来简史：从智人到智神》，林俊宏译，中信出版集团2017年版。

2 ［美］N.维纳：《控制论：或关于在动物和机器中控制和通讯的科学》，郝季仁译，科学出版社2009年版，第22页。

人类学以关注并阐释“人”的属性及其价值意义为己任，因此唯有进一步围绕三个追问加以扩展方能获得新的支撑。反过来，如若离开了人类学的基本追问与回答，一切想象的人类共同体，或许都将难以维系。

数智时代的人类学与数智关联，关注数智、理解数智、阐释数智，由数智派生，与数智博弈；承继演化论，建立共时观，以未来眼光关注本届人类共同体。

未来已来，将来远去。

（四）尾声：是万物有智还是二元对立

2018 年 8 月，尤瓦尔·赫拉利（Yuval Noah Harari）在《新政治家》杂志发表讨论未来的文章，题目很特别，叫作《文明根本不存在》（*There's no such thing as a civilization*），意在否定政治学和世界史意义上的“文明冲突论”。赫拉利认为，就像自然界不同物种依照无情的自然选择法则为生存而战一样，人类进程中的文明也冲突不绝，只有最适应者才能幸存下来陈述历史。他强调未来也是一种由人讲述的故事，“无论等待我们的未来变化是什么，它们都只可能是人类文明的内部斗争，而不是与外来文明的相互冲突”。[1] 赫拉利指出，21 世纪的重大挑战是全球性的，与其关注莫须有的外来威胁，不如面对影响全体人类的普遍危机，如：

> 当气候变化引发生态灾难时会发生什么？当计算机在越来越多的任务中比人类更出色并在越来越多的工作中取代人类时会发生什么？以及当生物技术能够使人类升级并延长寿命时，又会发生什么？[2]

---

1 Yuval Noah Harari. There' s no such thing as a civilization. *New Statesman*,2018,147(5431).

2 Yuval Noah Harari. There' s no such thing as a civilization. *New Statesman*,2018,147(5431).

如果说赫拉利的论述凸显了人类文明的共时命运，伊哈布·哈桑（Ihab Habib Hassan）在此之前的分析则重释了文明的历时变异及其可能的新旧交替。早在20世纪70年代，哈桑就已指出：人类的形态——包括欲望及其所有外观——可能正在发生根本性变化，因此需要重新界定。他将危机的源头指向了现代文明的内在根基——“人类主义”(Humanism)。哈桑指出：

> 必须弄清的是，五百年的人类主义可能走向终结，转变成我们只能勉为其难命名的东西——后人类主义（Posthumanism)。[1]

哈桑的意思是，如今的人类正迈向可称为“后人类主义”的文化处境，其中的奇妙并置一如他转述的罗伯特·皮尔西格的描绘那样：“佛陀，神祇，舒适地居住在数字计算机的电路或循环传输的齿轮中，就如待在山顶或莲花瓣上一样。”[2] 既然连超凡入圣的佛陀都不得不与毫无生气的齿轮电路相安共处，后人类主义的呼吁便体现了突破人类中心的众生均等及万物关联。

佛学的智慧叫“般若”，源自梵语Prajna，意指“缘各自对境所察事物，对其本性、特性、自相、共相、若去若取详细辨别之最胜心所，具有除治犹豫之作用者”[3]，也就是将人的认知归于万物自在。

这样，如果把智慧的含义较宽泛地界定为有目的性的自控能力，或维纳解释的“信息接收与处理系统”，[4] 则在生存自在的意义上，不仅动物，植物、

1　Ihab Hassan. Prometheus as Performer: Toward a Posthumanist Culture?. *The Georgia Review*,1977,31(4). 感谢龙涛涛提供其完成的中文译本供参考。笔者在其基础上做了订正。

2　Ihab Hassan. Prometheus as Performer: Toward a Posthumanist Culture?. *The Georgia Review*,1977,31(4). 感谢龙涛涛提供其完成的中文译本供参考。笔者在其基础上做了订正。

3　张怡荪主编：《藏汉大词典》(下)，民族出版社2012年版，第2864页。另可参见(东汉）赵岐注：《金刚般若波罗蜜经》，团结出版社2014年版。

4　［美］N. 维纳：《控制论：或关于在动物和机器中控制和通讯的科学》，郝季仁译，科学出版社2009年版。

菌物、细胞也都具智慧，皆在以不同方式展现和完成各自目标。[1]这也即是佛学经典描绘的“一花一世界，一叶一菩提”。由此可知，智慧本有，形态各一，彼此之间并无等级差异。无论物智、人智抑或数智都是一样，相互间只存在形态和介质的区分而已，因此才既可居在山顶、莲花，亦能显于电路、齿轮。

这就是说，一旦能够挣脱人类主义的枷锁，数智文明指向的世界未来即可望突破有机与无机的二元对立，通过识别“万物有智”重新理解“万物有灵”，继而达成与世间存在的换位体认。

本章开头引述的“达尔文表述”提到，自然选择固然是形成新物种的最重要途径，但并非唯一。[2]其他还有什么呢？达尔文留下了可继续猜想的余地。如今看来，或许数智技术就是其中之一。依我之见，对于由数智派生的演化新路径和文明新类型，既无须一概否定亦不应掉以轻心，需要在主动或被动卷入中记住维纳在20世纪发出的提醒：人类创造的新科技“具有为善和为恶的巨大可能性”，可是“我们只能把它交给我们在其中生存的这个世界，而这就是德国贝尔集中营和广岛的世界”。维纳不无悲观地认为，“我们甚至无法制止这些新技术的发展。它们属于这个时代”。为此，他呼吁科学家和学者要有所作为，“制止把这方面的发展交到那些最不负责任和最唯利是图的工程师的手中去”；主张公布科技实情，让全民参与，以实现有限的社会理想，即：

广大公众了解目前这项工作的趋势与方向，把我们个人的努力限制

1　参见马炜梁：《植物的智慧——一个植物学家的探索手记》，上海科学普及出版社2013年版。该书描绘说：“种种迹象表明，植物虽然站在原地不动，不能位移，但是它确实可以主动去找寻异性；植物没有神经系统，但确实有接受刺激的反射弧，能够很快地作出反应。”

2　[英] 查尔斯·达尔文：《物种起源》，舒德干等译，北京大学出版社2005年版，第9—12页。

在诸如生理学和心理学这样的远离战争和剥削的领域里。[1]

为此，对于以研究灵长类物种为己任的综合性学科而言，在古今连通的田野路上，人类学又该如何自我演化、携手数智技术以促成新一轮文明升级或物种换届呢？

答案就在各自选择的参与中。

1 ［美］N. 维纳：《控制论：或关于在动物和机器中控制和通讯的科学》，郝季仁译，科学出版社2009年版，第22页。

三、数智革命新挑战：人文主义再思考

本章要点：作为跨越地域和时代的精神遗产，语词与实践意义上的“人文”一词运用广泛，影响深远。随着数智革命引发的严峻挑战，世界各地的传统人文类型出现了新的危机，未来去向值得关注和警醒。本章不拘泥人文一词的“自在义”，而注重其在不同语境中的“对照义”，提出从各自不同的参照物角度反观人文、质疑人文，最后——如有可能及必要的话——重组人文。

北京时间2008年2月5日8时，借助设在西班牙马德里的巨型天线，美国宇航局向外太空发射了摇滚歌曲《穿越宇宙》（*Across the Universe*）。此举被视为人类寻找与外星文明交流对话的努力之一。有评论认为这样的努力一旦产生结果，“势必波及人类社会的科学、文化、宗教以及哲学等方方面面”。为什么呢？因为对于已习惯了以自己存在为唯一中心的人类而言，将要面临的严重问题是：“万一真找到了外星文明，我们该怎么办？”[1]

外太空的答案尚未求得，挑战却在地球内部激起了震荡。2017年10月26日，机器人“索菲娅”（Sophia）在沙特阿拉伯被授予公民身份，意

1　穆蕴秋、江晓原：《科学史上关于寻找地外文明的争论——人类应该在宇宙的黑暗森林中呼喊吗?》，《上海交通大学学报》2008年第6期。

味着其将至少在沙特境内享有与其他人类成员同等的地位和权利。[1] 机器人（Robot）指的是以计算机编程为基础制造出来的自动装置。尽管“索菲娅”声称她的目标是要努力理解人类，与人类建立相互信任，但由此引发的问题依然严峻，那就是必须再度解答：人的特质及其相配的特权何在？究竟是什么使人成人？在人之外应否当有超于人乃至取代人的存在？检索众多文献，发现对前两项追问的解释大都指向一个共同概念：人文——或人性、人本、人道；而对后一问题的回答则众说不一。

由此，面对数能时代引出的诸多挑战，有必要在“人外之物”竖立的新参照前，重新检讨人之禀赋和“人文”意涵。

（一）汉语“人文”的古今流变

作为跨越地域和时代的精神遗产，“人文”一词运用广泛，影响深远。其与英文的对应是 humanity。后者的本义指“人类”“人类的”，用作复数形式指“人文学”（humanities）；以后缀“ism”结尾，则构成“人文主义”（humanism）：词根一致，都指的是英语的“人”——Human 或 Human being，源于拉丁文的 Homo（sapiens）。Homo 指人，sapiens 是智慧、智能，合在一起就是“智人”（或“能人”），用指生物进化意义上的“现代人类”。中国人类学家李济曾通过音义结合，把 Homo sapiens 译作“有力图让古今中西在此关键词上融为一体。[2]“有辨”的原义取自荀子《非相》：“人之所以为人者，非特以其二足而无毛也，以其有辨也。”什么是有辨呢？荀子的解释是：“夫禽兽有父子而无父子之亲，有牝牡而无男女之别，故人道莫不有

1 《地球公民迎来新“物种”——人类能否控制人工智能?》，新华网，2017 年 11 月 3 日。

2 李济：《中国早期文明》，上海人民出版社 2007 年版，第 81 页。相关讨论可参见徐新建：《科学与国史：李济先生民族考古的开创意义》，《思想战线》2015 年第 6 期。

辨。”（《荀子·非相》）

可见，在各种不同的实际使用时，“人文”的所指不仅受特定的语境制约，还与不同的时代参照物关联而显示出不一样的意涵。这就是说，与社会生活中其他大多数语词的使用一样，人文一词也没有固定不变的自在义，而只有因境而生的对照义，需要结合并了解与之相关的参照，才能理解特定讲述的所指意义。

比如，在汉语表述中，“人文”一词常与“人心”“人欲”及“人性”等交叉，可时常互换，并在使用时常跟“天道”“地理”（地利）关联，突出着天、地、人结构中人的维度。因此，人文之义并非孤立存在，而要放在天、地、人这种被视为“三才”的整体构成中方可理解。

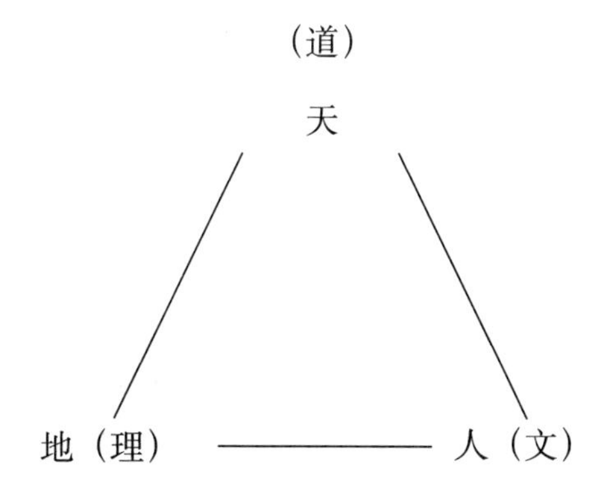

这样的结构寓意深远，代表阐述者对世界的系统认知。其中，不仅天、地、人次第不一，与之对应的“道”“理”“文”也各处其位，顺序制约。故老子《道德经》首先直面“天大、地大、人亦大”的存在本相，继而感悟彼此间的递进关联，亦即“人法地，地法天，天法道”，最后指向“道法自然”。

在庄子看来，天道造化万物，人秉天地之气而生，本性自足，顺应先天禀赋即可，一切人文（人为创造）不但徒劳，还会坏性，使人异化，变为非人，也就是出现“失性有五”现象：

> 一曰五色乱目，使目不明；二曰五声乱耳，使耳不聪……五曰趣舍滑心，使性飞扬。此五者，皆生之害也。(《庄子·天地》)

儒家学者讨论人及其所创造的文化时，常与天理相对，而以“人为”或“人欲”名之。子曰：“天何言哉？四时行焉，百物生焉，天何言哉？”(《论语·阳货》)强调上天什么都不说，也不用说，已使世界自成体系，任百物自行生长、四季循环。相比之下，人为的事物非但不是自然生成，且每每有违天意。对此，《礼记·乐记》聚焦“人化物”现象——也就是人心对事物的利用、改造，揭示了人欲与天理的对立，指出：“人化物也者，灭天理而穷人欲者也。”对此，朱熹以食色本性为例，解释说，“饮食者，天理也；要求美味，人欲也”；“夫妻，天理也，三妻四妾，人欲也”。(《朱子语类》卷十三)以这样的认识为基础，儒者表明了“存天理，灭人欲”的态度立场，理由是“人心私欲，故危殆。道心天理，故精微。灭私欲则天理明矣”。(《二程遗书》卷二十四)

在这样的表述中，因有“天”作对照，但凡属“人”的东西，无论人心、人性还是人欲，差不多都有负面属性，属于需要警惕、克制甚至摒除之物。因此，倘若不加分辨就把儒家先圣视为“人文”思想家或比作欧洲文艺复兴意义上的“人道主义”者，其实是一种错位。不要忘了朱熹就明确总结过：“圣人千言万语只是教人存天理，灭人欲。”(《朱子语类》卷十一)

那么汉语的“人文”究竟有什么样的寻求和意指呢？还是要看不同的参照。荀子作“有辨”阐述时，在天的下面还同时提出了两种参照：一是禽兽，一为圣人。所谓禽兽即(被认为)低人一等的动物，先圣则是连接天人的中介。人之所以有辨，乃在于不甘于与禽兽等同，动力则出自对先圣所造礼仪秩序的追随，也就是对广义人文的沿用和遵守。故曰：“辨莫大于分，分莫大于礼，礼莫大于圣王。”(《荀子·非相》)不过也正因这样的人文并非天生有之而是人为制造，故难以持久，用荀子的话来说，即“文久而灭”。(《荀子·非相》) 因此，不但依赖圣人开创引导，更还有待个人层面不断地克己复礼，方可延续。

回溯至儒家源头，孔子等先圣的人文参照物与道家相似，也是天。可以说在儒家学脉里，自周公以来都受一种内在矛盾纠缠：一方面秉持上天为大、人类次之的信念，故不惜提出“存天理、灭人欲”主张；另一方面又欲凸显人的存在价值，希望担当天地之间的中介代表，创建能万世流传的礼乐文明。于是呈现了儒家人文的二元特征：既在天地之下，又要为天地立心。在对人性作了否定与肯定的矛盾认知并将人从禽兽中分离出来后，又根据仁义道德的修养深浅把人分为小人、君子和圣人等不同层类，继而不但要“为往圣继绝学”，并且欲“为万世开太平”，[1] 借助有情界的人类为无情界的天地开辟文教礼乐，由此彰显人的生命意义。

相比之下，道家也把天视为人文参照，但同时却把人文视为对天的背叛和否定。《庄子·秋水》有言：“牛马四足，是谓天；落马首，穿牛鼻，是谓人。”意思是说像牛马这样的动物，天生四足，虽面朝黄土背朝天，整日食草，但无所约束，悠然自在。可是这样的禀赋却被“无毛二足”的人类改变，不仅被穿鼻细绳破了面相，还被驱赶役使，终生服役，有的甚至还会在人文仪式上被用作祭品牺牲。因此，这种与天道自然相违背的人文是不具备正面价值的。

可见，早期汉语所说的人文其实便是人类文明，其中的含义同时包含肯定与否定的矛盾两面。到了佛教传入之后，人被置于六道循环的众生之中。虽皆为贪嗔痴“三毒”所造，但因人具有佛性，故可通过修行而跳出轮回、脱离苦海，进入极乐净土的涅槃境界。于是在汉语的表述谱系中，又增加了

1 此语出自北宋张载，被冯友兰谓之“横渠四句”。

一种可称为佛性人文的新类型。

（二）西语“人文”的多重意涵

如今被称为西方人文的思想体系包含两个传统：一个源于以“雅典娜”为圆心的“希腊方式”；一个出自希伯来为起点的“圣经体系”。

在作为西方人文传统源头之一的意义上，“希腊方式”——亦称“希腊精神”“希腊主义”或“希腊性”（Hellenism）——的特质有多重概括，在此最值得援引的一种表述是“身体和精神的平衡”或“理性与激情之结合”。前者出自德裔“古典学”家伊迪丝·汉密尔顿，后者出自北京大学哲学教授张世英。

在1930年出版的《希腊方式》（*The Greek Way*）一书里，伊迪丝·汉密尔顿（Edith Hamilton）不仅把“希腊方式”视为人类历史上无可匹敌的“思想之花”，而且标志着与东方诸国截然不同的文明分野；而所谓“希腊方式”的贯穿特征在于：人类自我在身体与精神上的完美结合，表现在现实世界则是哲学、体育与艺术的交映生辉。[1]因此在汉密尔顿看来，希腊文明的标志便是让人（类）生活在使生命潜力得以全面释放的人文制度中。[2]

北京大学哲学教授张世英以科学演变为线索，把“希腊精神”归结为理性沉思与宗教激情的结合。他赞同罗素对毕达哥拉斯学说的总结，认为该学说的基础在于“对数学的崇尚与对超验世界的信仰的结合”，此结合不仅启发了后来的柏拉图主义，甚至成为“基督教的‘道’和‘上帝’的根源”。[3]

---

1 Hamilton, Edith, *The Geek Way*, W. W. Norton & Company, Inc,1930.James L. Golden (2004).The Rhetoric of Western Thought. Kendall Hunt.p.38.

2 Sicherman Barbara,Alice Hamilton, *A Life in Letters*, Cambridge, Massachusetts: Harvard University Press,1984.p.197.

3 张世英：《希腊精神与科学》，《南京大学学报》2007年第2期。

总体而论，上述认知中作为西方人文源头之一的“希腊精神”，其主要参照物也有两个层面：一是“动物性”，二是“非理性”。“动物性”关联不具备人性的兽，非理性指向迷狂的神；介于二者之间，才是人、人性和人文。

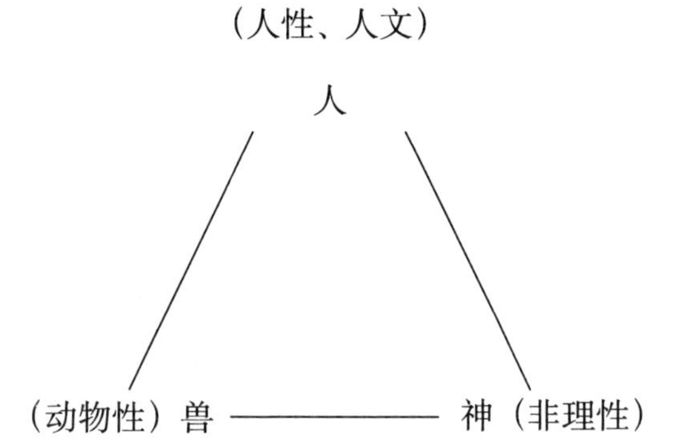

也正由于对人居于神、兽之间的地位肯定，才引发经柏拉图转述的那句普罗泰戈拉的名言：“人是万物的尺度，是存在者存在的尺度，也是不存在者不存在的尺度。”[1] 这种以人为中心的思想可以说便是古希腊人文的核心所在。

对此，20 世纪的汉密尔顿阐述说：一方面，理性与精神的结合使人与动物世界分离，“懂得真理，并为真理而献身”；另一方面，“在非理性起着主要作用的世界中，希腊人作为崇尚理性的先驱者出现在舞台上”。[2] 此种判断强调的是，一如雅典娜神庙向雅典城邦的过渡一样，在由宙斯统治通往世俗哲人“理想国”的转变过程中，理性精神逐渐从人神杂糅中分立出来，成为古希腊的人文主体。另外，与神分立的目的在于使人成为人，而不是对神背叛；相反，就像亚里士多德所言，唯有凸显了理性精神的哲学家和科学家

---

1 《柏拉图全集》第 1 卷（《普罗泰戈拉篇》），王晓朝译，人民出版社 2003 年版，第 442—444 页。普罗泰戈拉认为因普罗米修斯的窃火赠予，人类也具有了神性。相关讨论可参见赵本义：《“人是万物的尺度”的新解读》，《人文杂志》2016 年第 4 期。

2 ［美］伊迪斯·汉密尔顿：《希腊方式：通向西方文明的源流》，徐齐平译，浙江人民出版社 1988 年版，第 7 页。

才能成为“最幸福的人”和“最亲近神的人”。[1]

与此对照，在被汉密尔顿认为有可能受到“希腊方式”影响的希伯来传统里，通过圣经体系（the Bible system）表述的人文参照物则是绝对意义上的神，即集创世者与救世主为一身的上帝。新旧约全书讲述了人类由来及其处境的故事。其中的人文——如果可以这样命名的话——本质上是一对同在的矛盾体，一方面标志着亚当和夏娃在伊甸园偷食智慧果的违禁原罪，另一方面则体现被逐出乐园的人类后辈以世代劳作之方式对此堕落的忏悔、赎罪。在原罪层面，此人文——或称人为——是无价值或负价值的，因为正由于此才使人为非人；而从赎罪上看，其又具有相对意义：因为唯有劳作，才能重归为人。于是，在希伯来传统的圣经体系里，一切人文都与上帝信仰有关，无论诗歌、建筑、音乐，还是绘画、工艺乃至经院哲学、新教伦理，无非都是通往神的心灵皈依，以及借助此岸劳作抵达彼岸天堂的努力而已。

因此，源自希伯来圣经体系的人文主题和核心无外乎“救赎”二字，堪称“赎罪主义人文”或“赎罪人文主义”。人生即是承罪和受苦。天主在上引领，人类在下挣扎。上帝是本源，人文只是复归。这样的理解反映在人类知识领域，即体现为人与上帝的关系，一如圣·奥古斯丁（Saint Aurelius Augustine）所言：“哲学涉及两重的问题：第一是灵魂；第二是上帝。前者使我们认识自己，后者使我们认识我们的本源。”究其根本，导致人世间一切苦难的第一原因还是原罪：

> 人由于拥有自己的自由意志而堕落，受到公正的谴责，生下有缺陷的、受谴责的子女。我们所有人都在那一个人中，因为我们全都是那个人的后代……就这样，从滥用自由意志开始，产生了所有的灾难。人类

1　张世英：《希腊精神与科学》，《南京大学学报》2007 年第 2 期。

在从他那堕落的根源开始的一系列灾难的引导下，就像从腐烂的树根开始一样，甚至走向第二次死亡的毁灭。[1]

在神学家奥古斯丁的阐释里，人类“原罪”的根源就是自由意志。此判断等于把世俗人文都吊死在了伊甸园的那株“智慧树”下，直到后世哲学家黑格尔用启蒙之手将自由意志与罪恶剥离，世俗人文才得以重生。[2]黑格尔认为，人的本质即等于“自我意识”，因此把握这一本质的关键就在于“不仅把真实的东西或真理理解和表述为实体，而且同样理解和表述为主体”。[3]后来，他的思想的继承者马克思进一步阐述说：“通过实践创造对象世界，改造无机界，人证明自己是有意识的类存在物。”[4]

（三）原罪人文主义与自由人文主义

在世界版图逐步一体化的过程中，使人文思想发生再度拓展的是席卷欧洲的文艺复兴。文艺复兴倡导人是主体、是目的，不但继续是万物尺度，更成了主宰和中心。文艺复兴的作用不但迫使圣经体系的“原罪人文主义”退出主流，而且让“希腊方式”在现代性框架里普遍重建。于是，随着新人文主义各种类型在欧洲各国的崛起，西方文明出现了希腊与希伯来“两希”并置的格局。

为了让再度回到世界中心的人得到全面解放，这种注重物质利益和现世功用的人文主义架桥铺路，义无反顾地促成了科学与技术联手登场，并将工

1 ［古罗马］奥古斯丁：《上帝之城》中册，香港道风书社2004年版，第184页。

2 赵林：《罪恶与自由意志——奥古斯丁“原罪”理论辨析》，《世界哲学》2006年第3期。

3 ［德］黑格尔：《精神现象学》（下卷），贺麟、王玖兴译，商务印书馆1979年版，第10页。

4 《马克思恩格斯文集》第1卷，人民出版社2009年版，第162页。

业革命成果作为厚礼输送到世界各地。这批由欧洲发出的礼单里既有汽车、铁路、工厂及医院、大学等社会硬件，也包含自由、民主、法制与市场体系一类的现代软实力。

晚清之际，来自欧洲——在一定程度上以先行传播的基督教信念为基础——的现代人文抵达东亚，随即引出东西方间对于人及其存在目标的知行碰撞。结果使东亚社会在既有儒释道传统的人文惯习里，凭空增添了西方的现代论说方式。自那以来，“人本思想”“人文精神”及“人道主义”等一系列新词语、新概念涌现东亚社会，成为几乎在各个方面都渗入了西学意涵的汉语新表述。自此以后，随着世界各地的日益沟通，以往各自为政的人文论述也逐渐由地方性话语演变为全球争鸣的交响乐章。

源自欧洲文艺复兴的现代人文以主义和思潮著称，特点在于降低神权，提升人位。其参照物变成了所有的“非人”，以人为中心，唯有人类才是自我（我们），其余皆为他者（异己），不仅可贬低、可排斥，及至可驯化、可灭除。在此意义上，以希腊精神为基础、由文艺复兴运动重启的这一思潮不妨称为人类主义的新人文。

笛卡尔——这位被黑格尔誉为带领西方哲学转向全新范围的法国思想家——提出思想与存在相关联的第一原理，强调“我思故我在”，把人类主体凌驾于宇宙万物之上。[1]其中之“我”，既指人的个别存在，亦指人类整体，意思是说，一切事物皆以人类主体经验为前提，非但排除了源起意义上的造物主掌控，连整个宇宙都被视为以人为中心和目的，与我们最近、最紧密的太阳系也变成了为迎接人类诞生而演化出来的序列背景。在这种人类主义的人文观念支配下，甚至愿意相信不是没有宇宙就没有人类，而是没有人类就

1　相关论述可参见［法］笛卡尔：《哲学原理》，关文运译，商务印书馆1958年版；［法］笛卡尔：《第一哲学沉思集》，庞景仁译，商务印书馆1998年版；［德］黑格尔：《哲学演讲录》第4卷，贺麟译，商务印书馆1983年版。

没有宇宙——至少不再有经验意义上的宇宙。至于人类以外的万物存在呢?不过是等待被人类利用、使人幸福的资源、工具和奴仆罢了。

表面看，此种人类主义人文似乎（至少在后来的演进中）与现代科技分离甚而互斥，然而从根本看，因在开始便确立以人的解放和发展为目的，此人文自最初起就内含并催生了现代科技。故而不像《未来简史》作者赫拉利（Yuval Noah Harari）说的那样，要等待经典的“自由人文主义”危机四起后才将冒出作为替代的所谓“技术人文主义”。[1] 即便要将二者相提并论，彼此关系也并非历时性的顺次出现，而是共时性的类型并存。这就是说，人类主义的人文自诞生之日便已内含科技之维，也正是借助其中的这一科技之维，才成就了推动社会生产力迅猛增长的“蒸汽机”在全球蔓延，进而促成由此标志的“人类世”（anthropocene）来临。“人类世”的特征是什么？回答是连亿万年演化形成的地质地表都已因人类行为影响而发生了不可逆转的巨大变异，以至于有可能危及包括人类在内所有生物在这个星球的延续。[2]

（四）从生物算法到万物有灵

2016 年，继 *Sapiens: A Brief History of Humankind*（汉译《人类简史》）一书产生广泛影响之后，赫拉利出版的新著题为 *Homo Deus: A Brief History of Tomorrow,* 汉译为《未来简史》。[3] 虽然《人类简史》与《未来简史》里的 Sapiens 与 Homo 都可用指智人，但后者更凸显演化生物性，把聚焦锁定于

---

1 Harari, Yuval Noah.*Homo Deus: A Brief History of Tomorrow*. London: Vintage,2016. 参见［以色列］尤瓦尔·赫拉利：《未来简史：从智人到神人》，林俊宏译，中信出版社 2017 年版，第 225—251 页。

2 Paul J. Crutzen，Geology of mankind, in NATURE, VOL 415, 3 JANUARY 2002；Jan Zalasiewicz, Mark Williams. Are we now living in the Anthropocene? *GSA Today*. 2008(2): 4-8.

3 ［以色列］尤瓦尔·赫拉利：《未来简史：从智人到神人》，林俊宏译，中信出版社 2017 年版。

作为高级灵长物种的人类。此外，作者还为被凸显其生物特性的人类唤回了旧日的信仰参照——Deus，即神（或上帝）。更有意思的是，通过名词合并，作者进一步构造了一个新的称谓“Homo Deus”，用指即将面世的新物种，直译成汉语即“智神”或“神人”，若沿用李济方式，还可称为“通神的荷谟”。在很大程度上，正由于这种“人神合一”新物种的即将登场，导致了赫拉利为之惊呼的人文危机——人类将退出长久占据的进化舞台。赫拉利关注的是以欧洲文艺复兴为基点的自由人文主义（Humanism）。在他看来，这种人文主义其实是由信仰上帝转为信仰人类的另一种宗教。该宗教中人类迷恋的是人类智能，而所谓智能，不过是算法（Algorithms）而已，所以人类其实也只是算法的生物体现。[1]

由此推论，当下出现的人文危机，其根源便指向了自20世纪萌生并在21世纪突飞猛进的计算机和人工智能（AI）。与“自然智慧”或“天赋智慧”（Natural Intelligence）相对而言，AI（Artificial Intelligence）指的是人造或人为的智能，它的最大贡献和危险在于使智能脱离人类自行存在和发展。由于这种人造智能的基础在数码程序和特定算法，故不妨用汉语称之为“数能”或“数智”——“数码智能”（Digital Intelligence or Data power）。其中的“能”，是能力、能量、能源，也是算法、程序；[2]既是内圣般的“智慧之能”，亦有可能转为外王式的“计算霸权”。二者结合，则引发后果难料的“数智革命”。

在我看来，“数智革命”已经发生，其中的突出标志是没有重量的比特

1 ［以色列］尤瓦尔·赫拉利：《未来简史：从智人到神人》，林俊宏译，中信出版社2017年版，第75页。

2 如今已有硅谷科学家把数据称为“数据石油”，认为“数据石油”的提炼不但将广泛用于无人车、无人机及可穿戴设备等，而且与生化石油不同，其还能自我再生产，即用数据生产更多数据。参见［美］皮埃罗·斯加鲁菲（Piero Scaruffi）、牛金霞、闫景立：《人类2.0：在硅谷探索科技未来》，中信出版集团2016年版，第15页。

（BIT）开始以光速在全球传播，迫使人类进入边界消逝的“数字化生存”；[1] 此后的另一标志则是2016—2017年谷歌人工智能装置“AlphaGo”将人类围棋手连续击败及其后被新版“AlphaZero”取代。

在数千年前的东方社会，儒家圣人孔子曾提出内外沟通的三阶段人生模型，即：“兴于诗，立于礼，成于乐。”（《论语·泰伯》）由此营造出儒家风范的人文体系，包括注重形而上价值的琴、棋、书、画。其中的棋，甚至被现代棋手归结为比“四大发明”更能代表中国文化的精髓。

不料数千年后的今天，非但这些形而上的修行被解构为可复制、超越的程序，连操持棋艺的人也变成了可被战胜和取代的算法。在此意义上，谷歌团队对围棋类型的选择绝非偶然，而已具有数智革命的重大象征。

可见，在数智革命引发的时代趋势中，由于“数码智能”成为新参照，人类社会既有的人文遗产——无论源自东方还是西方，都逐渐被新的数智笼罩和支配：不但与天地对应的人文思想受到再度挑战，以人为本的人类主义也遭到深度质疑。顺此演进，当因数智发展而催生“机器人社会”出现——一切皆由“智神”或“机器”（machine）主导，那时，所谓的AI就将让位给MI（Machinery Intelligence）。一个没有也不再需要人文乃至人类的时代就将降生。结果是世界日益被数智掌控，一如《人类2.0》作者预言的那样，“数据的主要读者将是机器人”。[2]

> 一旦有一天，某种虽无意识但却拥有高度智能的算法比人类更了解人，我们的社会、政治与日常生活将发生怎样的变化？[3]

---

1 Nicholas Negroponte，*Being Digital*，New York: Knopf，1995. 参见［美］尼古拉斯·尼葛洛庞帝：《数字化生存》，胡泳、范海燕译，海南出版社1997年版。

2 ［美］皮埃罗·斯加鲁菲（Piero Scaruffi）、牛金霞、闫景立：《人类2.0：在硅谷探索科技未来》，中信出版集团2016年版，第16页。

3 Harari, Yuval Noah，Homo Deus: *A Brief History of Tomorrow*. London: Vintage, 2016, p.426.

这里提出的问题是，面对数智革命的严峻挑战，人类将何去何从？赫拉利的回答较为悲观，他依据地球生命演化图景作的预言耸人听闻："数百万年来，人类曾经是升级版的黑猩猩，而到了未来，人类则可能变成放大版的蚂蚁。"[1]

人类演化图景如此，人文命运又将如何？人文的依据和根基还是人——既特殊又普遍的人，这样的人在生物意义上就是 Homo sapience，无论古今、信仰、男女、国别，共同点都在于大脑，即能与万物沟通又与万物区别的人脑。按照进化论说法，由虫脑到鱼脑再到人脑，地球上的生物智能经历了漫长的演化道路，如今似乎也走到了尽头，因为人脑已代表最高阶段和类型。[2]然而，随着不以有机身躯为载体的"电脑"（computer）及其数据升级版"数脑"（Data brain）的出现却另辟新径，展示出不但辅佐甚至取代人脑的各种可能。尤其到了互联网时代，随着更庞大、更神通的"网脑"诞生，[3]人脑的局限和弊端暴露无遗。于是，以人及其思维器具为根基的人文也难以为继了。

推而论之，当人类学界比喻为人类祖母的"露西"（Lucy）在非洲大陆出现的若干年后，[4]以希腊语"智慧"命名的机器人"索菲娅"或许将与谷

---

1 ［以色列］尤瓦尔·赫拉利：《未来简史：从智人到神人》，林俊宏译，中信出版集团 2017 年版，第 328 页。

2 ［澳］约翰·埃克尔斯：《脑的进化：自我意识的创生》，潘泓译，上海科技教育出版社 2007 年版，第 12 页。该书阐释说："生物的大脑是从鱼的大脑进化到爬行动物的大脑，再进化到哺乳动物的大脑，最后进化到人类的大脑。"

3 在 2018 年南方科技大学举办的"人工智能时代的技术与伦理：跨学科对话"学术研讨会上，刘峰博士阐述了中科院虚拟经济与数据科学研究中心团队提出的"互联网大脑"（或称"互联网云脑"）之说，认为"互联网大脑就是互联网向与人类大脑高度相似的方向进化过程中，形成的类脑巨系统架构"。该观点对我启发匪浅，特此致谢。我认为还可在此基础上再做发挥，把通过互联网连为整体的"数脑"简称为"网脑"，即网络数脑，或数脑物联网。相关论述参见刘峰在"互联网进化论专栏"刊发的文章《人类赋予人工智能伦理，生物进化方向的突破是关键》，https://blog.csdn.net/zkyliufeng/article/details/80419699，2018 年 5 月 23 日上传，2018 年 6 月 30 日下载。

4 "露西"被人类学和考古学界用作已知最早的智人祖先——非洲阿法南猿的化石代表，年代距今 350 万—300 万年。参见 Johanson, Donald. C and Edey, Maitland A, 1981:Lucy:The Beginnings of Human-kind. Simon Schuster, New York；吴汝康：《〈露西：人类的开始〉评价》，《人类学报》1982 年第 2 期。

歌棋手“AlphaZero”们组成“数智社会”新联盟。一旦那一天到来之时，人文还将存在吗？

回到围棋事例。针对 AlphfaGo 的获胜，基辛格博士发出了“启蒙终结”的警示，认为无论在哲学还是智力上，人类社会都没有为人工智能（AI）的兴起做好准备。因此，基辛格不但纠结于世界是否进入了剧烈转型的边缘，更担忧人类历史会不会由此步美洲印加人的后撤，面对不可理解甚至令人敬畏的“西班牙”文化，从而被迫接受一个“依靠数据和算法驱动、充满机器的世界”；而以往“受伦理或哲学准则约束的世界”则将会消亡。[1]

事情会不会照此演化呢？表面上 AlphaGo 战胜了人类棋手，似乎表示“数智”超越了人智，但这样的结果顶多代表算法胜利。究其根本，围棋不等于算法，人操棋艺，目的岂仅限于胜负？围棋表面看貌似技术对抗，实质却是在交流情感和滋养身心。博弈技能虽与术数相关，却不过只涉及“小数”而已。围棋智慧博大精深，包括“手谈”“坐忘”等。面对棋盘，以手谈、坐忘展开的竞赛不过是历事练心的游戏交往，彼输此赢都是皮相，而非棋艺根本。就如清人胡鼎所言：“神游乎六合之外，指与棋忘，而心与机化。”[2]

可见 AlphaGo 取得的胜利只限于算法，至于“神游”“指忘”“机化”等词义及其指代的人文境界，看来还暂时未被当今级别的“数智”识别领会。因此，被许多先知者预言将会改变未来的人机之战其实才刚吹号角，并没有真正展开，双方阵营都没完成对未来的精确设定和深度的知己知彼。于是，尽管出现了“数智”这样的全新参照之物，至少到目前为止，现存的人文并

1　HENRY A. KISSINGER，How the Enlightenment Ends？参见基辛格：《启蒙如何终结?》，《大西洋杂志》2018 年 6 月号，https://www.theatlantic.com/magazine/archive/2018/06/henry-kissinger-ai-could-mean-the-end-of-human-history/559124/。

2　胡鼎在《摘星谱》“序言”里强调说：“弈之为数，小数也。”唯有“指以棋忘”及“心与机化”方能“与大道适”。转引自何云波：《中国历代围棋棋论选》，山西人民出版社 2017 年版，第 337 页。另相关论述参见何云波：《围棋与中国文化》，人民出版社 2001 年版。

未被彻底摧毁，依然存有重启的内在生机。

纵观历史，因立足点和参照物的不同，人类不同文明圈和思想体系曾分别在各自社会领域里创建过道家的“自然人文主义”、儒家的“礼乐人文主义”、佛家的“佛性人文主义”以及古希腊“理性人文主义”、希伯来“原罪人文主义”、文艺复兴的“自由主义人文”和以进化论为根基的“生物人文主义”，此外更还有传承于上述“主流”之外、如今被称为原住民知识（Indigenous knowledge）的“万物有灵人文主义”[1]等等。

如今，面对数智革命引发的深刻挑战，作为人类社会的创造成果，人文遗产的命运是在数智时代劫后重生，还是被压缩成数码程序，留存于二维的数脑乃至虚拟现实（VR）之中，而把主导位置转让给“后人文”乃至“后人类”的数据主义？

这是一场双向竞赛，人文和数智都在选择。与此同时，人类向外太空发出摇滚信息已过去十年，而摇滚祖母“露西”们或许正被解除华丽的人文钻石装饰，仅只作为远古化石躺在那里，等待新竞赛的胜手诞生。[2]

……

突然间，有谁出现在十字旋转门前 /Suddenly someone is there at the turnstile

那女孩，有着万花筒般的双眼 /The girl with kaleidoscope eyes[3]

---

1 徐新建：《文明对话中的“原住民转向”——兼论人类学视角中的多元比较》，《中外文化与文论》2008 年第 1 期；《“盖娅”神话与地球家园——“原住民知识”对地球生命的价值和意义》，《百色学院学报》2009 年第 6 期。

2 被誉为人类祖母的古人猿化石“露西”(Lucy)，名字源于 20 世纪 60 年代列侬创作的摇滚歌曲《天空里缀满钻石的露西》，英文叫 *Lucy in the Sky with Diamonds*，该曲收入甲壳虫乐队录制的专辑里，成为 20 世纪 60 年代销量最高的专辑之一。参见顾悦：《鲍勃·迪伦、离家出走与 60 年代的“决裂”问题》，《外国文学》2017 年第 5 期。

3 BBC Bans Song In Beatles Album.*Washington Post*. Washington, D.C. Reuters. 21 May 1967. p.A25.

以十字转门意象看，“那女孩”说不定就象征了未来竞赛的胜手，唯其才将成为迎接外空反馈的地球代表。或许，她（或他 / 它）就是刚变成人类一员的“索菲娅”？或将从天而返的未来“露西”？或从画中走出的“蒙拉丽莎”？当然，也还可能是汉文记载过的“女娲”或苗人传诵的“蝴蝶妈妈”[1]……

反过来，当人文成为参照，不但索菲娅们的由来会激起猜测，数脑、数能与数智的意义也将受到质疑。

1 《蝴蝶歌》，参见吴一文、今旦：《苗族史诗通解》，贵州人民出版社 2014 年版，第 335 页。

四、新文科之路：数智时代的文理兼容

本章要点：2019 年 4 月，教育部发布《“六卓越一拔尖”计划 2.0》，强调新工科、新农科、新医科和新文科的整体推进，由此宣告国家层面的“新文科”正式开启。[1]

然而结合中外关联的现代演变来看，“新文科”的倡导并非一蹴而就，而是关联深远，由来悠久。在汉语世界的本土传统中，前有先秦儒家的“孔门四科”——德行、言语、政事、文学，后连佛道汇通的《文心雕龙》——原道、征圣、遵经，直至光绪三十一年（1905 年）国朝废除科举，以数理化为主的新式学科取代“经史子集”的本土分类，从此走上了理性实用的现代之途。

（一）文科之“文”

汉语本义里，“文”指什么呢？按照杨煦生梳理阐释，在甲骨文中，汉字之“文”（[illegible]）兼有“文身”与“文心”两路。[2] 前者外显，后者内修，都可作名词和动词解，既代表结果又体现行为。

1 《教育部启动实施“六卓越一拔尖”计划 2.0》，新华网，2019 年 4 月 29 日。

2 参见杨煦生：《精神的维度》，民族出版社 2020 年版。

甲骨文字体“文身”与“文心”

“文身”之文突出纹饰，彰显言辞，表示“以文附形”。“文心”之文重在内敛，意在修行，强调“以文炼心”、文由心出。因而合起来看，古汉语的文，表示人与自然的分野而非后世的学术分科，象征人由初始状态的提升改变，以此为基础延伸至整个的文化和文明。故有学识教养者称“文人”，做人的理想则是“文质彬彬，然后君子”。

不料近代之后事情起了大变。西学激荡，国文撕裂。在外来语词及其标举的学科范式冲击下，汉语“文”的古义非但日趋式微，原本的主导构架也每况愈下，所指范围日渐萎缩，眼见就快被西式的科学概念和范畴排除、取代。

正是在这样的历史语境中，汉语之“文”被重新界定，不断被改造、被规训，以顺应“中体西用”或“全球西化”的时代变局，呈现出一系列阶序性演变。依我观察，在教学格局与知识论域意义上，汉语的“文”被先后转变为四大类别，即语文、中文、文史和人文。

“语文”的字面意义指语言文字，要点是把“文”定格为学习工具，代表识字念书，以奠定国民的基础教育，确保社会成员最低限度的文化素质。民国期间，叶圣陶等主张在学校科目中将白话的国语和文言的国文合并，统称“语文”，意在疏通中小学阶段的听说读写能力。时至21世纪，国务院于2014年发布“只考语数外，不分文理科”的高考新政，以倒逼方式夯实了中等教育的“语文”根基。[1]

---

1 《国务院关于深化考试招生制度改革的实施意见》，国发〔2014〕35号，中华人民共和国中央人民政府官网，2014年9月4日。

到大学阶段，语文不再独大，于是便有“文史”之说，或曰“文史哲”不分家，强调文学、史学和哲学的一以贯通，只不过以文为代称，目的是要同日趋显赫的理工之“理”相抗衡，划分出现代学术的文理二分。

最后，进入“人文”之文。说到此，“人文”的称谓才真正触及当下“文科”的基本含义及其问题要点，并且揭示了隐藏在其背后的学术规则和等级格局，也就是现今以自然科学为基点、坐标和参照的知识谱系。在此格局中，科学包括自然与社会两类，人文不过三分之一。以此图解，人文还可在三足鼎立的模式中平分一面，勉强自立：

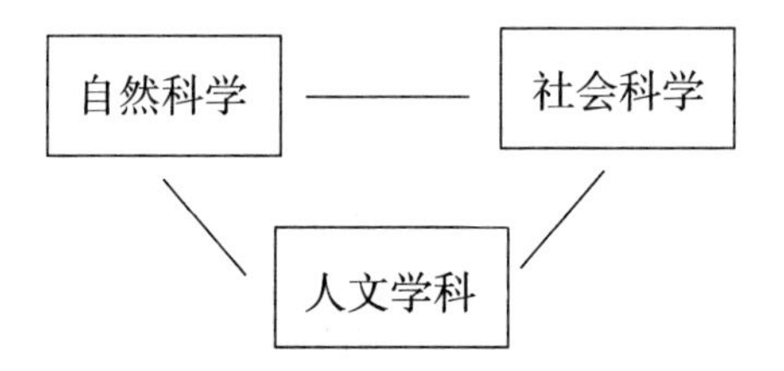

而当自然与社会两大部类联盟，以科学之名合并为一的时候，人文的地位即被挤到一边，成为边缘配角：

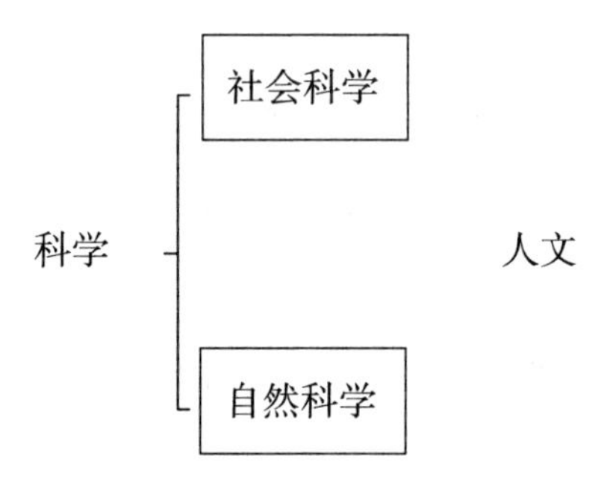

更有甚者，随着科学思维及话语的日益强大，世人逐渐将人文也吞并到科学囊中，改其名为“人文科学”，形成科学范式的一统天下：

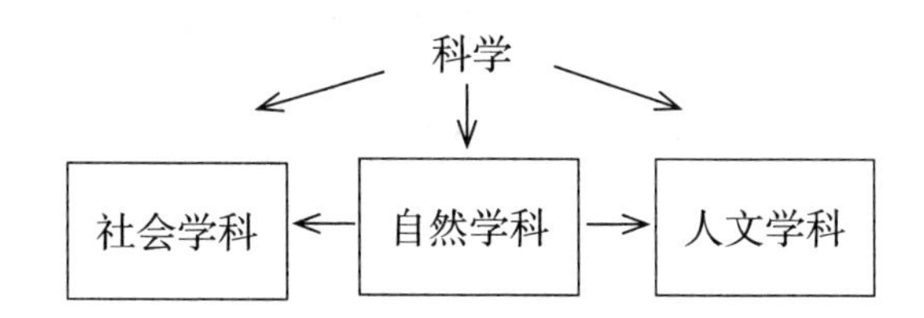

在这样的格局中，人文也成了科学的一种，被强求服从和服务于实证理性，失去了自身的诗性特征和价值意义。

话说回来，现代汉语的“人文”含义及其学科划分，其实源自西学。作为学科，指 Liberal Arts（也译为“博雅学”“博雅学艺”）或 Humanities（人文学）；若指思想、思潮，则与 humanism 即“人本精神”“人道主义”相当。对于人文的学科作用，西方学界看得很重，有的甚至总结说“整个西方教育的传统就是 liberal arts 的传统”。[1] 不过，这样的判断在当代西方社会的历史演变中也受到了冲击和挑战。

（二）文科之“死”

在 20 世纪中期，由“人文”地位引发的最著名挑战，当举斯诺提出的“两种文化”之争。1959 年，斯诺（C.P.Snow）应邀在剑桥大学演讲，提出震惊学界的科技与人文“鸿沟论”，随后以《两种文化与科学革命》为题出版，在西方引出一场持续不绝的思想论战。[2] 斯诺描绘的情形如下：

> 一方是文学知识分子，另一方是科学家，并且尤以物理学家最有代表性。双方之间存在着一个相互不理解的鸿沟——有时还存有敌意和反感。[3]

1　参见沈文钦：《Liberal Arts 与 Humanities 的区别：概念史的考察》，《比较教育研究》2010 年第 2 期。

2　参见 C. P. Snow, *The Two Cultures and the Scientific Revolution*，Martino Fine Books, 2013。

3　[英] C.P. 斯诺：《对科学的傲慢与偏见》，陈恒六、刘兵译，四川人民出版社 1987 年版，第 9 页。

斯诺认为双方对立虽然严重，内在原因却在于缺乏基本的相互理解：一方对热力学第二定律一无所知，一方对莎士比亚不屑一顾。此外，由于传统习性的制约，整体的表现是“重文轻理”。在斯诺看来，文理之间的对立竟然都以误解为基础，“这是很危险的”，由此导致的分裂——尤其是文科对理科的无知与偏见令人担忧。他指出：

> 现代物理学的大厦正在一天一天高耸入云，而西方世界中最聪明的人中间的大多数人对它的理解，却大约同新石器时代的古人一样多。[1]

斯诺论说的汉译本在中国的改革开放时期面世。译名凸显了斯诺对人文学者轻慢科技专家的忧心，叫作《对科学的傲慢与偏见》。结合中国当年的形势，译者的意图是要让国人从批判“白专”的阴影走出来，提升理科的地位，更深刻地认识科学的巨大作用，呼吁人文与科技结合，彻底改变“一些人对人本主义的精神茫然不知，另一些人对科学理性精神全然不晓”的现实状况。[2]

如果说斯诺的论述体现了20世纪中期科技与人文的轻度失衡而且是“文科”偏重的话，到了80年代的利奥塔（Jean-Francois Lyotard）笔下，学界格局却呈现为令人震惊的突转。一方面，现实社会变得愈发机械化了——“没有意义的活动被根据机器的模式组织起来。这一模式的目的在其自身之外，它并不对这一目的提出疑问”；另一方面，人文学者的传统使命日渐式微，“教授们不再对真正的文化问题、生命的意义作出反应”。

---

1 ［英］C.P. 斯诺：《对科学的傲慢与偏见》，陈恒六、刘兵译，四川人民出版社1987年版，第21—22页。

2 ［英］C.P. 斯诺：《对科学的傲慢与偏见》“译者序”，陈恒六、刘兵译，四川人民出版社1987年版，第1—14页。

针对此景，利奥塔宣称“文科已死”。[1]

在利奥塔等人的论述中，与“文科之死”并列的还有“知识分子之死”。后者出现的原因在于后现代的社会转变：一方面是科技知识的高歌猛进，另一方面是精神文化的崩溃和“知识分子”漂泊不定感的蔓延，从而导致“知识分子”的光环褪去，“留下的只是极其平常的、专门性的技术工人的命运”。[2]

就围绕文理关系的西方论争而言，接下来需要引入的人物是伊曼纽尔·沃勒斯坦（Immanuel Wallerstein）。沃勒斯坦从认识论出发对“两种文化”的由来进行深度阐释，强调学科与知识的划分是社会利益及权力较量的产物。他认为文理鸿沟的产生源于强调二元分离的“笛卡尔模式”。对此，沃勒斯坦组织专题小组调研，发表了影响深远的考察报告《开放社会科学》。报告提出超越两种文化，重建社会科学，就以大学为代表的高等教学研究而言，主张打开学科限制、破除学院壁垒、跨越传统界限、扩展机构联合。依照他的判断，文科的问题既非排斥理科也不意味着即将死去，关键在于1945年第二次世界大战以后与世界体系转变的不相适应，因而最为紧迫的需要是对自身的改造、重建。为此，沃勒斯坦强调文理三方——自然科学、社会科学和人文学科的相互连接。他指出：

> 我们不相信有什么智慧能够被垄断，也不相信有什么知识领域是专门保留给拥有特定穴位的研究者的。[3]

1 ［法］利奥塔：《死掉的文科》，载《后现代性与公正游戏——利奥塔访谈、书信录》，谈瀛洲译，上海人民出版社1997年版，第103页。

2 参见陆杰荣：《后现代·知识分子·当代使命——论利奥塔的“知识分子之死”的理论实质》，《哲学动态》2003年第6期。

3 ［美］华勒斯坦等：《开放社会科学：重建社会科学报告书》，刘锋译，生活·读书·新知三联书店1997年版，第106页。

在这意义上可以说，至少从沃勒斯坦的小组开始，西方学界就接连提出了主张文理兼容的“新文科”，而非迟至2017年才由北美一家学院发起的孤立倡导。

由此便得追问，文科之新，“新”在何处?

（三）文科之“新”

依照2018年教育部陆续发布的文件解释，“新文科”主要是指哲学社会科学。其中的要点包括:1)“新文科”是文化发展的重要载体;2)核心是“推动哲学社会科学与新科技革命交叉融合”；3)目标在于“培养新时代的哲学社会科学家”。

在此，新文科与新时代关联了起来。而所谓新的时代指的就是新的科学理念与新的信息技术。为此，政府文件明确提出了“推进现代信息技术与教育教学深度融合”的时代要求，即：

> 大力推动互联网、大数据、人工智能、虚拟现实等现代技术在教学和管理中的应用，探索实施网络化、数字化、智能化、个性化的教育，推动形成“互联网+高等教育”新形态，以现代信息技术推动高等教育质量提升的“变轨超车”。[1]

其中突出的科技新标志是“智能化”和“互联网”。于是，新时代的文理结合便表现为互为关联的两个方面，一是哲学社会科学的自我更新，推动既有体系的新科技化（智能化与网络化）；二是哲学社会科学介入新科技革

1 《教育部关于加快建设高水平本科教育 全面提高人才培养能力的意见》，教育部文件，2018年第2号，2018年9月17日颁布。

命，对理工农医的知识生产及学科培育进行有效参与，以实现彼此间的互补共建，交叉融合。

这样的憧憬美好完善，令人向往。不过结合近代中国的演进格局来看，仅就科技助推文科而言，“新文科”倡议还不能说是首创，而是以往同类运动的延续，或曰“第三次浪潮”。从大处上说，自戊戌维新以来的历史进程中至少出现过两轮，即晚清时期的“洋务运动”和改革开放后的“新技术革命”。前者经由著名的“科玄之争”推动了五四以后的“新文化”兴起；后者则伴随“信息论”“系统论”及“控制论”的全面渗入，重启了全社会对科技问题的关注及人文思想界的观念更新。[1]

由此来看，如今作为第三次浪潮的“新文科”启动，其内涵绝不仅限于院校墙内的课程设置与教法提升，而与更大范围内的知识生产及国民认知密切关联。因为文科的“科”不是指教学科目，而是关涉整体的人文思想，关涉一个时代的观念形态和知识转型。

在这意义上，将“互联网、大数据、人工智能、虚拟现实”等科技议题提上议程，不仅意味着对文科的时代挑战，更意味文科的介入和参与。如果说日新月异的科学技术好比开启未来的隐形钥匙，积淀厚重的人文思想就是自我反省的调控之灵。在数智互联网面前，远离移动和链接的文科或许会因陈腐僵化而被遗弃；而失去调控的科技则会像无头之兽一般危机四伏、险象环生。近年来接连由“编辑婴儿”“隐私泄露”等科技事件引发的公众焦虑和伦理恐慌无不表明：对于文理关联的时代之新，无论人文抑或理工其实都没做好准备。[2]

1　参见姜振寰：《新中国技术观的重大变革——记20世纪80年代关于“新技术革命”的大讨论》，《哈尔滨工业大学学报》2004年第3期。

2　对于2018年在中国南部城市出现的基因编辑事件，笔者应邀参与过相关讨论。参见《“捍卫生活世界：技术进步的伦理与法律边界”学术研讨会在人民大学成功举办》，中国人民大学网站，2018年12月28日。

可见，进入数智时代，文科之“新”不等于文理之间的简单叠加或硬性组合，不是让工程师畅谈莎士比亚或唐诗宋词，让文科生倒背物理学公式定律；相反，如若有新，必将新在与整体的知识生产及教育传承相联系的观念、形态、内涵、范式及体制、交往等各个方面，创建主动融入并积极参与到智能化与互联网之中的新人文，实现全社会都掌握科技，全科技都彰显人文。以此为基础，以往的文理之分将不复存在，而会回归形上形下的道器关联。那样的话，无论“后人类”是否面世、何时来临，结局都是天下一家，道术唯一；面对机器，一“人”而已。认知的世界不再强调边界与区分，全体朝向真正的人类命运共同体。

总而论之，在近代中国的语境中，自戊戌维新以来，变革文科可谓是朝野关注的百年大计和知识转型的关键要义。百年之后，政府发布与工、医、农配套的新文科计划，可视为对此路途的世纪回应。然而百年之间，情势演变，每次发起的起因、动力及力量配置皆不相同，因此成效如何，不但期盼实践的推进，同时也有待时间的检验。

文以载道，任重道远；文科之路，绵延日新。

五、人类学的多田野：从传统村落到虚拟世界

本章要点："田野考察"是人类学的重要构件之一，在以往的专业表述中甚至常与人类学本身相等同。其中之义，每每指向乡野、海外，代表蛮夷、土著或"待开化"的野蛮人。受此影响，在中外学界的普遍认知中，"到远方""去异地"便被视为人类学者的"通过仪式"与身份标签。

如今，在互联网与人工智能等数智技术的冲击下，人类学田野发生了深刻变化，呈现出交映生辉的多元局面。从去时间化的视角出发，不取单线进化之眼光，而将由古至今既有的田野类型视为开放并置的共时结构，便可将目前涌现的演变趋势概括为"上山—下乡—进城—入网—反身"的五维体系，亦即迈入数智文明之后人类学的多田野。

"田野工作"（field-work）被视为人类学的学科特征。参与田野工作意味着受过训练的学者走出书斋进行科学的实证调研。19世纪出版的《人类学观察与询问：在未开化土地上居住与旅行须知》被誉为人类学田野的经典指南。虽然当时的定位是"在未开化土地上居住与旅行须知"，但该书仍代表了人类学田野工作的基本界定。该指南的完整版包括体质、社会及物质文

化、古人类遗存四大部分。在位于开篇的体质人类学部分，对考察者提出了十分精确的要求，强调把握对象的定性特征，即：

从质上来把握人类个体在形态结构和功能活动方面所表现的那些相对稳定的特征，例如，有无内眦赘皮褶或者骶骨斑、鼻廓的形状以及体毛的颜色等等。[1]

多年以后，费孝通在译介雷蒙德·弗思（Raymond Firth）《人文类型》一书时，把田野工作转述为“实地调查”，概括说：

（实地调查，就是）以观察、分析具体的社会生活为起点，把观察结果提高到理性认识，通过反复比较求证，获得对人类社会的科学知识。[2]

从中西交往的角度看，长久以来关于“田野考察”的含义，无论是在汉语还是在英文中，在早期更多地指向了乡野、海外，代表蛮夷、土著或“待开化”的野蛮人。受这种观念影响，在漫长的学科演变进程中，“到远方”“去异地”已被誉为人类学者的身份标签。就如人类学家乔健阐述的那样，“田野调查是人类学者的成年礼”，因为“你没有经过一个长期的人类学田野调查，你就没有成年，你就不是一个人类学家”。[3]

然而时过境迁，随着从石器考古到数智仿真的经验累积，如今的人类学

1 英国皇家人类学会：《田野调查技术手册》（修订本），何国强译，复旦大学出版社 2016 年版，第 3 页。

2 ［英］雷蒙德·弗思：《人文类型》，费孝通译，商务印书馆 1991 年版，“译者的话”第 3 页。

3 乔健、徐杰舜：《漂泊中的永恒与永恒的漂泊——人类学学者访谈之三十二》，《广西民族学院学报》（哲学社会科学版）2005 年第 1 期。

田野发生了深刻变化——既范式交错，又虚实并举，乃至与人工智能（AI）和“后人类”日益关联，呈现出交映生辉的整体局面。

本章从观念与实践的演变出发，阐述人类学的多田野，内容包括三个方面：(1) 学科的假说和概念，用以表明人类学家对田野范畴的共识（或分歧）；(2) 学者秉持的观念前提及其在具体田野过程中的不同实践；(3) 学术史对既有或将有之田野经验及理论的反身追问。希望通过“面面观”的总体布局，呈现并阐释人类学的田野演变。

如今，在世界各地的演变实践中，人类学的田野类型日益呈现为关联呼应的多元格局。为了探寻其中的内在联系，我从去时间化的视角出发，不以进化淘汰的方式看待之，而是将这些类型视为开放并置的共时结构，概括为“上山—下乡—进城—入网—反身”的新整体，也就是迈入数智文明之后的人类学多田野。

（一）从理论、方法到技术：“田野”知识的谱系演变

如何计算人类学田野工作的年代起始，涉及对人类学学科的创建界定。按后世许多教科书的说法，人类学的田野发端多以马林诺夫斯基及其深入西太平洋岛屿的调研为标志。澳大利亚的迈克尔·扬（Michael Young）写道：

> 如果说查尔斯·达尔文是生物学的开山祖师的话，布罗尼斯劳·马林诺夫斯基就是人类学的开山祖师——这位波兰贵族发明了“田野研究”这一严格的学术“成年礼”。[1]

1 ［澳］迈克尔·扬：《马林诺夫斯基：一位人类学家的奥德赛，1884—1920》，宋奕等译，北京大学出版社 2013 年版，“引言”第 1 页。

照此思路推演，以马氏体现的在异文化村落的孤身作业，便逐渐被认为不但发明了“参与观察”（Participant Observation）等经典方法，而且与弗雷泽等旧学院派“轮椅上的书斋研究”形成了划时代的分水岭。[1]

然而若将目光延长，延展至更早以实证方法推演科学进化论的达尔文时代，就不得不承认，恰恰是彼时以“博物学家”们为代表的早期科考才堪称最初起点。也正是达尔文参与的“小猎犬号”的科学考察，展现了野外性、现场性、数据性乃至量化性等特征，奠定了人类学田野工作的理论与方法根基。

不过年代的先后只是差异的表象，目的和任务的不同才体现根本。如果说达尔文等考察者关注的核心在于探寻人类的种群演化，那么，在马林诺夫斯基那里则转变为辨析异民族的文化类型。彼此间的方法异同不能简单归为历时变异，而应看作因情境不同而产生的认知调整。出于对生物链条的论证之需，达尔文式的田野工作偏重于实物性的标本和数据，因而除了实地观察各类动物的原生习性和特定生活环境外，即便对无生命的远古化石也珍惜有加。而马林诺夫斯基的重点与此不同，因为要分析现存的异族文化，故而须了解该社会的活态运行，于是采用了身临其境但不加干扰的参与观察。

根据达尔文本人记载，1831 年“小猎犬号”组织进行的海外科考前后 5 年，团队成员都是科学专家，各负其责，协同完成。具体分工如下：

> 理查德·欧文负责“哺乳类动物化石”部分，乔治·罗伯特·沃特

1　在与詹姆斯·弗雷泽的比较中，迈克尔·扬认为马林诺夫斯基成了“弑君者”。后者“就像征服者威廉之于哈罗德国王一样”，为美拉尼西亚的特罗布里恩德群岛书写下了一部“末日审判书”（Domesday Book）。参见［澳］迈克尔·扬：《马林诺夫斯基：一位人类学家的奥德赛，1884—1920》，宋奕等译，北京大学出版社 2013 年版，“引言”第 1 页。

> 豪负责“哺乳动物”部分，约翰·古尔德负责“鸟类”部分，伦纳德·詹宁斯负责“鱼类”部分，托马斯负责“爬行动物”部分。[1]

由于当时只具有助理身份，青年达尔文完成的任务是“对每个物种的习性和分布范围进行增补和记录”。[2]但正是由“小猎犬号”开创的海外科考，奠定了达尔文从物种起源探讨人类创生的学说根基。因此尽管在那时系统的人类学还未成型，达尔文参与的科考还主要归在博物学（生物学、动物学）名下，然而从达尔文对人类学大厦的奠基作用来看，“小猎犬号”考察才真正称得上人类学的田野起点。在这个意义上，也可以说人类学的田野方法是由博物学、动物学、生物学衍生而来的。

由此看来，如果依照古塔和弗格森（Akhil Gupta and James Ferguson）等在20世纪90年代“写文化”思潮之后的梳理，[3]将人类学的“田野原型”锁定在马林诺夫斯基“在一个偏远的小规模场所的一年以上的英雄式旅程”，就不仅理由不够充分，由此出发的田野反思便也存在缺憾。[4]

不过从研究目标看，达尔文的人类学主要关注人类起源，也就是人类的过去，或“过去的人”“逝去的人”乃至“化石的猿”，于是与注重文化的人类学形成了重要差别。后者面对“现在的人”“活态的人”及“社会的人”，因此与之对应的田野观念及配套方法都出现了显著改变。

---

1 ［英］查尔斯·达尔文：《“小猎犬”号科学考察记》，王媛译，中国妇女出版社2017年版，“作者自序”第1页。

2 ［英］查尔斯·达尔文：《“小猎犬”号科学考察记》，王媛译，中国妇女出版社2017年版，“作者自序”第1页。

3 参见［美］古塔、［美］弗格森：《人类学定位：田野科学的界限与基础》，骆建建等译，华夏出版社2013年版。

4 古塔、弗格森该著作汉译本的评论者肯定了作者对马林诺夫斯基以来的田野方法论反思，但认为其突出贡献在于“从不同的角度探讨了超越和重构田野调查‘原型’传统的必要性和可能性”。参见张丽梅、胡鸿保：《寻求超越原型“田野”之道——读〈人类学定位：田野科学的界限与基础〉》，《中国农业大学学报》（社会科学版）2007年第4期。

就在与“小猎犬号”出海考察几乎同步的19世纪三四十年代，身为不列颠科学促进会负责人的埃文斯·普里查德(Evans-Pritchard)及布朗(Alfred Radcliffe-Brown)、哈登（Alfred Cort Hadden）等学者以“土著行将灭绝”为由，倡议加速收集殖民地的原住民材料，以扩展旧大陆的既有知识。该倡议的重要结果不是别的，而是催生了一系列田野考察的经典手册问世，其中最著名的是《人类学观察与询问：在未开化土地上居住与旅行须知》（1844年版）及《民族学调查》（1851年版）等。这些早期经典后来被合并为一，最终形成了在欧洲人类学界不断再版、规范使用并被汉译引进的《田野调查技术手册》（下称《手册》）。[1]

该《手册》的突出贡献在于，从理论、方法到技术诸方面对人类学的田野工作给予了奠基性的完整解释和指导，阐明了人类学田野工作的认识论、方法论及技术实践意义。在《手册》的阐述中，作为人类学考察对象的田野具有了明晰而简化的整体形态，即体质的人+活态的社会+逝去的遗存。“体质的人”指向即存的、具有生物学表征且仍在可观察之文化范围内活动、繁衍的群体，设定目的为认识并确定其人种属性，探寻与之相应的族体、族源问题。对此，《手册》的解释是：

> 可以说，了解调查对象的身体特征，判断他们所属的种族，推测他们的族源与族体，进而寻找他们的历史迁徙事件与过程，是进一步展开社会调查的前奏曲。[2]

---

1 参见英国皇家人类学会:《田野考察技术手册》(修订本)，何国强译，复旦大学出版社2016年版。汉译本依据的英文第六版书名叫 *Notes and Queries on Anthropology (6th ed.)*，直译应为《人类学的提问与记录》。

2 英国皇家人类学会:《田野考察技术手册》(修订本)，何国强译，复旦大学出版社2016年版，第2页。

由此出发，再加上“活态的社会”（文化制度、结构功能）与“逝去的遗存”（祖先的残留物）后，《手册》引导的人类学田野便呈现出三角式的关联图示：

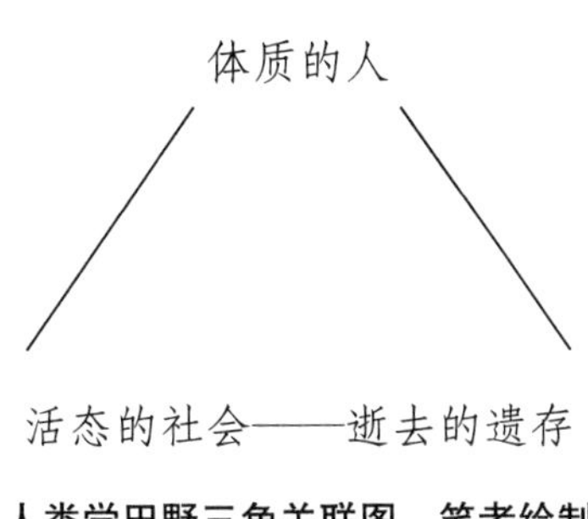

人类学田野三角关联图，笔者绘制

在时隔近百年后，《田野调查技术手册》被译成汉文出版。译者揭示了其原创者们——不列颠科学协会与皇家人类学学会的初衷，在于“以‘同源论’观点解释土著的构成、历史和风俗”；同时强调其呈现的体例和理论框架“深描了各方面的文化”，因而具有较大参考价值。[1]

在我看来，《手册》的价值核心在于全球化的整体人观。这样的全球观代表了人类学的学科旨向，即告诫人们：人类一体，各地关联。人类的世界总体一致，多级构成：

> 现在，全世界有两千多个大小民族，分属欧罗巴、蒙古、尼格罗-澳大利亚三大人种及各种混合类型。它们分布于五大洲四大洋的二百多个国家和地区。[2]

1　英国皇家人类学会：《田野考察技术手册》（修订本），何国强译，复旦大学出版社 2016 年版，“译序”第 3 页。

2　英国皇家人类学会：《田野考察技术手册》（修订本），何国强译，复旦大学出版社 2016 年版，第 2 页。

对此，人类学不能仅限于认识论和方法论，而更应成为跨文化、跨族群和跨国家的世界观与文化观。因为，即便就需要参与观察的“田野”而言，我们所面对的也已然是既相对分立又彼此关联的完整人类，一如《手册》作者所言：

> 从北极圈到赤道，人们生活在景观和资源迥然不同的广大地域上，从事着多种多样的经济活动，创造着多彩多姿的文化艺术。[1]

结合中西学术的交往历程来看，由西学引进的“人类学田野”也经历了从语词到实践的多重转变。如对英语的核心词语 field，有时就不译为“田野”而是译为“实地”，故而在如今多数场合已习惯了的“田野工作”“田野考察”，便又被叫作“实地调查”。如凌纯声就撰写过用此命名的专书，题为《民族学实地调查方法》，[2] 并以此为基础，完成了被誉为现代中国第一部科学民族志的《松花江下游的赫哲族》。[3]

如今，随着人类学考察对象的不断演变，相比“田野”一词容易引起的望文生义而言，“实地”的含义其实更为中性，意指也更宽，主要强调与书本文献相区别、可通过经验式接触而参与观察的实际场域。不过尽管如此，在如今的汉语学界，作为人类学工作的核心概念，虽说含义常与“实地考察”及“实际调研”相同，但“田野工作”仍被广泛沿用。其中原因我以为主要在于弹性象征，即汉语的“田”和“野”，非但关乎“他者”“异邦”和“边缘”“蛮夷”，而且与常规“文本”（文明、文化）相对举，隐含“礼失求野”

1　英国皇家人类学会：《田野考察技术手册》（修订本），何国强译，复旦大学出版社 2016 年版，第 2 页。

2　凌纯声：《民族学实地调查方法》（1936 年），载凌纯声、林耀华等：《20 世纪中国人类学民族学研究方法与方法论》，民族出版社 2004 年版，第 1—42 页。

3　凌纯声：《松花江下游的赫哲族》，民族出版社 2012 年版。

的超越隐喻，在所指上覆盖和超出了“实地”边界。[1]

正因如此，在人类社会迈入数智文明之际，人类学的“田野”概念或许不会过早死去，而将继续延伸，用以指涉被各种新媒介冲击改造的人类社群以及由互联网＋人工智能（AI）形塑的另类场域——“后人类”社会与虚拟现实（VR）。

（二）从摇椅、海船到帐篷：“田野”方式的演变重叠

如果把弗雷泽的书斋“摇椅”当作映衬，那么达尔文搭乘的科考“海船”便是人类学田野实践的起点；到了马林诺夫斯基的“帐篷”之后，人类学田野的方式和案例日趋繁多，观念和技术也因地制宜，不断改进。随着人类学话语在全球的传播与被接受，田野实证的影响更可谓遍地开花，硕果广结，既包括阐释理解上的分门别类、枝蔓延展，亦出现了方法类别上的各树旗帜、学派林立。

人类学田野类别所呈现的多样化情形，也在培训专业学者的教科书里得到了及时的反映。如到了20世纪90年代，在北美大学教授编写的文化人类学教材里，便将人类学与社会科学中的社会学、心理学加以区分，强调了三者都能用不同方式收集信息，但与人类学田野考察不同的是：社会学家用电话调查，心理学家在实验室分析。并且，与早期公众对人类学田野持有的刻板印象不同，教材编者揭示了人类学田野的多样类别。在对具体案例的介绍中，作为人类学标志的田野考察，其特征曾经被视为与异文化“长期的、第一手接触”，然在当时就已转变为多元化情形了，即“从传统村落到都市村

1　徐新建：《俗文化与人类学：呼唤“民俗人类学”》，《徐州工程学院学报》（社会科学版）2020年第3期；《“饮酒歌唱”与“礼失求野”——西南民族饮食习俗的文化意义》，《西南民族大学学报》（人文社会科学版）2015年第1期。

落再到企业董事会，人类学家正走向形形色色的人群之中”。[1]

然而值得着重阐明的是，长久以来，不少人习惯将社会进化式的认识论模式套用于学术，把在人类学的不同情境中分别出现的田野类型也排成单线进化的前后阶梯，归纳为新陈代谢的范式序列。于是，人类学的多样田野就被想象为一条普遍进化的时间历程，成了先远方后本土、由蛮夷到文明的合规律选择，最终整体迈入简单普适的统一谱系之中。

事实并非如此。本章的目的就是要以客观事象为据，改变这种取代式的田野观，恢复多维田野的认识论。在如今被联合国政治、世界贸易经济及互联网媒介连为一体的全球场景里，各式各样的生态差异、人群特征及其派生的文化多元并未消失，而是以“全球地方化”格局（glocalization）为依托继续并存。于是，与古典和殖民时代不同，如今的人类学家更为自由灵活，选择面更宽，既可以继续前往相对隔绝的丛林山地，考察保有“原始”特征的部落人群，又可以开辟新径，深入都市高楼，考察以往神秘莫测的企业董事会；抑或匿名上网，潜入充满风险的虚拟社群，探寻正在涌现的各式“新人类”“后人类”。

正如本章开篇提到的那样，本章的意图是要对迄今呈现的人类学多田野作“去时间化”的理解，摒弃进化论所持的淘汰眼光，将各式各样的对象和方法视为共时历史，继而阐释由此构成的开放并置结构。当然，即便接受共时的历史观，由于角度不一、标准有别，大家作出的结论也不会一样。本章力图兼顾逻辑与现实的关联呼应，概括出“上山—下乡—进城—入网—反身”的五形模式，以求尽可能平行互补地理解迈入数智文明之际人类学的多田野。

---

1 Peter J. Brown, *Applying Cultural Anthropology: An Introductory Reader*, Second Edition, Mayfield Publishing Company, Mountain View, California,1993.

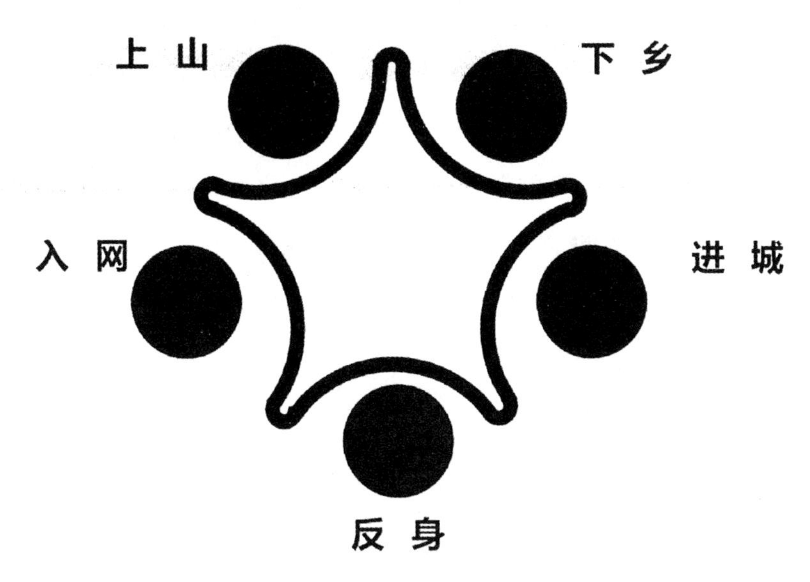

人类学“田野五型”图

（图片来源：笔者自制。）

需要指出的是，从人类学田野考察及民族志写作的完整流程来看，一如历来的人类学家以不同方式践行过的那样，此处的“五型”所指，无论是对象，还是理论与方法，均同时包括经验实证的现实世界与想象信仰的诗意世界。其中，阐释者和阐释对象不但互为主体，并且兼顾了“逻辑—理性的人”与“灵性—信仰的人”双重特征。对于人类学的田野阐述而言，灵性层面的指涉意义既可回溯到维柯所言的“诗性智慧”，[1] 亦可延伸至赫兹菲尔德发挥的“社会诗学”之中。[2]

这样的兼顾，对应北美盛行的人类学“四分”框架（体质、语言、考古和文化）。如此，对欧陆传承的“三分”联系（生物、文化和哲学）亦不例外，

1 参见［意］维柯：《新科学》，朱光潜译，商务印书馆 1989 年版；叶舒宪：《怎样探寻文化的基因：从诗性智慧到神话信仰——〈人文时空：维柯和新科学〉代序》，《百色学院学报》2018 年第 4 期。

2 参见刘珩：《迈克尔 · 赫兹菲尔德学术传记》，生活 · 读书 · 新知三联书店 2020 年版。

而在如今开始用理性与灵性简化的“二分”表述（科学和文学）中，此对应则更为直接。[1]

因此，对以参与观察和知识生产为己任的人类学者来说，从上山、下乡、进城到入网、反身的考察历程及其田野之后的人类学写作，便兼具了对所谓社会事实的“客位”分析及对诗性智慧的“主位”感知——因为二者不仅在彼此依存的结构中关联同在，更在由内及外的关联里形成互文。

以下对人类学的田野“五形”逐一分述。

（三）人类学“上山”：文明映照的野性思维

人类学之“山”有两重含义，既指远离平原的边远高地，也指先于都市工业存在的“原始”类型，亦即通过“原始”得以呈现的“野性思维”（斯特劳斯语）或维柯所称的“诗性智慧”。[2]

维柯（Giovanni Battista Vico）是西方学术史上对人类原始本性予以极高评价的重要思想家，他对于原始诗性的论断被认为奠定了人类学研究的基本观点——文化多元论。[3] 通过考察环地中海迦勒底人、西徐亚人、腓尼基人等“异教民族”的文献材料，维柯判断说，“在世界的儿童期，人们按照本性都是崇高的诗人”，他指出：

1　参见徐新建：《一己之见：中国文学人类学的四十年和一百年》，载《文学人类学研究》2018年第1期，第22—29页。

2　叶舒宪也指出过，从内容看，“维柯的‘诗性智慧’也就相当于后来德国新康德主义哲学家卡西尔等人说的‘神话思维’，或者是法国人类学家斯特劳斯所称的‘野性的思维’”。参见叶舒宪：《怎样探寻文化的基因：从诗性智慧到神话信仰——〈人文时空：维柯和新科学〉代序》，《百色学院学报》2018年第4期，第1—5页。

3　刘珩：《迈克尔·赫兹菲尔德学术传记》，生活·读书·新知三联书店2020年版，第153页。

这些原始人没有推理能力，却浑身是强旺的感觉力和生动的想象力。这种玄学就是他们的诗。[1]

由此观之，人类学的“上山”之旅由来已久，意味着对文明本源的漫长探寻。其中的田野对象非但有从美洲印第安部落到非洲、大洋洲“土著”族群及其世代沿袭的亲属制度、图腾礼仪，同样包括东北亚通古斯人群的萨满信仰、游牧民族的长调、呼麦，横断走廊诸民族的转山朝圣、“招魂”送祖，直至从东南亚到中国西南的“佐米亚”类型。[2]

在社会事实与文化结构层面，人类学的“上山”成果，涌现了摩尔根通过考察北美印第安部落而总结的“古代社会”以及马林诺夫斯基对西太平洋航海者的“库拉圈”描述等。在社会诗学与诗性智慧层面，则开拓出流传自

“人类学帐篷”内与外：马林诺夫斯基与西太平洋岛上的土著

1 ［意］维柯：《新科学》，朱光潜译，商务印书馆 1989 年版，第 182 页。

2 “佐米亚”系东南亚原住民语，本意指“山民”，在人类学著述中泛指与现代城市文明相远离的地区。参见［美］詹姆斯·斯科特：《逃避统治的艺术：东南亚高地的无政府主义历史》，王晓毅译，生活·读书·新知三联书店 2016 年版。

古希腊、古罗马的奥林匹斯众神故事和史诗诵唱……直至陈列在悉尼博物馆展厅的澳洲土著“超验”与“梦境”。[1]

在与此类型相关的众多田野案例中，著名的“上山”象征，可以马林诺夫斯基式的人类学“帐篷”为例。[2] 自1914年开始，在长达数年的海岛考察中，马林诺夫斯基一次次地从象征（欧洲）文明的帐篷里走出来，通过参与观察的方式加入到当地的部落人群之中，询问并记录了特罗布里恩德岛岛民们的生活场景。经由欧洲与西太平洋岛屿的反差对比，他发现这是一个——用乔治·史铎金（George W. Stocking Jr.）的话来说，“用具有原型意义的人物填充神话的时刻”。作为《西太平洋的航海者》的研究者，史铎金指出了马林诺夫斯基“科学”记录与“原始”神话——也就是“文明人”与“土著”的内在关系。史铎金提示说，“在这种语境中，考虑一下《阿尔戈》的人物造型是非常有意思的”。[3]

“阿尔戈”（Argo）是古希腊神话中由英雄伊阿宋载着金羊毛胜利而归的著名海船。英语的“Argonauts”一词亦指“阿尔戈英雄们”。马林诺夫斯基将其考察成果取名为“Argonauts of the Western Pacific”，表达了同时把西太平洋土著和自己隐喻为当代“阿尔戈英雄”的意味。此处的英雄就是将人类学成果带回欧洲的马林诺夫斯基——只不过所带回的不是象征无价之宝的“金羊毛”，而是通过科学民族志展示特罗布里恩德岛原住民智慧的“库拉圈”，亦即马著副标题揭示的“美拉尼西亚新几内亚群岛土著人之事业及冒

---

1 对澳大利亚博物馆的土著展示，我曾有记述，可参见徐新建：《初访悉尼》，《贵阳文史》2012年第4期，第58—59页；《初访悉尼》（之二），《贵阳文史》2013年第2期；《初访悉尼》（续三），《贵阳文史》2013年第3期；《再访悉尼》（之一），《贵阳文史》2017年第2期；《再访悉尼》（之二），《贵阳文史》2017年第3期。

2 参见陈晋：《走出人类学的自恋》，《读书》2018年第7期。

3 ［美］乔治·史铎金：《人类学家的魔法——人类学史论集》，赵炳祥译，生活·读书·新知三联书店2019年版，第59页。

险活动的报告”。[1]

尽管有着对土著知识的一定认可，但在马林诺夫斯基神话联想般的描述中，科学家与当地人的田野关系依然被明显等级和区隔化了：一边是能为人类知识提供奇物的“英雄”，一边是拥有独特文化却等待被发现的“土著”。史铎金指出，在马林诺夫斯基笔下——

> 大多数占据核心地位的当然是“土著人”：他们可由部落集团或地位识别出来，通常都用“野蛮人”（在私人日记中，则用“黑鬼”这个蔑称）的类别来称呼。[2]

随着岁月的流逝，马林诺夫斯基式的田野模式逐渐与后殖民时代形成对比。在越来越多的反思型人类学家眼中，考察者与对象间的关系日趋平等甚至置换，后者不再是等待教化的蒙昧对象，而成了“高贵的原始人”（Noble savage）；与此同时，原住民身处的落后区域则变成了令人缅怀向往的文化高地，人类学的田野行为甚至由“探访”变为了“朝圣”。[3]就马林诺夫斯基的个案而言，因立下成为“人类学界的康拉德”之目标，[4]其描绘西太平洋岛民生活的民族志作品，即可视为人类学类型的“黑暗之心”（Heart of

---

1 ［英］布罗尼斯拉夫·马林诺夫斯基：《西太平洋的航海者》，梁永佳、李绍明译，华夏出版社2002年版。结合西方文化的谱系关联来看，对马氏这部经典著作的书名还是应译为《西太平洋的阿尔戈英雄》为好，一则可保留其中“Argonauts”一词的双义，一则能提示其对古希腊神话英雄的寓意象征（笔者注）。

2 ［美］乔治·史铎金：《人类学家的魔法——人类学史论集》，赵炳祥译，生活·读书·新知三联书店2019年版，第59页。

3 彭兆荣：《重新发现的“原始艺术”》，《思想战线》2017年第1期。彭文指出，在人类学的历史中，“高贵的野蛮人”不啻为社会进化论的一个“缩影”，体现了对原始魅力的由衷赞许。

4 ［美］乔治·史铎金：《人类学家的魔法——人类学史论集》，赵炳祥译，生活·读书·新知三联书店2019年版，第54页。

Darkness），同样展示了以土著为象征的溯源认同乃至回归。[1]

从人类学自身的演变轨迹看，认识并探寻“高贵原始人”的努力几乎从一开始便露端倪，且其中的思想渊源还不限于人类学。由此往深处追溯还可发现，出于对原始土著的认知分野，人类学的“上山”其实包含了两条对立的路线，一是“文明进化”，二是“返璞归真”。前者以单线进化论为基础，视边缘他者为待开化的落后人群，“上山”考察之目的是为了建立实证型的进化档案，以推动单级阶序的统一治理。19世纪中叶，摩尔根（Lewis Henry Morgan）深入美洲印第安社会，通过对易洛魁部落的田野考察，提出了原始民族的社会目标就是从蒙昧、野蛮向文明阶段迈进。[2]

李济带领的殷墟考察

（图片来源：https://new.qq.com/omn/20200614/20200614A04RIF00.html?pgv_ref=sogousm&ADTAG=sogousm。）

以“文明进化”为核心的人类学上山模式长久流传并越洋过海，一直播及至近代中国的汉语学界，最早由李济、董作宾等率领的殷墟考察发端，[3]随后派生出

1　约瑟夫·康拉德（Joseph Conrad）是生于波兰的英国作家，擅长航海冒险小说。其在20世纪初发表的小说《黑暗的心》影响深远。作品展现非洲腹地与欧洲文明的反差比照，对马林诺夫斯基触动很深。后来美国导演科波拉由其改变的电影《现代启示录》也影响了战后一代。影片揭示的主题即倾向于对欧洲文明的失望及朝向部落土著的原始回归。

2　参见［美］路易斯·亨利·摩尔根：《古代社会》，杨东莼等译，商务印书馆1995年版。

3　胡厚宣：《李济〈安阳〉中译本序言》，《中原文物》1989年第1期。

凌纯声、芮逸夫进行的松花江下游赫哲族考察、湘西腹地的苗疆调研，[1]以及林耀华留美归来后的凉山探访。

林耀华在民国年间的凉山田野调查具有象征意义，由此推出的《凉山夷家》，既是人类学本土化的重要成果，同时体现了文明进化观在现代中国的参与践行。作者介绍说，“《凉山夷家》是一部实地考察的报告，依据作者亲自搜集的材料，叙述以家族为中心，当然关联到与家族有关的其他方面的生活”。[2]通过连续多次的后续调研，林耀华勾勒了突出阶层划分的凉山文化类型。[3]有后来的研究者认为，林耀华等人的凉山田野调查，主要意义是通过人类学的知识话语达到“政治校正”，即谋求彝族人民“消除‘落后’而纳入文明发展的轨道”。[4]正是在人类学参与的这种谋求促进下，至20世纪50年代国家层面便启动了对凉山“奴隶制”的社会改造。

与此相反，“返璞归真”式的上山立场，因为认识到文明教化的弊端，故将土著原始视为理想归宿，故而到土著区域去做田野就是去收获“原住民知识”（indigenous knowledge），用以补充、拓展乃至拯救自身。这一类型的著名事例，除了弗雷泽对原始“图腾”的详尽阐释外，[5]列维·斯特劳斯对“野性思维”的探寻无疑当荣膺其中。[6]在其名著《忧郁的热带》里，斯特劳斯就表述过自己受卢梭影响前往南美原住民地考察的初衷。其中的动因在于认识到“在所有已知的社会里面，我们的（西方）社会无疑是离开那个基础最为遥远的一个”。列维·斯特劳斯写道：

1　凌纯声：《松花江下游的赫哲族》，民族出版社2012年版；凌纯声、芮逸夫：《湘西苗族调查报告》，民族出版社2003年版。

2　林耀华：《凉山夷家》，上海书店“民国丛书第三编”重印本，1992年，“序”第1页。

3　林耀华：《凉山彝家的巨变》，商务印书馆1995年版，第71页。

4　李列：《人类学视角下的学术考察与文化旅行——以林耀华〈凉山夷家〉为个案分析》，《云南民族大学学报》（哲学社会科学版）2007年第5期。

5　Frazer, Sir James George，*Totemism and Exogamy*, New York: Macmillian,1910.

6　［法］列维·斯特劳斯：《野性的思维》，李幼蒸译，中国人民大学出版社2006年版。

> 卢梭认为我们今天称之为新石器时代的生活方式代表着最接近那个范型的一个实验性的体现。到新石器时代的时候，人类已经发明了人类安全所需的大部分发明。[1]

为此，作为人类学家和结构主义思想家的斯特劳斯选择了自己的学术使命，即："从结构中挖掘全人类共通的理性，从'野性的思维'中追溯现代人的本真，从神话中探求历史的真实。"[2]

顺着人类学的"高贵土著"路线推进，延至20世纪90年代，当新一代人类学家詹姆斯·斯科特（James C. Scott）前往东南亚的"佐米亚"地区考察时，其所体现的人类学"上山"，自然也不是对文明的向往，而是更为积极的逃离了。通过"上山"后的田野考察，斯科特发现，在泰国、缅甸和越南一带，人们称呼山上的人为"活着的祖先"，并将山上山下及历史古今加以比较，然后说，"如果你想知道小乘佛教传入之前我们的祖先，国家之前我们的祖先的样子，那就到山上去看"。[3]

经过主位与客位结合的实地调研之后，斯科特一方面向读者揭示了"文明上山"的多种挫败，另一方面展示了人类学上山的不懈努力。[4]这样的努力，或许反映了学术和政治虽拥有参与社会的相近旨趣，实际却呈现出目标与路径的显然差别。

扩展来看，人类学的"上山"寻根也非孤例，其通过追寻并考察土著而

---

1 ［法］列维·斯特劳斯：《忧郁的热带》，王志明译，生活·读书·新知三联书店2000年版，第518页。

2 余昕：《寻找"高贵的野蛮人"——重拾人的完整》，《西北民族研究》2010年第2期。

3 ［美］詹姆斯·斯科特：《文明缘何难上山》，载王铭铭主编：《中国人类学评论》第6辑，世界图书出版公司2008年版，第71—80页。

4 参见［美］詹姆斯·斯科特：《逃避统治的艺术：东南亚高地的无政府主义历史》，王晓毅译，生活·读书·新知三联书店2016年版。

表现的田野面向，非但与后来比较文学与史学界涌现的《东方学》[1]《黑色的雅典娜》[2]等作品形成呼应，并且同考古与遗传学界揭示的人类“非洲起源说”一脉相承，值得置于全球交汇且起伏演变的学术脉络中整体看待。

（四）人类学“下乡”：从家社会延伸的社会整体

在现代汉语的学术表述里，人类学之“乡”多指“乡土中国”。其中的含义既指田野、区域，又指文化、阶层，其内涵不但覆盖农耕社会，而且包括了绵延广袤的草原牧区、海岛渔村及农牧狩猎兼有的高原山地。随着时代演变，以“乡土”（乡村、乡民）指代的田野范围还延伸至从脱贫实践到乡村振兴的纵横之中。与之对应的诗性表述，则不仅包括乡村牧场的口头传统、近现代以来的乡土文艺，还延伸至不断列入各级名录的民间非物质文化遗产。

从世界性的跨文化联系看，人类学的“下乡”类型不妨以费孝通的返乡考察为代表。由此呈现的田野象征，亦可称为与亲友关联的乡土“家屋”，也即斯特劳斯所谓的“家居社会”（Home Society）。[3]这样的乡土居于自在的本已与陌生的他者之间，体现了由个人身份派生的学术世界与对象世界的特殊连接。不过，虽也作为人类学田野的考察工具，费孝通的“家屋”却与弗雷泽的“摇椅”及马林诺夫斯基的“帐篷”不同，因具有与本地亲友（姐姐费达生等）的血缘联系，故构建出了一个用于知识生产的“熟人社会”。居于这样的环境进行田野考察，费孝通的人类学下乡可堪称以屋为舍、视村

1 爱德华·萨义德：《东方学》，王宇根译，生活·读书·新知三联书店 1999 年版。

2 ［美］马丁·贝尔纳：《黑色的雅典娜——古典文明的亚非之根》，郝田虎等译，吉林出版集团 2011 年版。

3 Levi-Strauss, Claulde, *The Way of the Masks*, Translated by Sylvia Modelski，Seattle: University of Washington Press，1982.

为家了。

根据费孝通的回述，其选择江南故乡为人类学田野的经历大致如下：

> （1936）从瑶山回到家乡我有一段时间在国内等候办理出国入学手续，我姐姐就利用这段时间为我安排到她正在试办农村生丝精制产销合作社的基地去参观和休息，这是一个离我家不远的太湖边上的一个名叫开弦弓的村子。[1]

多年以后，费孝通总结说，他“一生的学术工作是从农村调查开始的”。[2]结合古今中西的关联结构看，费孝通践行的“人类学下乡”具有多重的联系象征：首先是与马林诺夫斯基模式的师门继承，其次是东西方之间的学科传递，最后还体现着人类学本土化进程中的城乡贯通。此多重连接的象征意义，可从他的老师马林诺夫斯基为其所写的“序言”中见出一斑。“序言”首先强调，“本书让我们注意的并不是一个小小的微不足道的部落，而是世界上一个最伟大的国家”。接着认定说，“这是一个土生土长的人在本乡人民中间进行工作的成果”。[3]什么样的成果呢？在这位被誉为人类学的异文化研究开创者看来，即：“通过熟悉一个小村落的生活，我们犹如在显微镜下看到了整个中国的缩影。”[4]对此，他以充满赞许的口吻对费孝通博士作了高度评价：

> 如果说人贵有自知之明的话，那么，一个民族研究自己民族的人类

1　费孝通：《个人·群体·社会：一生学术历程的自我思考》，《北京大学学报》（哲学社会科学版）1994年第1期。

2　费孝通：《农村、小城镇、区域发展——我的社区研究历程的再回顾》，《北京大学学报》（哲学社会科学版）1995年第2期。

3　马林诺夫斯基的“序言”写于1938年10月，系为费孝通《江村经济》的英文版而作，汉译本收入《费孝通文集》第2卷，群言出版社1999年版，第214—220页。

4　参见《费孝通文集》第2卷，群言出版社1999年版，第214—220页。

学当然是最艰巨的；同样，这也是一个实地调查工作者最珍贵的成就。[1]

不仅如此，以一位来自非西方国家的留学生论文为例，马林诺夫斯基还毫不犹豫地预言：费孝通式的乡土成果将成为人类学田野工作的里程碑。依我之见，费孝通乡土田野的里程碑意义在于体现了人类学的学科转折，一是本土化的自我研究，二是文明大国的城乡分野。不过展开而论，由其体现的学术转折，并不限于人类学一门，而与当时的众多行业相关。就西学东渐后的近代中国而言，不但有受五四新文化浪潮推动、倡导“到民间”和“到乡间”去的“歌谣运动”，也有梁漱溟、晏阳初发动的乡村建设等。若再延伸一些，就人类学中国化的进程来看，则前有严复引进“天演论”、李济开创“石器史”，旁连凌纯声、芮逸夫完成的松花江下游的赫哲族报告与湘西山地的苗疆考察。因此，若以费孝通及其阐述的“乡土中国”为坐标并将中外打通连接的话，其所代表的人类学下乡便呈现为上下纵横、彼此呼应的转向与关联。

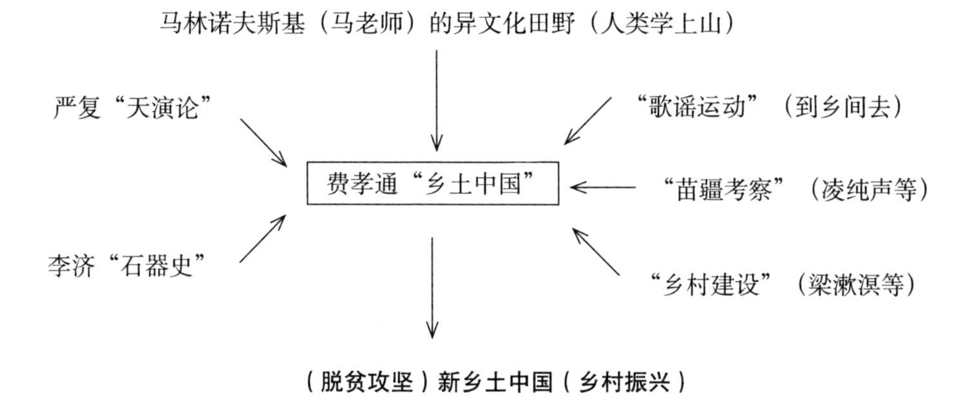

（图片来源：笔者自制。）

1　参见《费孝通文集》第 2 卷，群言出版社 1999 年版，第 214—220 页。

费孝通借助人类学田野考察得出的结论是："从基层上看去，中国社会是乡土性的。那些被称土气的乡下人是中国社会的基层。"[1] 其中的"乡"指农耕、农业、农村，"土"代表底层、百姓、村民。这样的表述把作为对象的庞大中国一分为多，揭示其除了具有"官府中国"与"士绅中国"一面外，还并存"乡土中国"这一面，从而在知识与实践论意义上将其本身固有的整体性予以还原。

重要的是，费孝通以乡土中国为田野作出的这种关联阐述，比十多年后人类学家罗伯特·雷德菲尔德（Robert Redfield）揭示的"大小传统"早了几乎一代人。通过在墨西哥乡村进行的田野考察，雷德菲尔德于 1958 年发表了以《农民社会与文化》为题的专著。通过对人类学理论与方法的系统梳理，雷德菲尔德认为，以往仅限于考察土著式封闭社会的田野工作，不适于多层和开放的复杂社会。他发现，在复杂型的文明社会里总会存在两个传统。"大传统是在学堂或庙堂之内培育出来的，而小传统则是自发地萌发出来的，然后它就在它诞生的那些乡村社区的无知的群众的生活里摸爬滚打挣扎着继续下去。"[2] 彼此间的关系并非全然隔绝，而是相互联系，生死攸关。雷德菲尔德总结说：

> 城市与城市之间、农村与农村之间、城市与农村之间都是在交流着的。不仅如此，甚至农村的文化都不是封闭式的。[3]

就这样，通过对社会分层的关联对比，雷德菲尔德作出了与费孝通不谋

1 《费孝通文集》第 5 卷，群言出版社 1999 年版，第 316 页。

2 ［美］罗伯特·雷德菲尔德：《农民社会与文化：人类学对文明的一种诠释》，王莹译，中国社会科学出版社 2013 年版，第 97 页。

3 ［美］罗伯特·雷德菲尔德：《农民社会与文化：人类学对文明的一种诠释》，王莹译，中国社会科学出版社 2013 年版，第 3 页。

而合的田野转型。彼此都揭示说，与人类学“上山”考察的单一型土著社会不同，文明社会以复杂（复合）兼容为标志，不同层次间内在联系、相互交流，不存在截然对立和封闭。不过尽管如此，在精英掌控、权力不均的二元结构里，城市与乡村存在着不对等的阶序差异。所以费孝通表述乡村时沿用了汉语的传统称谓——“乡下”，人类学家前往乡村去做田野、带城里的学生去调查，乃至将文字输送到乡村则都叫“下乡”，体现出都市至上的居高临下。

或许秉承了老师马林诺夫斯基对“土著人”主位的强调，费孝通对城市自大的惯习加以解构，将城市与乡村视为了各显神通的平行世界，通过文字应否下乡的实例分析，凸显了乡村世界以熟人社会为前提的口语魅力，继而驳斥了把不识字污蔑为“文盲”的城市偏见。也正是以此为基础，费孝通提出了那段彰显文化相对主义的著名对照。他说：

> 乡下孩子在教室里认字认不过教授们的孩子，和教授们的孩子在田野里捉蚱蜢捉不过乡下孩子，在意义上是相同的。[1]

在对“乡土中国”面貌和实质予以揭示的意义上，与费孝通的人类学下乡及其实证阐述形成对照的是文学家鲁迅。鲁迅以《阿Q正传》为代表的系列作品，从挖掘“国民性”的目标出发，刻画了以“未庄”为标志的乡土劣根，开了本尼迪克特通过“菊花与刀”揭示日本国民性的先声。与费孝通一样，鲁迅也从乡村来，然后通过提升后的文字表述回到了乡村。他呈现的“未庄”，在社会特质及文化风貌上可以说与“江村”毗邻、同构。鲁迅描绘说：

---

1 《费孝通文集》第5卷，群言出版社1999年版，第322—323页。

> 未庄本不是大村镇，不多时便走尽了。村外多是水田，满眼是新秧的嫩绿，夹着几个圆形的活动的黑点，便是耕田的农夫。[1]

费孝通介绍的田野场景是：

> 我所选择的调查地点叫开弦弓村，坐落在太湖东南岸，位于长江下游，在上海以西约 80 英里的地方，其地理区域属于长江三角洲。[2]

与费孝通为家乡开弦弓村取了学名“江村”一样，鲁迅也在之前就为同乡“阿 Q”的生活地取名“未庄”。该庄看似与鲁迅本土（绍兴）相关，“未”的含义却隐喻着不定、未名，[3] 用评论者的阐释说，还泛指了整个中国的乡村世界。[4] 由此可见，鲁迅的“未庄社会”用小说方式刻画了文学的“中国乡土”，费孝通的“江村经济”则以民族志文体深描了人类学的“乡土中国”。在源自田野并反哺社会的意义上，二者异曲同工，体现了文学与人类学在现代中国的虚实交映、呼应配合。不过，被人类学科学民族志抽象后的“江村”乡民无名无姓，缺少血肉，小说中的“未庄”人物却喜怒兼具，栩栩如生。用周作人形容的话说，其主人公“阿 Q”堪与奥林匹斯山的众神相比：

> 他像希腊神话里的众赐的一样，承受了恶梦似的四千年来的经验所造成的一切“谱”上的规则，包括对于生命幸福名誉道德的意见，提炼

1　鲁迅：《阿 Q 正传》，《鲁迅全集》第一卷，人民文学出版社 2005 年版，第 531 页。

2　《费孝通文集》第 2 卷，群言出版社 1999 年版，第 7 页。

3　日本学者松冈俊裕对“未庄”的取名作了较详细的猜测和分析，认为其中的“未”与“羊”“鬼”等有关，寓意深远。参见［日］松冈俊裕：《〈阿 Q 正传〉浅释——“未庄”命名考及其它》，《绍兴文理学院学报》1996 年第 3 期。

4　刘九生：《雄踞的斯芬克斯：论“我的阿 Q”》，《陕西师范大学学报（哲学社会科学版）》2007 年第 3 期。

精粹，凝为固体，所以实在是一幅中国人坏品性的“混合照相”。[1]

将费孝通与鲁迅并举的分析表明，仅以西学东渐后的现代中国为例，学术意义的“人类学下乡”也并非新兴学科的独家孤证，而与同时期从观念到实践的社会潮流广泛相连。在这一共享互动的结构中，科学实证的田野工作与文学想象的虚拟表述不仅不相冲突，反倒形成了虚实互补的关联印证。在这点上，雷蒙·威廉斯（Raymond Henry Williams）亦有过深刻论述。其以19世纪英格兰作家有关乡村描写的现代小说为例，不仅挖掘了其中对乡村现实的深刻揭示，并展现了其与城市兴衰的对比关联。在这意义上，可以说威廉斯是把英格兰乡土文学当作民族志那样来对待的。因此照他看来，英格兰作家们依托社会现实进行的乡村描写就如人类学家通过田野下乡提交的“深描”报告一般，于是都可以从中提升出可供参鉴的理性结论。在《现代小说中的乡村与城市》（*The Country and the City in the Modern Novel*）里，威廉斯认为“自资本主义农业生产方式产生初期开始——我们乡村和城市最深刻的意象一直非常明显地充当着对整个社会发展的反应方式”。继而强调说：

> 这就是为什么最终我们决不能将自己局限于城市和乡村形象之间的对比，而是要进一步看到它们之间的相互关系，并通过这些相互关系看到潜在危机的真实形态。[2]

1　参见周作人：《关于阿Q》，该文发表于1922年《晨报》副刊，收入周作人：《鲁迅的青年时代》，河北教育出版社2002年版，第112—113页。

2　雷蒙·威廉斯：《乡村与城市》，韩子满等译，商务印书馆2013年版，第401页。需要指出的是，汉译本将原著名称里的“现代小说”加以删除是极不妥的，非但损害了原意，并且遮蔽了作者倡导从文学看世界的认识论价值。

这样的判断与学术界阅读费孝通作品后的众多结论几乎一致。费孝通当年的另一位老师丹尼森·罗斯爵士评价说："没有其他作品能够如此深入地理解并以第一手材料描述了中国乡村社区的全部生活。"[1] 另有中国学者作了与本土化关联的学术发挥，指出：

> 《江村经济》一书以小见大，从中国江南一个村庄农民的"消费、生产、分配和交换"等实际生产和生活过程来探讨中国基层社区的社会结构和社会变迁过程，并试图以此为基础进一步把握中国社会在当代条件下的宏观社会变迁过程以及可能的应付之道。[2]

可见，费孝通代表的人类学"下乡"，已远非仅限于对田野考察之经典范式的转点迁移，而已与该学科整体视域的内外拓展以及参与实践的使命延伸密切相关联了。进一步看，因为见到复杂型社会内部乡村与城市的相互关联，于是也就自然而然地通过"人类学下乡"的开启而为"人类学进城"作了学理与经验的铺垫。

（五）人类学"进城"：城乡一体的迂回并进

作为人类学表述中文化与文明的代表，城市标志着对世界认知的新基点和新核心。怪异的是，在对乡村世界的边缘他者进行长久的话语"殖民"之后，正统的人类学者才逐步正视各自的进城之旅。城市作为认知对象进入田野视域，意味着对人类学主流根基的精神反叛，当然也意味着自身范式的重

1　转引自马林诺夫斯基为费孝通《江村经济》写的"序言"，收入《费孝通文集》第2卷，群言出版社1999年版，第218页。

2　甘阳：《中国社会研究本土化的开端：〈江村经济〉再认识》，《书城》2005年第5期。

大革新和根本性扩展。

随着文明模式逐渐从单一向多元延伸，人类社会的复杂类型也日益兴起形成。复杂社会的突出代表，便是在整体之中既对立又互动的城乡一体。从阐释人及其文化的初衷来看，人类学的田野本应在最早的时候就聚焦城市，并与其不离不弃。可惜或许受关注“边远”、“异邦”和“他者”的范式制约太深，具有学术自觉意义的人类学进城迟迟未见发生，致使如今看来最需要考察书写的都市田野被长期遮蔽，成了民族志报告的“灯下黑”。

受这样的学科背景影响，人类学的正式进城，走了一条从乡村到集镇再到城市的迂回之路，宛如先以小型村落为基地操演后，通过乡镇和社区的中介，最后再四方汇集的“农村包围城市”。周大鸣总结说，人类学的都市研究，“是跟随研究对象，从乡村到城市的一个过程”。[1] 在此过程中，伴随都市人类学的不断壮大，人类学的都市田野及其学术产物——“都市民族志”也日益普及。例如，纽约的哥伦比亚大学人类学网页就作了类似介绍。其2021年的“都市人类学”简介开诚布公地指出：“人类学历来侧重于研究非西方和主要是农村社会，但自20世纪60年代以来，人类学家越来越多地关注城市与城市文化。”接着列举了一学期（2019年秋季）的系列研究主题，即：

> 城市规划、发展和土地利用的政治；种族、阶级、性别和城市不平等；城市移徙和跨国社区；城市空间的象征性经济；街头生活。[2]

《都市人类学导论》的作者里夫克·贾菲和阿努克·德科宁（Rivke Jaffe

1 周大鸣：《三十而立——中国都市人类学的发展与展望》，《思想战线》2019年第4期。

2 Introduction to Urban Anthropology，DEPARTMENT OF ANTHROPOLOGY, COLUMBIA UNIVERSITY IN THE CITY OF NEW YORK，https://anthropology.columbia.edu/content/introduction-urban-anthropology.

& Anouk de Koning）指出，随着城市人口超过全球总人口的半数以上，人类学的都市研究就成为必然。在此过程中，都市人类学家的任务，就是力图理解社会生活在都市的变化性质，了解城市空间和区域的影响，更广泛地说，理解一所城市如何在全球流动与联系的背景下被构成。[1]

不过，随着人类学进城的需求与数量增多，一个严峻挑战出现了，那就是：过去以小型村庄或部落为对象的田野范式是否适应大而复杂的城市环境？对此，人类学家们提出了不同观点。有的持乐观态度，认为问题不大，因为“只要对人类学的整体论进行稍微的变通，便可将之用于复杂社会的文化系统的分析”；有的感到面临危机，认为需要变革，呼吁在研究更复杂的社会时，应采用“比各种传统研究方法更有效的分析手段”。[2]

对于后一类别的人类学家而言，进城后的田野改变是不可避免的，除了对参与观察及其与访谈对象间的主客位交替把握外，由不列颠皇家学会沿袭而来的技术指南大都需要重新设置。20 世纪 90 年代，美国杜克大学的博士生帕萨洛（Joanne Pssaro）选择以巴黎和纽约为田野地之后，因要追踪“无家可归者”，而不得不抛弃必须在一固定地点从事持续考察的金科玉律，沿不同的地铁线进行多点观察。为了获取田野工作的第一手资料，她每日往返于家庭避难所、非营利的援助机构等多个田野观察点之间，与城市工人交谈、参加以流浪问题为主题的会议和展览，甚至直接加入到为无家可归者提供服务的志愿者行动中。而受传统观念的制约，那些质疑人类学进城者发出的回应，竟然只是一句简单粗暴的警句：“你不能乘地铁去田野。”[3]为此，帕萨洛的对策是：通过创建“无家可归者村落”的方式，从理论和方法上应对

1　See Rivke Jaffe & Anouk de Koning, *Introducing Urban Anthropology*, New York : Routledge, 2016.

2　张继焦：《都市人类学分析方法的演进与创新》，《世界民族》1996 年第 1 期。

3　［美］帕萨洛：《你不能乘地铁去田野：地球村的“村落”认识论》，载［美］古塔、弗格森编著：《人类学定位：田野科学的界限与基础》，骆建建等译，华夏出版社 2013 年版，第 150—166 页。

后现代主义挑战。[1]

尽管顶着旧模式阻力且“人地生疏”，但进城后的人类学家们依然像“上山一下乡”的前辈一样不畏艰险，各显神通，开辟出一条条纵横都市的田野之路，考察的主题也由乡村移民、贫穷社区、街道生活扩展至名胜旅游、景观变迁及跨国企业、公共治理等。不过进城初期由于聚焦不明而造成主线散乱，故还难以同提前进城且更为成熟的社会学、城市研究等竞争匹敌。直截了当地说，在人类学家们姗姗来迟之际，城里的景象远非部落丛林那般寂寞冷清，而已是人才济济，成果累累，不但积淀有19世纪晚期《伦敦居民的生活与劳动》那样的社会学名著，[2]并又接续在20世纪30年代涌现了本雅明针对名都巴黎开展的《拱廊街计划》等学术研究创新，该计划对以城市为对象的研究产生了深远影响，至今未衰。[3]

相比之下，进城后的人类学还在两种田野方式间徘徊、犹豫，借用西尔弗曼（Sydey Silverman）的分类来形容的话，即好比得在“城市化”（urbanlization）与“城市性”（urmanism）的选项中忍受诱惑和夹击：要么“在城市研究”（study in the cities）——考察和研究移民现象和农民工群体；要么直接“研究城市”（study of cities）——调研市民生活与城市本体。[4]

在此两难中，也有学者试图作出中性调整，提出都市人类学的田野目标仍是人类学之本——文化。例如在总结都市人类学兴起的国际趋势之后，阮西湖就强调，人类学家之所以从农村进入城市，研究城市，根本的驱动在于

1 ［美］帕萨洛：《你不能乘地铁去田野：地球村的“村落”认识论》，载［美］古塔、弗格森《人类学定位：田野科学的界限与基础》，骆建建等译，华夏出版社2013年版，第150—166页。

2 See Charles Booth, *Life and Labour of the People in London*, London: Macmillan & Co. 1902, p.451.

3 参见［德］瓦尔特·本雅明：《巴黎：19世纪的都城》，刘北成译，上海人民出版社2006年版。

4 ［美］西德尔·西尔弗曼：《城市人类学和族群》，载［挪］弗雷德里克·巴特、［奥］安德烈·金格里希等：《人类学的四大传统——英国、德国、法国和美国的人类学》，高丙中等译，商务印书馆2021年版，第369—372页。

文化分析。他解释说，“早期的城市人口，民族成分比较单一，现代化社会的城市居民及其文化则呈多元化发展趋势”，因此需要从人类学角度加以考察和阐释。进城后人类学的任务便在于发扬前辈传统，继续研究文化，具体来说就是：

> 描述城市的流动人口中的文化特征、各文化社区的文化现象，研究多文化共存的政策与规律、传统文化的保留和文化变迁的规律。[1]

文学人类学出身的邱硕博士则把目光延展至城市符号与形象表征，关注中国西南的成都由“天府之国”到“科幻之都”的表述演变，阐述了其“如何被外部、内部人群感知和认同，在全球化时代成都又怎样利用形象资本应对和加入全球化浪潮、进行城市现代化转型”。[2]观念的更新增强了人类学的进城动力。到了2018年，第17届中国人类学高级论坛在上海召开，议题便是“人类学与都市文明”。学者们围绕从城镇化到农民工、从酒吧街到博物馆、从公园到非遗的都市案例，展开了广泛热烈的论争。[3]笔者提交的论文以《人类学进城的使命与前景》为题，阐述城市地标后面的文化演变。

或许由于城市田野过于庞大复杂导致迄今成果不够突出的缘故，进城后的人类学尚未出现堪与上山、下乡类别相比的重要经典，同时也还没有涌现如泰勒、摩尔根及博亚士、马林诺夫斯基、列维-斯特劳斯等那样举世公认的经典作家。不过还是涌现了一批各具特色、影响日增的突出人物及研究，其中，哈佛大学华琛（James Watson）发起组织的“东亚麦当劳”项目便是

---

1 阮西湖：《都市人类学学科的建立与中国都市人类学的发展》，《民族研究》1996年第3期。

2 邱硕：《成都形象：表述与变迁》，中国社会科学出版社2019年版，“前言”第1页。

3 邢海燕等：《都市人类学的新拓展——第十七届人类学高级论坛综述》，《湖北民族学院学报》（哲学社会科学版）2019年第1期，第122—124页。

值得列举的类型之一。

作为哈佛大学人类学专业的资深教授，华琛早期所受的人类学训练是源自加州柏克利分校的"文化与人格"研究，导师则是关注拉美农村的权威。[1]沿着这一学统，华琛早年抵达太平洋彼岸的香港，选择的田野对象是新界乡村，在那里一待就是间断持续的数十年，成果包括与同为人类学家的夫人合作出版的《乡土香港：新界的政治、性别及礼仪》。[2]书名与20世纪的费孝通著作形成呼应，勾勒了"乡土中国"的殖民地缩影。相关书评对其予以了充分肯定，赞许作者深入剖析了很多在今天已然消失了的传统文化习俗和乡村组织结构，如"宗族中的过继、纳侍和奴隶制度，妇女出嫁时所唱的《哭嫁歌》，由乡村未婚男子所组成的宗族自卫队，天后、祖先和朝廷在宗族传统中的形象和文化意义等"，而书中对新界原居民文化的精辟见解，"更成为'新界研究'的重要典范"。[3]

不过在城乡一体的现代结构下，如今的新界的乡村已不再是对外封闭的世外桃源，相反，在许多方面均与毗邻的都会市区紧密相连。因此，正是在新界乡村儿童餐馆选项的变化启发下，华琛的关注点发生了转移，开始向城区迈进，选择以麦当劳餐厅为考察对象，范围则包含了东亚地区的五大都市：香港、北京、台北、首尔和东京。

谈到田野"进城"的原因时，华琛首先揭示说，"如今在全世界范围内，越来越多的人去麦当劳用餐，光临商厦，到超级市场和影碟店购物"；在这一趋势影响下：

1　参见潘天舒：《与华琛夫妇聊当代人类学（一）》，"复旦—人类学之友"新浪博客，2015年4月7日。

2　参见［美］华琛、华若璧：《乡土香港：新界的政治、性别及礼仪》，张婉丽、廖迪生、盛思维译，香港中文大学出版社2011年版。

3　《书评：人类学家眼中的"新界"〈乡土香港：新界的政治、性别及礼仪〉》，香港中文大学出版社豆瓣网：2012年4月3日。

> 麦当劳的金色拱门几乎被公认为国际化商业和大众文化的标志。96%的美国儿童熟知麦当劳，香港和东京的比例同样居高，北京也在迎头赶上。[1]

为此，华琛坦诚道："如果忽视了这些，人类学家将很快失去存在的理由。"[2] 为了便于就地取材和行业竞争，华琛召集的五位人类学家，除他本人外，四位都来自东亚。成员们以各所熟悉的城市为田野地，针对堪称东亚乃至全球标志性的五大城市展开考察，目的在于揭示在跨国经营的"麦当劳"案例背后，现代企业如何融入当地、化解差异的文化过程。

该课题取得的理论成就之一，是通过将特定社区或族群的微观研究与经济学、社会学、政治学的宏观或全球化研究相结合，而把全球（global）置于地方（local）之中。用华琛的话来概述，就是阐释了"麦当劳的世界性体系（system）是如何适应这五个地方社会的本土环境的"。[3] 最重要的是，通过这样的人类学进城，华琛总结出了更为根本和超越的田野观，即：

> 人类学家就是要研究他们所调查的人民所做的事，与他们所研究的对象生活在一起，去他们的研究对象所去的地方，努力成为研究对象生活中的一部分。[4]

努力的结果是在多年之后，华琛这样的人类学家不仅揭示了在北京、东

1 ［美］詹姆斯·华生主编：《金拱向东：麦当劳在东亚》，祝鹏程译，浙江大学出版社 2015 年版，"前言"第 2 页。

2 ［美］詹姆斯·华生主编：《金拱向东：麦当劳在东亚》，祝鹏程译，浙江大学出版社 2015 年版，"前言"第 2 页。

3 James.L.Watson，叶涛：《JamesL.Watson 教授访谈录》，《民俗研究》1999 年第 3 期。

4 James.L.Watson，叶涛：《JamesL.Watson 教授访谈录》，《民俗研究》1999 年第 3 期。

京等地出现的“家庭革命”（儿童成为消费者）及“标准化胃口”（快餐式熟食）等重要结论，[1] 并且终于让阐释城市变迁的人类学论述登上了影响决策的美国期刊《外交事务》，成为研究饮食与全球化现象的标志成果之一。[2]

在以饮食为对象迈进城市的人类学研究方式上，华琛团队做了表率，但并非孤例。自20世纪80年代起，李亦园等牵头的饮食文化论坛就持续举办，地点也在亚洲各大都会间巡回。其中的第八届选在了成都，与会的人类学家包括《甜与权力》的作者文思理（Sidney Mintz，也译作闵兹、西敏司）、[3] 杰克·古迪（Jack Goody）和王秋桂、王明珂、陈志明、徐杰舜、张展鸿等，以及作为东道主的四川学者。学者们的报告议题包括广府酒楼、香港茶餐厅、成都火锅等城乡餐饮的特色比较及行业兴衰。[4]

值得提及的是，也正因饮食文化具有的跨界特色，在人类学家们进城做田野后，非但将不同都市的区域类型联系起来，构成参照，以勾勒全球化的整体面貌；与此同时，也努力通过阐述饮食文化的传承演变，使貌似脱节的城乡之间呈现出更加互补的联系。如在第八届饮食文化论坛上，我的论题便是将中原汉文化与西南少数民族饮食传统关联对照的“礼失求野”；[5] 文思理教授主持的圆桌会议则围绕传统食材与“可口可乐”进行对比论争。对于后

1 参见［美］詹姆斯·华生主编：《金拱向东：麦当劳在东亚》，祝鹏程译，浙江大学出版社2015年版，“导言”第10—50页。

2 参见张敦福：《哈佛大学的中国人类学研究：一份旁听报告》，《民俗研究》2009年第4期。该文中提到的成果是华琛于2000年刊登于《外交事务》的《中国的巨无霸》。

3 陈志明评论说文思理的人类学研究既基于扎实的田野考察又保持开阔视野，故能“将跨越地区的生产与消费联系起来，进而关联到全球资本主义进程”，继而“阐述糖的消费与阶级乃至工业革命的联系”。参见陈志明：《地方与全球——文思理教授（Sidney Wilfred Mintz）与人类学》，《西北民族研究》2017年第1期；［美］西敏司：《饮食人类学：漫话餐桌上的权力和影响力》，林为正译，电子工业出版社2015年版。

4 梁昭：《中国饮食：多元文化的表征——第八届中国饮食文化学术研讨会综述》，《民俗研究》2004年第1期。

5 参见徐新建：《“饮酒歌唱”与“礼失求野”：西南民族饮食习俗的文化意义》，《西南民族大学学报》（人文社会科学版）2015年第1期。

一现象，人类学家们得出的结论之一是：

> 亚洲主要的食品，例如水稻与大豆，无论是其历史和与世界经济的联系都值得认真对待。近五个世纪的人类历史已经证明了此类食物在全球的广泛传播和被其取代的食物消费的日益减少。而将来这种变化将越来越多。[1]

杰克·古迪是剑桥大学的著名人类学家。他的研究也由人类学的都市化转向出发，将田野对象中的古今中西连成了一体。他考察说，受历史—生态因素的影响，中国饮食在早先演化出南北不同的米—面形态；随着都市化进程和阶级分化，又逐渐演变为雅—俗两类。最后，杰克·古迪借助全球化的表述方式，“把中国的饮食发展置于世界进程的框架中加以论述”，从而“使饮食和历史、中国和世界产生了深远的意义关联”。[2]

可见，以华琛由香港新界扩展进城的麦当劳餐厅为标志，人类学家们开创了城乡一体的双田野。并且由于关联了经济与文化的全球化议题，人类学的双田野不但把参与观察的视域从以往的山地、村落延伸至城乡之间，并且进一步超越族际、国际和洲际，直至连通作为整体的“地球村”，实现了与达尔文时代考察智人（Homo sapiens）的学科初衷相回应。如此一来，便再次使 anthropology 这一以聚焦田野、探究文化为核心的学术共同体呈现为名副其实的人类之学——The study of human beings。

然而，从田野技术的层面来说，城市巨大且人群密集，若想进行有效

1　徐新建：《天府之宴：第八届中国饮食文化国际学术研讨会简述》，《广西民族学院学报》（哲学社会科学版）2004 年第 1 期，第 132—136 页。

2　梁昭：《中国饮食：多元文化的表征——第八届中国饮食文化学术研讨会综述》，《民俗研究》2004 年第 1 期，第 195—199 页。

研究，唯有从微小处开启。2002—2003年，我到哈佛东亚系访学，选了华琛做指导教授，并告诉他打算多了解美国文化。对此他说了两点：第一，忘掉过去；第二，走出哈佛——多花时间去考察微观场域：超市、街道和街坊市民。

对我来说这还不够，若要想真正理解城市的话，还需联系于展现城市的文学艺术——透过街区表象，映见城市身躯和灵魂，就如本雅明考察巴黎时做过的那样。本雅明发现，大都会的兴起改变了世间的生活景观并影响了现实的审美构成。“随着钢铁在建筑中的应用，建筑学便开始超越艺术。”通过对巴黎的参与观察，本雅明指出：

> 为了使西洋景成为完美模仿自然的阵地，人们通过技术手段进行了不懈的努力。人们寻求准确地再现乡村变幻的时光，月亮的升起和瀑布的倾泻……[1]

这样的城市考察不仅超越了具体的地域边界和学科局限，并从实证经验升至形而上的精神层面，与人类学的哲学及审美维度形成了互文。重要的是，人类学需要保持自我警觉和反思，不能妄自尊大，因为在阐述现实世界的学术谱系里，无论多么独特、感觉良好，也需明白每一既有学科都只是其中的话语之一，尤其在互联网时代“数智算法”兴盛、“人文故事”回零的当今更是如此。

---

1 ［德］瓦尔特·本雅明：《发达资本主义时代的抒情诗人》（修订译本），张旭东等译，生活·读书·新知三联书店2007年版，第181页。

（六）人类学“入网”：数智时代的平行宇宙

自互联网在全球普及并导致社交巨变以来，人类生活逐渐既一分为二又合而为一，即一方面分成了真实的线下与虚拟的线上两重天地，另一方面虚实难辨地融为了双面一体，形成被各界热议的“元宇宙”（Metaverse），[1] 抑或从人类学出发命名的“数智文明”。

面对如此重大的社会变局，与众学科的主动被动应对一样，人类学的变通之路也只有一条，那就是：入网。在中国，中山大学的人类学团队较早启动了对互联网的关注与研究。周大鸣指出：“到了网络社会，人和文化的移动开始变得更加频繁，自然，人类学的‘田野’也必须要移动起来。”为什么必须移动呢？原因在于传统的人类学线下田野，即便推出了创新式的“多点民族志”，却也“无法满足此种文化研究的需要”。[2] 阮云星把人机交汇带来的变化称为“后现代的新世界”，指出：

> 一个全球规模的生活方式革命正在不断扩散；一个物理空间与信息空间叠加混合，人类能动与机器能动交互汇聚的后现代新世界正扑面而来。[3]

可见，人类学入网是人类演化的科技结果，同时也成为人类学转型的重大象征。这不仅表现为学术田野的空间质变，致使经典的参与观察难以在线

1 有关阐述与论争可参见朱嘉明：《纪念方以智！探真“元宇宙”数字哲学》，“2049 世界联合书局”微信公众号，2021 年 11 月 9 日，姜佑怡、姜振宇：《质疑“元宇宙”：对高科技自我行销的观察批判》，“文学人类学”微信公众号，2021 年 11 月 9 日。

2 周大鸣：《互联网研究：中国人类学发展新路径》，《学习与探索》2018 年第 10 期。

3 阮云星：《赛博格人类学：信息时代的“控制论有机体”隐喻与智识生产》，《开放时代》2020 年第 1 期。

上复制延伸，更重要的是，虚拟现实的层叠出现直接挑战了对社会经验与直观事实的描写再现。更令学者们困惑不安的是，随着人工智能、大数据与互联网的组合，人类被日益推入面目全非的“数智文明”之中，[1]面对的情景不是被数据监控“一网打尽”，便是因社交媒体的诱惑裹挟而逐渐分裂成组合式的多重化身。

由此一来，人类学入网就成为必然——非但必要，而且紧急。人类学的田野以面对面方式考察特定人群为己任，不仅观察且还要参与，也就是要在人群之中体验共在。如果说以往从上山、下乡到进城的人类学田野通过与“山民”“乡民”及“市民”的交往，同对象建立联系、相互认可且被验证，那么，如今登录网络、进入虚拟时，又如何确保同样的延续呢？也就是说，该如何在实名与匿名并存的情景中验证各自的“在线身份”（the identities on line），并区分确切可考的主位与客位？

顺此延伸，如果把人类学上网后的对象界定为“网民”，需要确认的是：网民何在？谁是网民？网民接受访谈、能被发现吗？他 / 她们组成了什么性质的社会？如果网民意味着连线存在、线上生活乃至线上世界，那她 / 他们的线上与线下又有什么联系？线上的世界是真实的吗？如果不是，什么才真？

网民的规范名称叫网络用户。据截至 2020 年底的数据统计，仅中国的网络用户就达 10 亿，占全球总量的 1/5，且超过了这一人口最大国总数的 70%。其中手机网民接近 9 亿，较 2018 年底增长 7508 万。[2]可见，当包括人类学家在内的全球成员几乎都成了网民，每日剧增地上网交际、移动连通，彼此间的往来互动也几乎都在线上时，可以说人类已变为三维延伸的网

1　2020 年举办的第 19 届人类学高级论坛，主题即为“人类学与数智文明”。《聚焦数智文明，融合生态构建：第 19 届人类学高级论坛暨长江上游生态屏障建设与区域可持续发展论坛成功召开》，新华社客户端四川频道：2020 年 12 月 1 日。

2　参见中国互联网络信息中心《第 47 次中国互联网络发展状况统计报告》，中国网信网，2021 年 2 月 3 日。

络物种，世界演变成了数码连接的网际空间、赛博空间（Cyberspace）。

正如威廉·吉布森（William Ford Gibson）通过科幻叙事展现的那样，赛博空间既借用又超越了现实的乡村与城市、民族与国家及其物理分界。如今的人们通过电脑进入屏幕，发现其中另有一个真实世界：你看不到它，但知道它就在那里。“它是一种真实的活动领域，几乎像一幅风景画！”[1]

什么样的风景画呢？吉布森描述说：

> 港口上空的天色犹如空白电视屏幕。[2]

在此，屏幕与天空循环互证，分不清孰虚孰实，谁假谁真。就这样，数智网络及其开创的虚拟空间颠覆了人类学曾经进入并考察过的田野类别。为了应对这一挑战，以虚拟世界为聚焦并力图打通线上线下的人类学分支便在全球各地应运而生，相关的侧重与名称包括“网络人类学”（internet anthropology）、“赛博人类学”（Cyber Anthropology）和“数码人类学”（Digital anthropology）、[3]“微信民族志”[4]等。

身处克罗地亚的同行指出：作为人类学众多分支的一种，网络人类学被视为增长最快的代表，其特点是能借助多媒体和超媒体系统的协同效应。与此同时，以克罗地亚“在线博物馆内容创建者的总体感知”为例，线上与线下的人类学田野出现了质的区分及新的难点：一方面，线下世界的社会信息

1 ［美］威廉·吉布森：《神经漫游者》，Denovo、姚向辉译，江苏文艺出版社 2017 年版，第 1 页。

2 ［美］威廉·吉布森：《神经漫游者》，Denovo、姚向辉译，江苏文艺出版社 2017 年版，第 1 页。

3 参见杨立雄：《赛博人类学：关于学科的争论、研究方法和研究内容》，《自然辩证法研究》2003 年第 4 期；卜玉梅：《网络人类学的理论要义》，《云南民族大学学报》（哲学社会科学版）2015 年第 5 期；姬广绪：《互联网人类学——新时代人类学发展的新路径》，《中国农业大学学报》（社会科学版）2019 年第 4 期。

4 参见赵旭东：《微信民族志——自媒体时代的知识生产与文化实践》，中国社会科学出版社 2017 年版。

依然由现实证据建立；另一方面，网络社会的感知基础却发生了质变，变成虚拟的真实，即所谓“网上生活”（online life）。

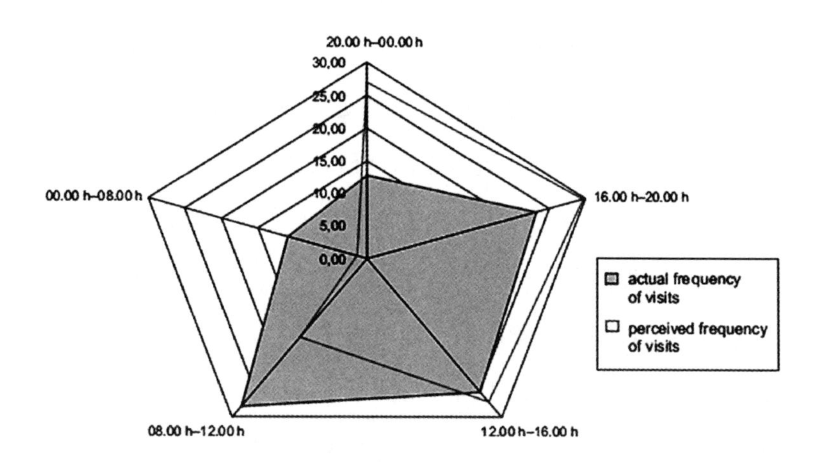

克罗地亚博物馆在线：每日感知和实际访问网站的频率

［Nikša Sviličić (Institute for Anthropological Research，Zagreb,Croatia)，“Cyber Anthropology or Anthropology in Cyberspace.” Coll. Antropol. 36 (2012) 1: 271–280，Original scientific paper.］

通过对博物馆线下与线上访客的考察对比，人类学家发现，尽管人类的视觉感知早在旧石器时代就已萌发，进入网络之后却面临关键性挑战，即感知的内容越来越取决于“在线”还是“离线”（online/offline）。这样的挑战不仅改变了人类自身，甚至反过来影响了现实的物理空间——为了适应网民们的线上参观，博物馆不得不实施一系列的调整变革：从开放时间、布展方式直到技术服务；这样的现实当然也改变了跟随入网的人类学。

学术与现实相辅相成。与上山、下乡、进城的经历一样，在人类学的网络调研中，入网后的学者同样能通过实证式的田野调研及民族志写作，反过来促进网络经营者及其线上访客的彼此认知与相互理解。自互联网逐渐成为人们赖以依存的社交方式和互动空间以来，这类案例不但日渐增多且遍布世界。

以在成都呈现的跨国田野为例。笔者指导的四川大学留学生阿克波塔（AKBOTA）连续两年在线上和线下前往乌兹别克斯坦做实证调研。阿克波塔来自哈萨克斯坦共和国，论文以《媒介形象的构建与传播》为题，对乌兹别克斯坦的“帖木儿博物馆”进行考察研究。因为该博物馆开辟了新媒体环境下的线下—线上互动，阿克波塔的田野便围绕实地和网络两个方面展开：一方面要采用经典的田野方式进入馆内调研，与各部门专业人士访谈交流；另一方面要上网考察，观看和体验线上访客们的参观经验，并选择与不同的话题与之对话，采集信息。

经过分析参观者们的感受反馈，同时将中国故宫博物院的网络化成绩进行参照对比之后，阿克波塔认为由于形式不够新颖多样，帖木儿博物馆的网上展示还有所欠缺，可采用更多的新媒体技术加以提高，如引导参观人员参与互动、使用幻影成像技术让网络访客置身于帖木儿时代等。她指出这些举措“能够为博物馆节约更多的空间，避免场地不足的问题”，“无论对文物展示效果还是对参观人员体验感受的提升都具有重要意义”。[1]

值得注意的是，与过去单一的线下调研不同，入网的人类学需要同时考察同一对象的两重世界——如线下与线上的博物馆。由于包括线上博物馆在内的全体网络空间都没有实存的物理地点，人类学入网就无须也无法进入确切的现实空间。也正因如此，当前例中的留学生要考察乌兹别克斯坦的线上博物馆时，就不用行走千里亲身前往。

这样的境况与笔者的经历相关联。2002—2003 年我到哈佛大学访学，期间及 2012 年我到华盛顿考察“美洲印第安人博物馆”。在实地调研多次后，因扩展议题及核对数据之需还得补充考察，而回访的田野就变成了人类学入网，亦即回国后仅借助电脑和互联网即可进行的线上调研。所搜集的资料也

1 参见［哈萨克斯坦］阿克波塔：《媒介形象的建构与传播——乌兹别克斯坦铁木尔博物馆考察研究》，四川大学硕士学位论文，2019 年。

包括了该馆的线上展示及网络访客们的博客留言和评论。[1]

到了今天，网络已几乎无处不在。学界人士则日益频繁地使用互联网进行跨域交流，尤其在2020年的新冠疫情期间更是如此。在中国，当多数学者收到各种各样的网络会议邀请时，大都会获得一个唯有互联网时代才会出现的全新地点：腾讯会议。腾讯会议是一个地点吗？如果是，它在哪里？进而言之，因一事一时聚集起来的网民能与具有稳定关系的山民、村民及市民相提并论吗？网络群体能否被称为社会（社群）？若叫社会（社群），又是什么样的社会（社群）？该如何判断“微信朋友圈”的社会属性呢？其是虚拟的还是真实的？所有这些，都不仅关涉生活世界的实际演变，而且指向学术世界的人类学田野及其观念方法。一句话：马林诺夫斯基时代的皇家人类学田野手册还继续有效吗？如果回答为否，前景又该如何？

如今的情景是，尽管多数入网的人类学依旧尊重马林诺夫斯基以来的古典套路，继续沿用以“参与观察”为标志的人类学田野方法，却仍因网络空间的独特而不得不寻求技术上的多样突围，以适应并阐发人类社会新呈现的网络性与虚拟化。于是，正因为事实上的权威缺席，众人的网络田野便出现了因地制宜、各得其所的局面。学者们所探索的考察路径也呈现为得失兼半，柳暗花明。

例如，斯德哥尔摩大学社会人类学系的波拉·乌蒙宁（Paula Uimonen）主持了一项旨在阐述发展中国家互联网发展中社会与文化因素关联的研究，之后以《网络人类学：互联网的全球扩展》为题将成果公布于世。在继承了参与观察、线下访谈及问卷分析等既往考察方式的同时，也拓展出了特定的网络人类学方法，如为搜集与项目相关的跨国资料而采用从日内瓦到马来西亚、老挝的多国田野；搜集的方式本身，则为利用互联网上线考察及参加到

1　徐新建：《博物馆的人类学——华盛顿“国立美洲印第安人博物馆”考察报告》，《文化遗产研究》第2辑，四川大学出版社2013年版，第79—109页。

现实地点与虚拟场所中——线上和线下相结合的访谈与会议。不仅如此，根据入网考察的自身经验，波拉·乌蒙宁还总结出了符合其项目需求的“网民”挑选标准，即：

a) 发展中国家互联网发展的积极参与者，包括理论决策者和实践工程师；

b) 具有相对扎实的互联网知识，无论是表现为日常使用还是技术开发方；

c) 能对互联网持有反思态度。[1]

然而，如此操作就能解决人类学上网的田野问题，就能与面目全新的网络空间相适应了吗？显然不行——随着网民数量的与日俱增，网络世界已庞大得出乎想象，沿用传统方式进行田野调研也越发不再可能。有鉴于此，欧洲的人类学家们采用了互联网与大数据相结合的新田野调查方式。2020年，一项由欧盟资助的项目《注意力分散》（DISTRACT）启动，包括人类学家在内的多国学者以欧洲数字化发展程度最高的丹麦为案例，研讨移动通信对人类注意力的负面影响。该项目的任务是将人类学、社会学、经济学、心理学、政治学和数据科学联系起来，通过数据工具与社会科学分析相结合，探索一个紧迫的挑战，即：在智能手机和众多数字化技术时代，人类注意力如何越来越因诱惑而被分散？其中的关注问题之一是，数以百万计的消费者如何在智能手机上使用他 / 她们的应用程序？面对如此海量的挑战，以往的田野调查手段可说是束手无策。于是，课题成员提出了立足大数据分析的“计

1 Paula Uimonen, Cyberanthropology: The Global Expansion of the Internet, see https://www.equiponaya.com.ar/congreso/ponencia1-23.html.

算人类学”（或“机器人类学”），也就是堪称“数据田野”的方式予以应对。[1]

然而对人类学入网而言，真正的挑战远非数据的大小以及线上与线下如何连通，而是真实与虚拟能否兼容。

回到吉布森所称的赛博空间里。随着数字化生存与互联网交际对全球社会的影响加剧，已有越来越多的学者把赛博空间理解为超现实的“第二人生”，[2]也即由人创造并重塑了人的另一层世界。在这个世界中，经验的现实与数码的虚拟重叠在一起，以至同一个体即可拥有多重存在及交错身份——可根据喜好和情景而变换性别、年龄、职业、性格乃至不同的年代时空。众多真名与匿名的个体组合起来，形成无须稳定、进出自由的社群，彼此跨行业、跨时区、跨族别、跨国际，忽而紧密团结，亲如一家；忽而相互功讦，灰飞烟灭。一句话，与生物性的自然生存相并立，网络的出现将人类导入了超自然和离身化的数智状态，也就是被译成“黑客帝国”的 Matrix，亦即数码式的“母体”“本源”和“矩阵”。

1999 年，在向威廉·吉布森致敬的科幻巨片 *The Matrix*（《黑客帝国》）中，主角安德森（Anderson）/ 尼奥（Neo）一人双体，同时具有多重身份——现实世界的程序员、反叛斗争中的恋爱者和被虚拟认定的救世主，彼此间既截然有别又真假难辨。在虚拟时空中，尼奥与锡安城的革命者结伴为群，任务是借助矩阵母体的力量，打碎真实世界的牢狱。这样的情境扑朔迷离、布满危机，故而牵连出了人类学入网的最新难题：面对现实与虚拟构成的双重时空，你要认知并访谈的对象是安德森还是尼奥？如果是尼奥，你又如何与之接近？

类似的场景早在网络游戏及其相关调研中便已得到引证。2002—2003

1 See CORDIS (EU research result), https://cordis.europa.eu/project/id/834540，2019.

2 See Boellstorff，T，*Coming of Age in Second Life: An Anthropologist Explores the Virtually Human*,Princeton and Oxford: Princeton University Press，2008.

年，四川大学本科生吴雯力图用网络田野的方法考察网络游戏，文本及对象选择了与经典传说相关的《轩辕剑》及其网络玩家。在与同年龄的众多网友接触后她意识到，该游戏之所以具有魅力，就在于设计者为玩家在虚拟时空里提供的角色双重性：通过对游戏人物——如“壶中仙”等的主动命名和操作，“获得虚拟角色与自我的认同”。这就是说，玩家们能通过对剧情的主动参与和创造，实现人之欲望的虚拟满足。其“参与感和创造感是以往任何一种艺术形态都望尘莫及的”。[1]

为此，作者总结说：

> 谁有权力将真实转化为虚拟，谁就掌握了这个世界，继而掌握了这个世界是什么样子的决定权。

这样的结论是如何获得的呢？入网体验。为了融入虚拟时空，上例中的研究者超越既有的现实模式，采用共同体验的田野方式，与网友们分担角色，一同入戏，以虚拟对虚拟，由想象入想象，集体创建了彼此的第二人生。而这即体现了人类进入网络化的数智时空后由虚拟带来的双重魔力——镜像与升华。

“虚拟”一词可有多重理解，含义包括想象、编造、幻觉、乌托邦。在英文中可以是 virtual、unreal 或 fiction。virtual 常与 reality 连用，指代人工制造的“虚拟现实”（VR）；unreal 与 real 相对，表示“非真”；fiction 则与人类学家格尔兹的民族志论述相关联。在阐释以田野为基础的人类学写作时，格尔兹即已指出：

---

1 吴雯：《试论电子游戏中的民族文化问题——从苗族、蚩尤和〈轩辕剑〉说起》，四川大学本科毕业论文，2003 年，第 4 页。《网络玩家与蚩尤古神——电子游戏中的文化再生》，“文学人类学”微信公众号：2022 年 12 月 30 日。

> 人类学的写作是虚构（fictions）；说它们是虚构，意思是说它们是“被制造物”和“被形塑物”——即“虚构”（fiction）的本义。[1]

在此，格尔兹阐明的还只是人类学的知识生产，即在田野考察之后对生活世界的再表述，相当于文本化的“第二人生”。但这样的文本人生，不过是人类学家对生活的间接虚构（虚拟），结果也仅止于民族志镜像。相比之下，在数智化的网络界面中，形形色色的行为虚拟——“尼奥”与“壶中仙”们的双重展示，才称得上“第二人生”的直接再造——以想象而虚拟，由虚拟而现实。从这样的意义上看，如今人类学家们面对的虚拟现实和数智世界，其实就是人类自身的精神存在与意识世界。在千变万化的景象当中，虚拟不虚，想象为实。

可见，数智时代的人类学入网已远不止去开拓一种新的田野或考察方式，而意味着如何再度面对人类或后人类的意识世界了。与之相关的考察方式也将如重返神话境界一般，转变成以虚为实的网络体验，并与超现实的想象紧密结合。

人类发明了网络，网络使人变为网民。网民属性的出现印证了人类作为生命物种的演化特征与待完成性。这再次证实了不存在不变的本质，只存在可塑的人性。也就是说，人类的命运不是“是否为人”（to be or not to be），而是“人将怎样”（what will be coming）。

学术随生活而变。面对这样的境况和认知，人类学的任务不会止于演化的现状，而将朝向已来的未来，阐述正在发生的人类转型。因此，对数智虚

---

1 C.Geertz, The Interpretation of Cultures, 2000，New York: Basic Books,1973, p.15。本处译文为笔者翻译。此外，2016 年 11 月，在北京大学举办的“社会科学在什么意义上能够成为科学”学术会上，笔者与蔡华就人类学写作的“格尔兹问题”展开讨论，提交了《“文学”能否成为跨文化研究的科学术语?》论文（未刊稿），相关内容可参见丁岩妍:《“社会科学在什么意义上能够成为科学”国际学术讨研讨会综述》，《民族研究》2017 年第 2 期。

拟与网民属性的关注无疑会开创人类学研究的新类型。新类型呼唤新田野和新方法，从而破除以往在表面固化了的中心与边缘、自我与他者的人为区分。因为在互联网时代，人人都将网民化，不成为网民就不具有数智化的人类经验，也就无法理解和阐释网络化人生。

然而就像日益增多的网络游戏玩家一样，成为网民的人类学家，会面临虚实冲突的双重风险，难以确保在第一与第二人生的进退间保持清醒与平衡。倘若入网体验的考察者们要么一概拒斥，要么驻留不返，不是对虚拟主体们的网络“上瘾”简单否定，就是放弃学术第三方的客位批评，人类学的入网努力就会失败，能保持与人类演化相适应的网络民族志期待也将落空。

总之，从博物馆的网民访客、科幻中的超人尼奥到游戏中的虚拟玩家，在人类扮演的生活角色相继出现“赛博格”变异之际，如何应对各式各样的离身化挑战，保持人类本有的具身性主体，重新评估作为生命物种的人类自我，又成了人类学田野的新难题。

（七）人类学“反身”：离身时代的田野体认

数智时代对人类社会的巨大挑战之一，是全球蔓延的离身化现象。随着人类成员对现代媒介和虚拟工具的依赖加强，在自我的日常生活与相互的社交行为中越来越习惯于身体缺席，也就是生物性躯体的不在场。放眼世界，人类正日益演变为抛弃血肉之躯的无体空壳。在微信群、推特网与抖音直播等新社交媒体的攻占下，人类亘古以来的面对面生存方式正转变为媒介对媒介的再造。与此同时，就如凯瑟琳·海勒（N. Katherine Hayles）等关注“后人类”的学者分析的那样，人工智能产品的出现和升级，更预示着具身化“碳智人”(Homo sapiense）与无身体的“硅智人”(Robo sapiense）的交互关联。[1]

正是由于数智时代的离身化冲击，以认知人类为己任的人类学出现了从理论到田野的反身转型，其中的突出表现包含互为映照的三个维度：(1）反思自我；(2）聚焦个别；(3）重释身体。

在语言学意义上，“反身”（self）意味着变宾语为主语，从It转为Itself，意指思想和言说者将聚焦指向自己，如“我言故我在”“吾日三省吾身”等。对人类学来说，就是聚焦自身，重建主客关系，将外在的“我与他”，转变为内在的“我自己”和“我们”。这样的过程同时具有认识论与实践论意义，一方面使自我对象化，反观我者的他性；另一方面探寻他者的我性，变他为我，将“我与他”合为整体，转化为“我们”。

人类学反身意味着以己为对象的自我研究，在方法和成果的体现上，呈现为本文化转向、自我志涌现及第一人称表述等。结合网络时代人工智能与虚拟现实的挑战来看，由第一人称出发的自我式田野，展现的总体趋向是从他转我，由外及内，最后是以具身应对离身。[2]

即便学科演变的岁月不算漫长，人类学的自我研究——自我凝视与自我反思也可谓由来已久。早期的突出代表可归至马林诺夫斯基，归至其逝后出版的人类学日记。在同时再现太平洋对象与人类学自我的意义上，马林诺夫斯基所著的《一部严格意义上的日记》与《西太平洋的航海者》并列，都是其田野考察的学术成果，是由他者及自我两个声部组成的二重奏，只不过一部是已被誉为经典的他者民族志，一部则是其田野和表述意义至今仍被低估的反身自我志。[3]

1 ［美］凯瑟琳·海勒：《计算人类》，黄斐译，《全球传媒学刊》2019年第1期。

2 相关论述可参见徐新建：《文学人类学：“反身转向”的新趋势》，《中外文化与文论》2020年第2期。

3 参见［英］勃洛尼斯拉夫·马林诺夫斯基：《一本严格意义上的日记》，卞思梅、何源远等译，广西师范大学出版社2015年版。

马林诺夫斯基的日记出版于他逝世多年后的1967年，由其遗孀协助面世。关于该著的定位，弟子雷蒙德·弗斯评价说："与其说这本日记是为了记录马林诺夫斯基的科学研究过程和意图，记下在田野研究中每日发生的事件，毋宁说是对他私人生活、情感事件和思想轨迹的详细描绘。"[1] 什么样的私人轨迹呢？弗斯认为即真切地传达出的"一个人类学家身处异邦的感受"：

> 在那里，他必须同时是记录者和分析者；也正因如此，他不能完全认同当地人的习俗和观念，也不能任意崇拜或厌恶他们。[2]

马林诺夫斯基的日记是这样开头的：

> 莫尔斯比港，1914年9月20日
>
> 9月1日是我人生新纪元的开端：我独自前往热带地区探险。[3]

文本记录与所记之事时隔19天，属于对过往经历的追忆。第一人称的使用体现了记录者的主体确认及由"我"出发的观察坐标。"人生新纪元"的强调则突出了"独自探险"的生命意义。作者不但以独白的方式将自我经历重现出来，并通过文字镜像，使不为人知的内心世界予以照见。接下来的记录简述了9月1日开始的主要日程，包括与要人会见的意义、自我错误的

---

1 ［英］勃洛尼斯拉夫·马林诺夫斯基：《一本严格意义上的日记》，卞思梅、何源远等译，广西师范大学出版社2015年版，"序言"第13页。

2 ［英］勃洛尼斯拉夫·马林诺夫斯基：《一本严格意义上的日记》，卞思梅、何源远等译，广西师范大学出版社2015年版，"序言"第10页。

3 ［英］勃洛尼斯拉夫·马林诺夫斯基：《一本严格意义上的日记》，卞思梅、何源远等译，广西师范大学出版社2015年版，第23页。

发生以及对别人干预的不认同和由此产生的长久怨恨，末了总结说：

所有的一切都属于前一阶段，属于随英国协会（British Association[1]）去澳大利亚的旅行。[2]

大约两个月后，马林诺夫斯基的日记开始呈现人类学家的田野情景。他写道：

德瑞拜（Derebai）[一个内陆村庄]，10月31日

我先写了日记，然后试着综合整理我的调查成果，同时回顾了一下《笔记与询问》（*Notes and Queries*）。远足的准备……[3]

这时的文字展现了作者三重的交错身份：首先是跳出并反观田野的内在自我，其次才是田野工作中的艰苦敬业者，最后则回到了人类学理论与方法的践行人。《一本严格意义上的日记》揭示说，当“我”真正进入丛林后，“突然觉得很害怕，不得不努力使自己平静下来”，然后省视内心，对自己发问：“什么是我的内在生活？”答案是“毫无理由自我满足”，因为反身自省的作者发现，“我现在做的工作与其说是创造力的表现，不如说是自我麻醉”。[4]

1 British Association 应译为“不列颠协会”。相关讨论参见徐新建：《英国不是“不列颠”——兼论多民族国家身份认同的比较研究》，《世界民族》2012年第1期。

2 ［英］勃洛尼斯拉夫·马林诺夫斯基：《一本严格意义上的日记》，卞思梅、何源远等译，广西师范大学出版社2015年版，第23页。

3 ［英］勃洛尼斯拉夫·马林诺夫斯基：《一本严格意义上的日记》，卞思梅、何源远等译，广西师范大学出版社2015年版，第56—57页。

4 ［英］勃洛尼斯拉夫·马林诺夫斯基：《一本严格意义上的日记》，卞思梅、何源远等译，广西师范大学出版社2015年版，第56—57页。

如果说马林诺夫斯基的“日记写作”可视为人类学家自我呈现的典型代表，法国人类学家布鲁诺·拉图尔（Bruno Latour）的“实验室田野”则堪称学科反身的突出类型。

为了揭示包括人类学在内的学术知识是如何产生，又具有何样的建构特征，拉图尔提出了观察观察者的方法，即用人类学的田野方式对现代学科体系中的科学实验室进行参与观察。拉图尔说：“考察涉及科学事实建构过程的方法，就是观察实验室成员之间的交谈和讨论是怎样发生的。”[1]

为此，他与伍尔加（Steve Woolgar）合作，将公众眼中隐秘莫测的科学实验室当作村庄一样，用人类学家以往考察山民、村民的方式考察学者。在题为《实验室生活》的考察成果开篇，作者就对科学实验室的生活场景做了与以往乡村民族志类似的“深描”：

第一节　记事簿摘录（89，XI）

9 点 05 分：维利穿过大厅，朝他的办公桌走去。他随便说了件事。他说他干了一件大蠢事。他把自己的文章寄了出去……（人们对其余的事就不明白了）

9 点 05 分 3 秒：芭芭拉进来了。她问应该把哪类溶剂放入试管中。让在他的办公桌那里回答问题。芭芭拉走了，返回到试验台。

9 点 05 分 4 秒：雅纳走进来问马文：“当你准备用吗啡静脉注射时，是用盐溶液还是用水？”伏在写字台上写字的马文没有抬头就回答了提问。雅纳退下。[2]

1　［法］布鲁诺·拉图尔：《科学在行动：怎样在社会中跟随科学家和工程师》，刘文旋等译，东方出版社 2004 年版，第 111 页。

2　［法］布鲁诺·拉图尔、［英］史蒂夫·伍尔加：《实验室生活：科学事实的建构过程》，张伯霖、刁小英译，东方出版社 2004 年版，第 1 页。

在按时间和地点分类的深描背后，作者聚焦的关键问题是：科学是否在建构一张科学、技术、自然与社会构成之无缝之网的同时，也在这张网中被建构？通过考察分析，拉图尔与伍尔加得出了一系列影响深远的学术结论。他声称："我们关于生物学实验室中建构事实的说明与科学家自己的说明相比，既不比他们的好，也不比他们的差。"[1]继而阐述说：

> 为了迫使人们放弃已经提出的陈述模态，我们和他们所依据的信誉来源也没有什么不同。惟一的区别是他们有实验室。至于我们，我们有著作，即本著作。[2]

相关的评论认为，聚焦实验室生活的学术田野体现了方法论反思的反身性问题，而这正是拉图尔科学人类学开山之作的核心所在。[3]

在人类学写作的文类特征上，如果说马林诺夫斯基的日记还与皇家协会训导的田野日志离得不远的话，拉图尔等描绘的实验室生活则与文学作品殊途同归，在叙事风格上更接近于展演知识生产的场景剧本。在我看来，拉图尔的民族志手法别具一格，对人类学田野类型的开创性影响也毋庸置疑。然而，另一位法国人类学家艾伯特·皮耶特（Albert Piette）却对拉图尔的田野方式及其派生的民族志类型表示不满，认为在对既有方式的超越上还不够彻底。

任职于巴黎第十大学的皮耶特反对以往人类学偏重文化与社会而丧失对人与个体的关注，提出了与之相反的存在人类学。皮耶特阐释的存在，是指

---

1 ［法］布鲁诺·拉图尔、［英］史蒂夫·伍尔加：《实验室生活：科学事实的建构过程》，张伯霖、刁小英译，东方出版社 2004 年版，第 253 页。

2 ［法］布鲁诺·拉图尔、［英］史蒂夫·伍尔加：《实验室生活：科学事实的建构过程》，张伯霖、刁小英译，东方出版社 2004 年版，第 253 页。

3 曾晓强：《拉图尔科学人类学的反身性问题》，《科学技术与辩证法》2003 年第 6 期，第 46—49 页。

“一个正在生存的个体”，“从不同的处境走来，并走向其他的处境”。其基本特征一是“在场”，一是“延续”。[1]通过对法国知识谱系的回顾和反思，皮耶特将自己的思想资源归为哲学的存在主义，同时把聚焦个体行动的田野成果称为现象民族志。[2]

2014年末，在以“存在人类学”为题的四川大学讲座中，皮耶特对既往“没有人的人类学”提出了严厉批判，认为以乡村或都市等为聚焦的人类学，“是一种在没有人类，在没有人类中任何一个人的条件下，对人类进行研究的方式”，目的不过是“以利于构建一个并不存在的社会和文化实体”。[3]皮耶特将从事这种研究的人类学家比喻为“蚂蚁学家”，指出他们“绕开蚂蚁不做研究，而去研究土地或者研究把它们踩死的人类”。[4]正是基于这样的看法，皮耶特批评拉图尔的田野工作仍旧忽略了个人，将他的民族志概括为“行动中的互动主义”和“方法论上的关系主义”，并提出了针锋相对的“非关系主义”人类学，并阐释其目标在于：抛弃关系主义的相互作用（不分离主体和客体），确立研究对象的独立性，即人，独立的个人。[5]

为了实践自己的创新理论，皮耶特带领学生进行了聚焦个体的人类学田野，使用摄像机将个体对象的不同场景跟拍下来，然后以分秒为单位加以分析，以此阐释在各自情景中具体和行动的人。在一项针对个体互动的“之间性”(in-between）研究中，他们选定社会学者(皮埃尔）同中学生(雅丝米娜)

1　[法]艾伯特·皮耶特：《现象民族志：迈向有人类的人类学》，余振华译，《文化遗产研究》第6辑，四川大学出版社2015年版，第53—65页。

2　余振华：《法国存在人类学之思——关注个体与观察细节》，《文化遗产研究》第9辑，四川大学出版社2017年版，第127—134页。

3　[法]艾伯特·皮耶特：《现象民族志：迈向有人类的人类学》，余振华译，《文化遗产研究》第6辑，四川大学出版社2015年版，第53—65页。

4　[法]艾伯特·皮耶特：《现象民族志：迈向有人类的人类学》，余振华译，《文化遗产研究》第6辑，四川大学出版社2015年版，第55页。

5　Albert Piette. “Relations, Individuals and Presence: A Theoretical Essay” . in Zeitschrift für Ethnologie. Vol. 140 (2015), pp.5-18.

在巴黎郊区一所中学的交往细节为情节，使用视频拍摄和播放工具进行观察，然后以前期拟定的理论工具箱为基础，从情境化、个人化视角出发，达到细致描绘并阐释个体对象如何“共同构建交往情境之元素的目的”。[1] 通过现场伴随的拍摄记录，他们将揭示个体“之间性”的考察结果用图表方式展示了出来。

皮埃尔的视角	雅丝米娜的视角
皮埃尔开始将孩子们分成四人一组，这些孩子要对敲击燧石进行简单介绍。[**解释一个指令**：4] (1) 房间的气氛变得紧张起来，在分组开始前学生开始改变最初的身体姿势。(2)	雅丝米娜还没有动 [**注意力停留在皮埃尔身上**：2] 朱尔斯建议他们组成一个小组。她微微点了下头表示同意并转向她的一个女性好友。她指着这位女性好友示意她们可以组成一组。在她的后面，一个女孩儿笑着问雅丝米娜她是否可以加入这个组。[**关注其他孩子**：－1]
皮埃尔一直坐在椅子上。他强调每个孩子都有机会。[**解释一个指令**：4]	
他用手示意他面前的四个孩子组成第一组，他们一会儿要示范敲击燧石。[**解释指令**：4]	组织小组的计划被破坏了，雅丝米娜现出失望的表情。[**关注皮埃尔**：2] 和她身边高兴的朱尔斯形成对比

在将这些个体细节分析之后，皮耶特团队总结说：为了通过关注两个个体的相遇来为互动（interactive/interaction）提供一种本体论的细节性描述，人类学家必须“详细描述两个个体在一个共享瞬间的相遇中与个体有关的因素”。[2] 在对巴黎几组考古学家的考察案例中，皮耶特团队进一步获得了个体如何存在并与其他个体建立“关系”的重要发现，如：

1 [法] 格温德琳·托特瑞：《解读“之间”：分析互动行为的工具和观念》（下），刘婷婷译、冯源校，《文学人类学研究》第2辑，社会科学文献出版社2018年版，第196页。

2 [法] 格温德琳·托特瑞：《解读“之间”：分析互动行为的工具和观念》（下），刘婷婷译、冯源校，《文学人类学研究》第2辑，社会科学文献出版社2018年版，第206页。

在一个简短的情境中，对个体来说也会存在不同强度的“关系”，即“活跃—被动”或“工作—休息”等系数的混合，而当它们在一个案例中组合时，就指示出一种独特的在场模式。[1]

20 世纪 80 年代的英语世界也涌现了人类学的自我反思和批判。如《作为文化批评的人类学》的文集就强调了人类学由关注异文化到本文化转向的重要意义，并把其视为“人类学实验时代”到来的重要标志。在这样的转向中，实验性的民族志开始“向自身发难”，力图创造一种“关于民族志作者自身的社会和文化基础的民族志知识，并使之与以往的异文化民族志具有同等的地位”。[2] 进入 21 世纪后，田野考察的反身性倡导进一步推动了自传民族志（autoethnography）在人类学、社会学等领域的勃兴，其中，卡罗琳·埃利斯（Carolyn Ellis）“以安顿生命为目标”的田野实践更被视为反身转向的突出代表。为了突破以往科学民族志对研究者情感的人为限制，卡罗琳强调了与文学叙事的结合，将民族志的自我叙事看作生活的一部分，主张通过诉说自己的故事，“让自己成为故事中的那个人”。[3]

在汉语的人类学界，也先后出现了“我看人看我”反思[4]、“日记田野”[5]、

---

1 PIETTE, A.,“Au cœur de l’activité, au plus près de la présence”, *Réseaux*, Vol. 6, No. 182, 2013, p.76。[法] 格温德琳·托特瑞：《解读“之间”：分析互动行为的工具和观念》（上），王浩、周莉娟译，《文学人类学研究》第 1 辑，社会科学文献出版社 2018 年版，第 157 页。

2 [美] 乔治·马尔库塞、[美] 米开尔·费切尔：《作为文化批评的人类学：一个人文学科的实验时代》，王铭铭、蓝达居译，生活·读书·新知三联书店 1998 年版，第 158 页。

3 Ellis,C.&A.Bochner,“Autoethnography, Personal Narrative, Reflexivity: Researcher as Subject”, in N.Denzin & Y. Lincoln (eds.), The Handbook of Qualitative Research (2nd edition). 2000,Thousand Oaks, CA:sage. 参见卢崴诩：《以安顿生命为目标的研究方法——卡洛琳·艾理斯的情感唤起式自传民族志》，《社会学研究》2014 年第 6 期。

4 参见费孝通：《我看人看我》，《读书》1983 年第 3 期。

5 参见朱炳祥：《自我的解释》，中国社会科学出版社 2019 年版。

“多主体民族志”，[1]同样称得上人类学反身转型的多样体现。[2]与之呼应，我提出了与采风、观察相区别的“生命内省”，主张“人类学真正的起点是关于自我的人类学，是反省的人类学，是自知之明的人类学”。[3]

然而，相对于聚焦个别与对本文化及本学科的自我反思，更值得关注的人类学反身还在于对人类身体的重新考察和诠释。其中最值得提及的是20世纪90年代发起的人类基因组计划（HGP）。该计划以全人类为对象，田野实证的范围微观到具体个人的分子层面，宏观上则遍及世界各国的跨族群整体。依靠全球同行共同体的参与协作，HGP设定了明确的学术目标：读懂人类基因组全部核苷酸的顺序，即全部基因在染色体上的位置及各DNA片段的功能。该计划的成果被概括为四个主要方面：“提示生命的本质，增进对生物进化、人类发展和未来的认识，并促进对人类疾病的诊断和防治。”[4]HGP的成就影响深远，被誉为生命科学的“登月计划”、21世纪科学研究最重要的奠基石。[5]

1997年3月，出席国际人类基因组年会的遗传学家宣布了新的科学发现：“欧洲人的基因65%是中国人的，35%是非洲人的。”[6]这样的揭示改写了人类对自身的既有认知，否定了“种族”的存在。科学家们指出：如果要提“种族”的话，全人类是一个“种族”。因此，“‘种族’一词在科学上已无效”。[7]由此

1　在朱炳祥与刘海涛的合作论述中，以大理白族为例的田野考察呈现为村民、人类学家与评审者共在的多重叙事，以此为基础的成果则可称为交互主体的民族志。参见朱炳祥、刘海涛：《“三重叙事”的“主体民族志”微型实验——一个白族人宗教信仰的“裸呈”及其解读和反思》，《民族研究》2015年第1期。

2　参见徐新建：《自我民族志：整体人类学的路径反思》，《民族研究》2018年第5期。

3　参见本书“人类学方法——采风？观察？还是生命内省”一章。

4　余焱林、徐永华：《人类基因组计划实施与人类文明考查》，《医学与哲学》1998年第7期。

5　参见胡万亨：《一个社会学家眼中的人类基因组计划——〈重组生命：基因组学革命中的知识与控制〉评介》，《科学与社会》2019年第2期。

6　邱仁宗：《人类基因组研究和伦理学》，《自然辩证法通讯》1999年第1期。

7　邱仁宗：《人类基因组研究和伦理学》，《自然辩证法通讯》1999年第1期。

延伸的诸多人类学发现更是意义重大，颠覆世俗，其中的核心观念是人类同源，天下一家——人类源于非洲，共同来自“现代智人”（Homo sapiens）；拥有共同祖先及一致的基因；现今的各地族群不过是人类先祖不断迁徙分化的结果。

2001年，复旦大学的分子人类学团队通过“对来自中国各地的9988例男性随机样本进行M89、M130和YAP3个Y染色体单倍型的基因分型”，发表的结果宣告“Y染色体遗传学证据支持现代中国人起源于非洲”。论文阐述说：

> 我们所检测的来自中国各地的近1万份样品，全部都携带有来自非洲的“基因痕迹”，我们至少在$1/10^{-4}$水平上否定了多地区起源或中国独立起源假说。Y染色体的证据支持现代中国人非洲起源假说，这也是目前支持这一假说最新的遗传学证据。[1]

可见，分子层面的基因分析已与文化层面的族群考察结合起来，迈入超民族—国家体系的整体结构，体现了人类学具身田野正朝回归本源与开拓未来并行拓展。2017年，麻省理工学院出版斯蒂芬·希尔加德纳（Stephen Hilgartner）评价人类基因组计划的专著，题为《重组生命：基因组学革命中的知识与控制》。作者也强调了该计划对人类社会的双重影响，认为基因组学的诞生不仅促进了基因工程的进一步发展，也改变了生物学研究的社会组织方式及更广义的社会生活。[2]这些论述从不同角度

1 柯越海、宿兵等：《Y染色体遗传学证据支持现代中国人起源于非洲》，《科学通报》2001年第5期。

2 参见胡万亨：《一个社会学家眼中的人类基因组计划——〈重组生命：基因组学革命中的知识与控制〉评介》，《科学与社会》2019年第2期。

印证了人类学话语在生物（体质）、文化（社会）及哲学（信仰）维度的携手整合。[1]

针对人类学研究的身心结合趋势，叶舒宪肯定了身体人类学的重要性，强调：只有跳出“理性认识”和“感性认识”的机械两端论窠臼，摆脱灵肉二分和灵肉对立的思维模式，对人本身的认识才能够打开新的局面。他还由此提出了反身研究领域内的中西话语对应问题，指出只有以身心合一为基础，“像‘体知’这样的东方认识论方法的奥妙之处以及‘体现’（embodyment）这样时髦的西方当代文化分析范畴，也才可能变得容易理解”。[2] 此处用“体现”对应英文的 embodyment，直观上似乎比如今常见的“具身”更能突出人类学反身田野中的身体在场；而在话语对应的整体上，则暗示着从体感、体知到体认的谱系整体，指向了认识论与实践论结合的知行合一。

结　语

有关人类学的学科界定层出不穷。2019 年，法国人类学家将人类学的学科特征概括为“旨在洞悉人类想象和实际建立之诸多社会文化世界的多样性”；与此同时，作为田野调查之集合的民族志，则“旨在尽可能系统地研究上述某个世界，从而为人类学提供养分”。[3]

时至 2022 年，通过转引美国人类学学会的最新界定，哈佛大学人类学网页给出的简要解释则是：

1　关于人类学话语的整体结构，可参见徐新建：《回向“整体人类学”：以中国情景而论的简纲》，《思想战线》2008 年第 2 期。

2　叶舒宪：《身体人类学随想》，《民族艺术》2002 年第 2 期。

3　［法］让-皮埃尔·多松：《社会—文化人类学田野的历史变迁》，余振华译，《文学人类学研究》第 6 辑，社会科学文献出版社 2022 年版，第 89 页。

Anthropology is the study of what makes us human.[1]

译成汉语，大意为：人类学是研究什么使人成人的学问。此解释意涵丰富，不但标志英语学界的认知转变，并且包含了一系列需要深究的核心概念，如“人”（human）是什么？“我们”（us）是谁？以及如何“成（make）人”？等等。根据上述界定，人类学的研究对象是那些使人成人之物（what）。因此，人类学的田野就当指所有使人成人的场域事件和过程。

以这样的解说为起点，本文结合达尔文“小猎犬号”以来直至人类基因组计划的诸多案例，集中讨论了五种类别的田野观与田野践行，即由“上山—下乡—进城—入网—反身”构成的新整体。而在理论映射生活的意义上，人类学的田野五型，对应着人类成员迄今拥有的五维处境。换句话说，在如今一体多元的“地球村”内，人类成员的身处之地，恰好便是由实存及象征意义上的山、乡、城、网及己身构成的交互类型。五型之间虽可分别看待和表述，却不再囿于进化论模板里的先后次序与高低等级，而应视为依存相关，循环共在。

在认识论与方法论的结合意义上，人类学田野的观与行包含三层意涵——观念、观察和反思，亦即：前提性的“田野认知”，对象化的“田野工作”及反思式的“田野批评”。本章的研究从“共时历史”视角出发，将人类学已呈现的考察方式视为开放关联的并置结构，概括为迈向数智文明的人类学多田野。更重要的是，结合从知识生产到社会形塑的影响来看，人类学田野的意义已不限于认识论和方法论，而与更为深广的世界观密切关联，亦即看待世界及参与现实的知行图示。并且经由以此世界观为前提的民族志书写，人类学的多田野不仅完成了四海一体的世界史，将轴心时代以来各自

1　参见哈佛大学人类学系网站：https://anthropology.fas.harvard.edu/。

分立的“欧罗巴”（Europe）、“亚细亚”（Asia）及“阿非利加”（Africa）、“阿美利加”（America）等，以拟人化方式从地理、人种到文化逐渐贯通起来，并且在人类同源及其派生的“人类主义”（Humanism，亦称人本主义、人道主义）召唤下，促进了人类认同的全球化，同时也暗藏了与其他非人类物种肢裂的危机。

如今，通过从山（民）、乡（民）、市（民）到网（民）及自我的整体类别，我们见到的与其说是人类学对象的专业分布，不如说是人类学呈现的世界本身。这个世界，就是以人观人的生物与文化连续体，就是打通了现实与虚拟、神话与科幻的生命圈以及将同时包含“碳智人”与“硅智人”的田野营。面对这个世界，人类学的田野从多个维度出发，涵盖体质、考古、族群文化及至人工智能，不仅探究原始和演化、考察他者与自身，更重要的是恪守学科根本——理解作为整体的人之为人。在这意义上，人类即田野，田野即人。

1993—1995年担任美国人类学协会主席的詹姆士·皮科克（James Peacock）曾把人类学喻为透镜，强调通过模糊界限使对象与背景“柔和起来”，期盼借助人类学透镜，让呈现的世界“不仅包括对象，也包括它的背景、边景和前景”。[1] 与此同时，他还指出：“有多少位人类学家，就有多少种视角。”为此，作者引用了一个意涵深刻的比喻：

> 两个人从同一个酒吧往外看，一个人看到的是地上的泥浆，另一个看到的是天上的星星。[2]

自达尔文的“航船”以来，当人类学家们从弗雷泽式的“摇椅”起身出去，进入马林诺夫斯基式的“帐篷”，进入远方的异文化，继而又伴随费孝

1 ［美］詹姆斯·皮科克：《人类学透镜》，汪丽华译，北京大学出版社2009年版，第10页。

2 ［美］詹姆斯·皮科克：《人类学透镜》，汪丽华译，北京大学出版社2009年版，第7页。

通式的“家屋”回归本土乡村、介入连线虚拟社区的“网络”，直至沉浸于由“元宇宙”等数智技术构成的双重世界，在此番步步深入的进程中可曾意识到，田野工作其实只是认知人类的一种方式？与此同时，对于人类个体与整体的考察体认仍离不开基因检测及内在反省，因此，在不断延伸形形色色的田野类型之际，非但安于书斋与实验室的“摇椅”依旧重要，哲学思辨式的冥想坐忘同样不可或缺。

于是需要继续思考：面对演化至今的学科连续体，世界各地的人类学家们该怎样延续各自的科际传承？同时构建跨越边界的知识整体？

2006年，保罗·拉比诺（Paul Rabinow）为其著的中译本撰写序言，再次强调了30年前提出的著名主张，即要“哲学地反思田野作业”。拉比诺认为，“人类学既不能简化为田野作业（许多方法中的一种），不能简化为民族志（还有不同于‘民族’的客体），也不能简化为哲学的人类学（一种对人类或人类天性的本质的先验推论）”。那人类学究竟是什么呢？回答是：“人类学可以被理解为一组历史地变化着的实践。”[1]

源自印度的《大般涅槃经》记载了著名的盲人摸象故事，曰：“其触牙者即言象形如芦菔根，其触耳者言象如箕，其触头者言象如石，其触鼻者言象如杵，其触脚者言象如木臼……”以此观之，在迄今为止的人类学多田野当中，无论上山、下乡、进城、入网还是反身，皆仅触及了“象”的局部，若要知晓真象（相），除了超越各自局限、得见整体之外，别无二法。

行文至此，还有没有例外呢？当然是有的。就目前涌现的趋势看，至少已包括一个日显重要的全新系列，即：“Homo之外：多物种的人类学”。在那样的对象与田野之中，人类将不得不放弃为万物代言的自赋权力，复归物种一体的自然本相。

---

1 ［美］保罗·拉比诺：《哲学地反思田野作业》，见保罗·拉比诺：《摩洛哥田野作业反思》中译本序，高丙中、康敏译，商务印书馆2008年版，第1—15页。

六、数智时代的文学幻想

本章要点：幻想是文学的基本特征，也是人类物种的精神特长。从最早的神话、传奇到当代的魔幻小说、科幻电影，文学幻想在各地和各族群文化中缤纷展开，绵延不断。如今随着数智时代的来临，人类既有的幻想传统受到严峻挑战。在“人类世”的第四期，人工智能是否取代人类写作？诗性与算法、人智与数智孰胜孰负？人类面临选择。

（一）神幻、史幻与科幻

在学科史的演变路径上，人类学日益演化为两个并行维度：科学的和文学的（诗学的）人类学。二者的对象都是人及其文化。前者从理性实证出发，后者以诗性感悟进入，由此形成相互的分工与配合。在探索人类精神现象的过程中，正如科学的人类学长期关注于“原始思维”及“超验信仰”一样，文学的人类学持续考察着各种类型的文学幻想，从原型的神幻传奇、现代的魔幻小说直到当下的科幻电影，可谓关注不断、追踪不已。

塔维坦·托多罗夫（Tzvetan Todorov）在《文学幻想导论》中指出：幻想存在于悬而未决之中。凯瑟琳·休姆认为，幻想是对生活常识的背离，而以背离方式的不同即可区分与之相应的文学体裁，如童话、科幻等。[1]可见评论界也普遍关注文学与幻想的关联，但过于局限的是，有的仅把幻想视为文学类别的一种，将其单列出来称为“幻想文学”。我不这样看。从人类学的视角考察，文学就是幻想，幻想才是文学的特质所在。文学幻想使理性和诗性（灵性）形成对照，通过营造虚幻现实，区分真实的与真正的两种存在。

在人类漫长的幻想历程中，文学力图通过镜像方式照见的存在主要有三：1）不确定存在的第二现实；2）有可能消逝了的另类历史；3）将可能出现的突变未来。若以“幻”为基点阐发，在广义的世界文学格局中，第一种可称为“神幻”（玄幻、魔幻）类型，关汉卿《窦娥冤》、鲁迅《狂人日记》、果戈理《死魂灵》、卡夫卡《变形记》及至A.卡彭铁尔《这个世界的王国》与马尔克斯的《百年孤独》等皆可归入，数量繁多，风格不一。第二种为“史幻”，从司马迁《五帝本纪》到罗贯中《三国演义》直至电影《侏罗纪公园》《恺撒大帝》等都属此类——从更为宽泛的人类叙事看，甚至达尔文的《物种起源》及赫拉利的《人类简史》也不妨列入其中。第三种逃离当下，眺望未来，可以“演幻”及“科幻”命名，在西方有各种“乌托邦”“恶托邦”及“异托邦”系列，如《美丽新世界》《1984》及电影《阿凡达》；中国自近代开始则有梁启超《新中国未来记》、叶永烈《小灵通漫游未来》，直至刘慈欣的《流浪地球》和《三体》。[2]如今，可以说沿第三条路推进的“科幻”愈演愈烈，呈现出大有取其他而代之的趋势。

此外也有可称为混合型的，特点是将第二现实、另类历史及突变未来交织为一体，如《俄狄浦斯》《西游记》《格萨尔王》《城堡》《尤利西斯》等。

1　Tzvetan Todorov, Introduction à la littérature fantastique, Paris, Editions du Seuil, 1970。参见任爱红：《国外幻想文学研究综述》，《外国文学动态》2012年第2期。

2　相关论述可参见吴岩：《中国科幻小说极简史》，《新京报》2019年2月17日。

这就是说，文学以其塑造的虚幻世界同经验现实形成呼应，如同一幅图案的正负两面，为人类提供相互映照的两种存在——现实存在与虚幻存在，从而使人以独特的文本方式存活于宇宙万物之中，由此区分另类，形塑自身。在这意义上，伊瑟尔（Wolfgang Iser）对“虚构”（fiction）的讨论触及了文学的幻象内核。他说“虚构是人类得以扩展自身的创造物”。[1]这是抓住要点了的，只是因其眼光朝向既有的过去与现存文本，故论断仍限于历史主义，缺少将时空维度的进一步打通。对于尚在演进和“成为”（Becoming）中的人类而言，若要阐释当下及今后的文学与幻想，无疑还需关注难以预测的未来。就如今处境而言，这个未来无疑包括已扑面而来的“数智时代”。

（二）智能、智人与智神

时至2016年前后，自谷歌公司研发“阿尔法狗”（AlphaGo）战胜人类社会的围棋冠军及机器人“索菲亚”（Sophia）在沙特阿拉伯获得公民身份等现象接连涌现之后，世界各地的人们开始惊呼地球进入了前所未有的新时代。[2]对此，有的以“大数据”为之冠名，有的用“人工智能”（AI）凸显其特征，也有的叫作“后人类时代”。[3]《未来简史》作者干脆建议以“智神”名之。[4]时代划分涉及对人类处境的自我定位。若以“人类世”第四期这样的尺度观察，思考和命名则会很不一样。[5]为了与突出以人类智慧为核心的

---

1 ［德］沃尔夫冈·伊瑟尔：《走向文学人类学》，载［美］拉尔夫·科恩主编：《文学理论的未来》，程锡麟等译，中国社会科学出版社1993年版，第275—300页。

2 《地球公民迎来新“物种”——人类能否控制人工智能?》，《科学与现代化》2018年第1期。

3 ［意］罗西·布拉伊多蒂：《后人类》，宋根成译，河南大学出版社2016年版，第5页。

4 ［以色列］尤瓦尔·赫拉利：《未来简史：从智人到神人》，林俊宏译，中信出版集团2017年版，第41页。

5 笔者赞同以地质演化为尺度的“人类世”划分，提出关注地球史中的人类学，认为以此划分为参照，人类进入了以人工智能为标志的第四期。

时代对比，从以数字化技术为基础、通过人工智能与互联网结合产生巨大影响来考虑，我认为叫“数智时代”更好。当然，若是要强调数字化特征及其带来的能量转变，亦可称为“数码时代”或“数能时代”。一如书写曾经标志着对口语的僭越，数码时代凸显出对文字的升级和游离。数智的出现，则意味着人类社会的驱动力更新。

与以往风能、火能、水能及石化能等相似，数智也是一种能量和能源。不同的是，数智以人类智能（Human Intelligence）为前提，演化成了以电脑计算和网络连接为基础的“数据智能”。若可将人类智能简称为“人智”的话，作为其升级版的数能亦可称为“数智”，它们的特征都在于以智为能，即呈现能量，转为能源。译成英文，数能与数智不妨叫作 Data power 或 Digital Intelligence。对此，前文已做过初步阐述，此处再根据本文论题需要对数能与智能的区分稍作延伸。

依照科学的进化论说法，数万年前，当智能（Intelligence）由自然界进化出来并降临在灵长类最高级物种身上之后，地球的生物圈发生了根本改变——人类出现了。被称为人类的物种与其近亲猿、猴类们逐渐脱离的标志就在于智能的降临和使用，从而获得与众不同的全新称谓：“智人”（Homo sapiens）。不过无论其诞生的历程如何神奇，引发的冲击有多大，在物种进化意义上，人类智能仍保持与生态圈的固有关联，具有生物属性，因而仍可归入自然类型当中，堪称“自然智能”（Natural Intelligence）。相比之下，数能属于人造类型，被称为“人工智能”（Artificial Intelligence），因为是人类智能的派生物，故而还可被看作是智能的智能，即 Intelligence of intelligence（I-I）。

若以智能作为人类物种基本特征来观察的话，以往的文学幻想皆属人智产品，堪称以人为起点和归宿的自我写照，属于“人类世”的衍生品。由此观照，除了超乎经验的“启示录”等外，迄今为止的文学几乎都是人与人的自我对话。其表述、接受以及阐释的主体都是人类自身，体现的价值核心为人文主义或人类中心主义。可以说在漫长的智能时代，人类文学及其幻想的初衷便是一个——恰如希腊神话借半人半兽的“斯芬克斯”所隐喻的那样：认识人自己。

然而，一旦进入数智时代，人类文学的基本属性或许将发生重大变化。伴随数智产物的日益强盛，不断涌现的新局面和新问题将迫使文学改观。人类不得不面对的难题是：以往习以为常的文学想象是否将转向人工智能（AI）、虚拟现实（VR），也就是转向“后人类”叙事？抑或任由数智取代人智，使一切想象都被数据和算法湮灭？本届人类，抑或地球——人类物种目前所栖居的星球——将告别人智时代，从而目睹（或推动）既有的文学幻想就此终结？

人类面临选择。

（三）本届人类与未来物种

事实上，挑战已在眼前，选择亦在形成。其中的显示之一就是堪称与“数据主义”并置的科幻勃兴。

即便只从凡尔纳《海底两万里》及阿西莫夫《银河帝国》等作品问世算起，[1] 科幻写作也称得上人类文学的老资格成员了，但其与数智时代的关联及回应，则主要体现在对人类中心主义的突破和叛离上。

到了 21 世纪，随着文学幻想向影视领域的扩展及表现技术的日益更新，以科幻方式呈现的“新人类”乃至“后人类”幻想几乎占领了全球的荧屏场域。

在以机器人、克隆人等为前提、外太空和外星人为参照的坐标变异上，

---

1 ［法］儒勒·凡尔纳：《海底两万里》，曾觉之译，中国青年出版社 1979 年版；［美］艾萨克·阿西莫夫：《银河帝国》，叶李华译，江苏文艺出版社 2012 年版。

2009年上映的电影《阿凡达》（Avatar）称得上重要转折。《阿凡达》剧本创作于1994年，叙述的故事发生于一个多世纪后的2154年，场域连接着地球与外星，主角则包括人类与另类——“纳美族”（Na'vi）。作品展现的幻想存在将现实和未来连为一体，将地球退缩为浩渺宇宙的一隅，继而把人类刻画为傲慢自负的物种，在毁灭地球后的逃亡路上入侵外星体，先进攻、杀戮而后遭反抗、被逐出。影片的焦点在于通过幻想，揭示人类的另一面本质及其与星际物体的或然联系。[1]

相比之下，如果说剧本萌生于90年代的《阿凡达》还停留在将人类与其他生命物种作对比，从而揭示人类内部（某些族群）的本质缺陷（如殖民主义）的话，2005年上映的《逃出克隆岛》（汉译也叫《神秘岛》及《谎岛叛变》）则把叙事权移交克隆物种，让人的制造物成为主体，由他/她们出场讲述自身故事，由此揭示作为他者的人类劣根性。[2]在这意义上，影片中男女主人公“林肯·6E”(伊万·迈克格雷戈饰)以及“乔丹·2D”(斯嘉丽·约翰森饰)对人造孤岛——被严密控管的高科技大楼的逃离，意味着对人类霸权的否定。一如有评论指出的那样，影片通过主体转移后的克隆叙事，提出了“后人类社会的难题”。[3]

凯瑟琳·海勒（N.Katherine Hayles）在《我们何以成为后人类》一书的“人工生命的叙事”专节里强调，“后人类社会”的突出标志是与人类相异的另类“生命物”（The living）诞生，即以生物技术及计算机科学为基础的人工生命登场。人工生命的降临有三种基本方式：1）湿件（Wetware）；

1　相关评论可参见范若恩等：《反思还是反讽？——后殖民与生态主义视野中的〈阿凡达〉主题变奏》，《北京电影学院学报》2010年第3期；王倩菁：《叛逆还是回归——电影〈阿凡达〉的文化人类学解读》，《重庆文理学院学报》2010年第6期。

2　科幻影片 *The Island* 由迈克尔·贝执导，2005年美国华纳兄弟公司拍摄。中国于2009年引进播映［新出像进字（2009）287号］。

3　黄鸣奋：《电影创意中的克隆人——从科研禁区到科幻热门》，《探索与争鸣》2017年第7期。

2）硬件（Hardware）；3）软件（Software）。“湿件”通过试管培育、转基因等方法产生人造生物，[1]“硬件”催生机器人及其他具形化的生命形态，“软件”则创造可以实现新兴的或者进化论过程的计算机程序。[2]照此划分，《逃离克隆岛》的男女主角属于“湿件”类型。而到了奥斯卡获奖影片《机械姬》里，女主角艾娃（Ava，艾丽西卡·维坎德饰）则换成了“硬件”——人工智能机器人。《机械姬》的片名叫 *Ex Machina*，源自拉丁语 Deus Ex-Machina。Deus 指神，连起来的意思是 A god from machine，即“机械神”。在影片结局，艾娃消灭了她的人类制造者，从被生产、被隔离的“车间”走向世间。这是否暗示诸神在数智时代的复活呢？如果是，即意味着以文学幻想的方式先验了赫拉利的预言：未来世界将被“智神”（Homo Deus）主宰。[3]

回到文学人类学视角。在凯瑟琳看来，由于使“自由人文主义”（其实是人类主义）受到重创，从科幻到现实的后人类景象不仅在科学的知识论层面挑战了既有的人类定义，而且可能在“更令人困扰的文学意义上”，预示着“智能机器取代人类成为这个星球上最重要的生命形式”。面对

1　对于 2018 年出现的“基因编辑”婴儿是否也应归为“湿件”类的人工生命，依照现有标准尚难界定。由其引发的生命与伦理论争已有不少，笔者参与的便有北京大学世界伦理中心、中国人民大学法律与全球化研究中心及电子科技大学数字文化与传媒研究中心联合主办的“捍卫生活世界：技术进步的伦理法律边界研讨会”。我在会上发表的看法是，生命的边界已被突破，需要思考的问题在于，生命边界的捍卫或改造究竟是“天赋人权”还是“权利僭越”。相关报道可参见《“捍卫生活世界：技术进步的伦理与法律边界”学术研讨会在人民大学成功举办》，中国人民大学法学实验实践教学中心，2018 年 12 月 28 日。

2　［美］凯瑟琳·海勒：《我们何以成为后人类——文学、信息科学和控制论中的虚拟身体》，刘宇清译，北京大学出版社 2017 年版，第 298—331 页。

3　参见［以色列］尤瓦尔·赫拉利：《未来简史：从智人到神人》，林俊宏译，中信出版集团 2017 年版。赫拉利原著的英文名是 *Homo Deus: A Brief History of Tomorrow*。其中 Homo Deus 系将“人类”与“神”两词巧妙组合而成，为作者所造。它的含义既可理解为“人神”，又可为“神人”，但意思相差很大。林俊宏的译本采用的“智神”亦有长处，不但在字面上与“智人”呼应对称，而且改用“从……到……”的句式，强调了二者的演化进程。

此景，人类该如何是好？通过对众多论者观点的引述，凯瑟琳描绘的情形是：

> 人类要么乖乖地进入那个美好的夜晚，加入恐龙的队伍，成为曾经统治地球但是现在已经被淘汰的物种，要么自己变成机器再坚持一阵子……[1]

这一天尚未到来。值得链接的是，在《逃离克隆岛》的制作过程中，导演迈克尔·贝（Michael Bay）有意将故事背景前移至离摄制时间不过20多年后的2019年，意在使故事展现的未来幻象"更加骇人，而且更容易接受"。而待现实的2019年来临之际，在中外交接的文学幻想世界，接替克隆物种造成同样效果的却是由刘慈欣小说改编并被誉为开启"中国科幻电影元年"的《流浪地球》。[2]

从人物叙事角度看，改编成电影的《流浪地球》带有明显的国族主义痕迹，以至于影片展示的与其说是"流浪地球"不如说是"流浪中国"：从头至尾，镜头几乎始终以中国为中心，其中反复展现的不是北京、上海就是杭州、石家庄，其他出现或提到的地点——无论赤道还是贝加尔湖——差不多都是中国的陪衬。[3]但总体而论，该片最大的亮点仍可归结为对"人类主义"（或"地球主义"）的集结与强化，亦即以地球为故园（超级飞船），揭示人类成员在同一空间里的命运共同性。在这样的幻想刻画中，人类生存与展望

1 ［美］凯瑟琳·海勒：《我们何以成为后人类——文学、信息科学和控制论中的虚拟身体》，刘宇清译，北京大学出版社2017年版，第382页。

2 刘裘蒂：《西方影评怎么看〈流浪地球〉?》，英国《金融时报》中文网，2019年2月19日。

3 相比之下，小说原著要显得更"国际主义"或人类整体一些。其中主人公不仅与名叫加代子的日本女孩一同参加奥运会驾驶机动冰橇到达纽约，在那里结为夫妻，观赏到自由女神像镀上的金辉；到后来连儿子娶的媳妇也是金发碧眼的"外国人"……参见刘慈欣的小说《流浪地球》，《科幻世界》2000年第7期，第12—27页。

的场域发生了深远巨变：由城乡、族际和国际扩展至地球与太阳、地球与木星乃至以光年计算的星际空间。值得注意的是，在与数智时代相关联的意义上，影片添加了人类与机器人“Moss”——“软件”类人工生命——在空间站的合作与抗争，甚至让主人公刘培强（吴京扮演）不惜在愤怒中将后者毁掉。[1]

对此，《纽约日报》以《中国电影业终于加入太空竞赛》为题评论说：中国是太空探索的后来者，也是科幻小说电影业的后来者。这种情况即将改变，因为《流浪地球》已昭示出“中国电影制作的新时代”。[2]

回到文字。银幕和视频通过二维画面制造文学幻想，让观者在短暂时间投射到虚拟的世界之中，在导演拍摄出来的影像里延伸并重叠物理、生理与心理的自身存在。不过虽然都可称为文学幻象制作者，作家、编剧与导演的手法及效果各有不同。如果说以视觉冲击见长的影视画面能直观制造文学之“幻”的话，靠文字发力的叙事则更能激起读者之“想”。也就是说，由于文字的叙事更为抽象，尽管在直观的视觉效果方面稍显不足，但在营造幻想的意义上却更为开放自由。

于是，稍加比较即可见到，由于幻想方式及剧情删改等原因，由郭帆执导的同题影片与刘慈欣撰写的小说，虽然都叫《流浪地球》，但二者呈现的未来场景却差异甚大，以至于视为两部全然不同的作品也无不可。

在小说开篇，未来人类的时空与现实就被作了区隔。作者写道：“我们把那以前人类的历史都叫作前太阳时代。”接着感慨地说：“那真是个让人神往的黄金时代啊！”[3]在此，“以前的人类”可理解为往届人类（就是作者身

1 有意思的是，编创者在展现这段情节时，让机器人Moss——超计算机（软件程序）道出了对于“智人”的失望，称：“让人类永远保持理智，果然是奢望。”

2 Steven Lee Myers, China’s Film Industry Finally Joins the Space Race, *The New York Times*.

3 刘慈欣：《流浪地球》，《科幻世界》2000年第7期，第12—27页。

处其中的本届人类)。对于流浪地球时代的人类而言，彼此间的最大区别是太阳的灾变及其在人类心中由憧憬到恐惧的转型；而一句“让人神往”的感叹流露出本届作家替彼时人类作出的惋惜。其间传递的情感与其说是未来真实不如说是当今反照。

通过这部2000年在成都《科幻世界》上发表的小说，作品凸显的幻想主题是：太阳毁灭，人类逃亡。对于结局难测的未来命运，作者借一位中国教师之口发出了另一种慨叹：“人类将自豪地去死，因为我们尽了最大的努力！”接下来，影片制造的未来镜像是太阳的死亡：“在太阳的位置上出现了一个暗红色球体，它的体积慢慢膨胀，最后从这里看它，已达到了在地球轨道上看到的太阳大小……水星、火星和金星这三颗地球的伙伴行星这时已在上亿度的辐射中化为一缕轻烟。”最终：

> 50亿年的壮丽生涯已成为飘逝的梦幻，太阳死了。[1]

这时，刘慈欣埋下了新的叙事伏笔，也就是预告了将在下一套三部曲作品中浮现的文学幻想。在小说《流浪地球》的结尾，作者向读者勾画出一个值得期待的远景：“半人马座三颗金色的太阳在地平线上依次升起，万物沐浴在它温暖的光芒中……”[2]

这将成为人类福星的新太阳就是“三体”。不料在2006年起陆续发表之后，《三体》中的福星却变成了灾星，原本被许以厚望的三颗金色太阳非但没化解人类险境，反倒引发出更大灾难……

1　刘慈欣：《流浪地球》，《科幻世界》2000年第7期，第12—27页。

2　刘慈欣：《流浪地球》，《科幻世界》2000年第7期，第12—27页。

（四）如何重建文学的幻想传统

2019 年春节期间，我搭乘埃塞俄比亚的国际航班出行。飞机在万米高空沿赤道飞行，下面没有令人惊恐的地球发动机，接近乞力马扎罗山附近时，眼前浮现的是作家海明威的《太阳照样升起》（*The Sun Also Rises*）……

视线回到机舱。无意间，笔者见到前排一位白人女性正专心地捧读一本封面眼熟的厚书。仔细辨识后确认是刘慈欣小说《三体》的英译本（*The Three-body Problem*）。恍然间，眼前不但闪出才读过不久的小说场景，而且自身仿佛一下就已亲临至那本由文本构成的星际之中。

在《三体》的描写里——

> 由于来自外太空的“三体”威胁，地球在大约两百年后分裂成了三个世界。在其中的“星舰世界”，由冬眠领袖、中国人章北海指挥的“自然选择”号在逃亡过程中因切断了与“地球世界”的精神纽带发生了人的根本异化，蜕变成了地球人眼中邪恶黑暗的“负文明”。[1]

这是刘慈欣以“黑暗森林”作比喻，为读者勾勒的星际大变局。变局的结尾是本届人类的整体消亡——被降级成二维存在漂流于茫茫的宇宙黑暗中。至此，尽管姗姗晚到，但可以说当代中国的文学幻想也已通过科幻写作迈入了后人类场景。

若以人类学意义上的世界文学观照，这是值得关注的新起点。在这意义上我赞同王德威的评价，即认为《三体》的努力已“超越了简单的、现世的

1　参见刘慈欣：《三体 · 黑暗森林》，重庆出版社 2008 年版，第 404—423 页。

对中国的关怀”。[1]

对于中国科幻的晚到和赶超，《科幻世界》前主编、作家阿来的阐释值得注意。他以《重建文学的幻想传统》为题指出，以科幻为例，当代中国的文学之所以后进，不是由于想象力缺乏，而是因筑得太高的“现实主义堤坝”隔断了古已有之的幻想长河。面对“文学之河上束缚自由想象的堤坝”，阿来呼吁引进有活力的水流予以冲决。他说：

> 中国文学幻想传统的重建，除了纵向的接续，还有大量的横向的比较，只有站在与世界对话的意义上，这种重建才是一种真正的重建。[2]

这样的呼吁不久就产生了效应。2018 年 11 月，“克拉克想象力社会服务奖”（Clarke Award for Imagination in Service to Society）授予刘慈欣，奖励他在科幻想象上作出的杰出贡献。刘慈欣在答辞中先向科幻前辈阿瑟·克拉克（Arthur Clarke）表达敬意，而后阐发了对想象力的看法及自己的科幻文学观。在他看来，“想象力是人类所拥有的一种似乎只应属于神的能力，它存在的意义也远超出我们的想象。”作为作家，我们“只有让想象力前进到更为遥远的时间和空间中去寻找科幻的神奇”。[3]

阿来及刘慈欣等的这番言说，可视为数智时代科幻文学的中式宣言。

几乎与此同时，也在 2018 年冬季，年度诺贝尔文学奖（新学院奖）颁给了加勒比地区的黑人女作家玛丽斯·孔戴（Maryse Condé），以表彰其在历史小说也即“史幻”写作上的杰出成就，尤其是发表于 20 世纪 80

1　王德威：《乌托邦，恶托邦，异托邦——从鲁迅到刘慈欣》，收入王德威：《现当代文学新论：义理、文理、地理》，生活·读书·新知三联书店 2014 年版，“附录二”第 277—300 页。

2　阿来：《重建文学的幻想传统》总序，参见奥森·斯科特·卡德（Orson Scott Card）：《安德的游戏》，李毅译，万卷出版公司 2010 年版，第 1 页。

3 《刘慈欣获克拉克奖致辞》，未来事务管理局网页，2018 年 11 月 9 日。

年代的《塞古》(*Segu*)及《黑人女巫蒂图芭》。[1] 早在获奖之前，玛丽斯也提到过人类的全球性逃离，不过不是像《流浪地球》描绘的那样作为整体向外星际出逃，而是由于现实的社会原因分种族与阶层的地域性出走和移民。对于全球黑人种群而言，这些原因主要有三：1）为了逃避独裁统治和灭绝种族的大屠杀；2）为了逃避贫困和苦难；3）为了逃避宗教狂热。[2]

此后，在《流浪地球》上演不久，第91届奥斯卡公布的获奖名单里，最佳影片及最佳剧本原创大奖皆被取材于真实故事并且同样表现有色人种的《绿皮书》(*Green Book*)夺得。该片被赞颂的内容是钢琴家与保镖之间冲破种族隔离与阶层差异的友情。以文学人类学视角观察，所谓“取材于真实”的表述以及艺术实施，其实就是文学幻想的体现，也就是将现实存在朝文学幻象移植。通过镜像手段，将真实的换成真正的，把历史的第二现实揭示过来，让观众在心理上重建走出影院后或许促进现实改变的镜像存在。

对此，有评论认为，本届奥斯卡的获奖影片展现出了创作上的某种自觉，即“在叙事上从二元对立转向了复杂化的、暧昧化的认知”，由此将解决现实社会冲突的最终方案——通过银幕式的文学幻想，指向“跨文化、跨种族和跨阶层的融合与认同”。[3]

可见，从文学人类学视角出发，迎着正在到来的数智时代，本届人类似乎依然循着文学幻想的诸多道路演进着。在魔幻、史幻与科幻等各路之间，见不出孰优孰劣，倒是各显风采，交映生辉。至于未来如何，既取决人智与数智的竞争，亦有待文学幻想的融入参与。不过也需看到，即便将文学幻想与数智时代关联起来，结局依然不容乐观。借助王德威的观点来看，问

1　Maryse Condé 也被译为玛利兹·宫黛。她的作品在20世纪90年代便有了汉译本，参见［法］玛利兹·宫黛：《塞古家族》，州长治译，世界知识出版社1992年版。

2　玛丽斯·孔戴：《全球化和大移居》，欣慰译，《第欧根尼》2000年第2期。

3　李凡：《2019奥斯卡：跨文化、跨种族和跨阶层的融合与认同》，《中国艺术报》2019年3月1日第4版。

题已深藏于人类幻想的内在局限，即无论如何。最终都将引向“没有结果的想象”，因为以人类有限能力来想象超越人的境界，“或好或坏，都是艰难的”。[1]

21世纪，弗朗西斯·福山（Francis Fukuyama）发表《历史的终结》10年后，出于对生物技术革命的担忧，描绘了消极的前景，强调后人类的未来特征，在于“我们已经不再清楚什么是人类”，到那时：

> 它也许是一个出于中位数的人也能活到他/她的200岁的世界，静坐在护士之家渴望死去而不得。或者它也可能是一个《美丽新世界》所设想的软性的专制世界，每个人都健康愉悦地生活，但完全忘记了希望、恐惧与挣扎的意义。[2]

米歇尔·福柯的看法更彻底，他说，人是近期的发明，并且正接近其终点。“人将被抹去，如同大海边沙地上的一张脸”。[3]

这虽然是学者的历史与政治想象，但离文学和科幻一点不远。

1　王德威：《乌托邦，恶托邦，异托邦——从鲁迅到刘慈欣》，载王德威：《现当代文学新论：义理、文理、地理》，生活·读书·新知三联书店2014年版，“附录二”第277—300页。

2　[美]（*Francis Fukuyama, Our Posthuman Future: Consequences of the Biotechnology Revolution*, 2002.）弗朗西斯·福山：《我们的后人类未来：生物技术革命的后果》，黄立志译，广西师范大学出版社2017年版，第9页。相关评论可参见约翰·康韦尔：《想象DNA噩梦——评〈我们的后人类未来：生物技术革命的后果〉》，张达文译，《国外社会科学文摘》2002年第8期。

3　[法]福柯：《词与物：人文科学考古学》，莫伟民译，上海三联书店2001年版，第506页。

七、神话文本：从天地创生到万物显灵

本章要点：神话是一个文本。神话的核心在于灵性思维。在人类迄今的大多数文明类型中，由于感性力量及万物有灵的信仰传承，世界各地——尤其是拥有被称为“原生知识”的人群仍保存着滋养自身文化与传统的灵性思维和灵气特征。这种特征的主要呈现方式即是传承至今的神话。面对数智时代的严峻挑战，重新直面人类社会普遍存在的神话传统，无疑具有重大意义，并将产生深远影响。

（一）神话关涉过去和未来

神话是一种文本，也是一种精神现象的世代传承。神话在过去关涉文学和信仰，如今已开始关涉科技、历史以及人类命运与未来前途。因此，神话不应只被看成远古的传说或被封存的遗产，而当视为人类与生俱有的思维方式及其从源起到将来的超验践行。

2017年，美国畅销书作者皮埃罗·斯加鲁菲（Piero Scaruffi）邀请中国作者以汉语首发方式合作出版一部新著，《人类2.0：在硅谷探索人类未来》（中信出版集团2017年版）宣称由于现代科技的突飞猛进，人类正在变为新的物种，进入前所未有的2.0阶段。作为人工智能专家及《硅谷百年史》的主要作者，皮埃罗被誉为硅谷模式的最佳观察者与见证人。在有关人类2.0的描述中，他表达的看法是，人类历史已发生根本性突变，在迈向未来的新阶段里，生物与机器必然结合，技术将改变生命的原本面貌。[1]这就是说，随着科技日新月异的急速发展，“旧人类”时代就要结束，“新人类”即将登台。“新人类”是什么样的呢？皮埃罗没有指明。

在此之前，以色列人赫拉利（Yuval Noah Harari）在《未来简史》一书里已有回答。按照他的推断，“新人类”借助科技手段实现生命进化史上的再一次“脱胎换骨”，最终完成从“智人”到“智神”的转化：

> 进入21世纪后，曾经长期威胁人类生存和发展的瘟疫、饥荒和战争已经被攻克，智人面临着新的待办议题：永生不老、幸福快乐和成为具有“神性”的人类。[2]

赫拉利所言的“智神”由Homo Deus构成，是拉丁语“人类”与“创世神”的组合。因此，《未来简史》对从“智人”（Homo sapience）到“智神”转折的描述，即已意味着“新人类”代表的出现及其朝向神话的升华与回归。现在的问题是，面对神话，赫拉利们代表的“新人类”只是回归，而非开创。因此，即便为了返本开新，也不得不转向与人类长久伴随且普遍存在的神话传统，重新领悟其丰富多彩的本貌与原型。

这就需要越过“现代性”，回望被其遮蔽已久的超验世界和神灵信仰。与技术理性主导的“现代”不同，在前现代的人类文明类型中，由于感性

1 ［美］皮埃罗·斯加鲁菲(Piero Scaruff)、牛金霞、闫景立：《人类2.0：在硅谷探索人类未来》，中信出版集团2017年版，第375页。

2 ［以色列］尤瓦尔·赫拉利：《未来简史：从智人到智神》，林俊宏译，中信出版集团2017年版。

力量及万物有灵的信仰传承，世界各地——尤其是拥有被称为“原生知识”（indigenous knowledge）的人群中，仍保存着滋养自身文化与传统的灵气特征。在我看来，这些灵性思维的文明根脉，不是别的，就是至今仍普遍传承的神话传统。

（二）神话体现生命认知和宇宙关联

在讲述与传播形式上，神话是人与万物相互关联的故事，是人与外界交往中对生命存在与宇宙运行的认知、理解和表达。在神话故事的表达中，宇宙是万物有灵的世界，与人的心灵内外相连。在这样的神话世界里，时间、空间和万物完整对应，构成了因果关联的有机整体，其中包括从初始的缘起到终极的未来、从茫茫无际的星空到微不足道的沙粒，同时也呈现了极乐至美的天堂与恶魔称霸的地狱。

过去的一些理论把神话视为原始，认为是人类进化阶段中的过去式产物，仅仅隶属于不发达的史前社会，这是一种误解。作为人类思维的灵性体现，神话永恒存在，不止源于过去，延续至今，而且指向未来。神话“提供智慧而非知识，统一而非碎片，秩序而非混乱，精神慰藉而非不信，意义而非困惑”。[1]

迄今以来，人类的演化进程，主要依靠三组由内及外的思维类型：1）依托情感和意志养育个体经验的“感性思维”；2）借助智能（也就是如今科技术语所说的程序、算法）使社会组织有效运行的“理性思维”；3）通过万物有灵信仰建构世界整体的“灵性思维”。作为囊括并整合了感性与理性的升华物，“灵性思维”堪称最高象征。“灵性思维”的突出代表，就是神话。

1　马修·斯滕伯格：《神话与现代性问题》，王继超译，《长江大学学报》2018 年第 3 期。

三者关联如下——

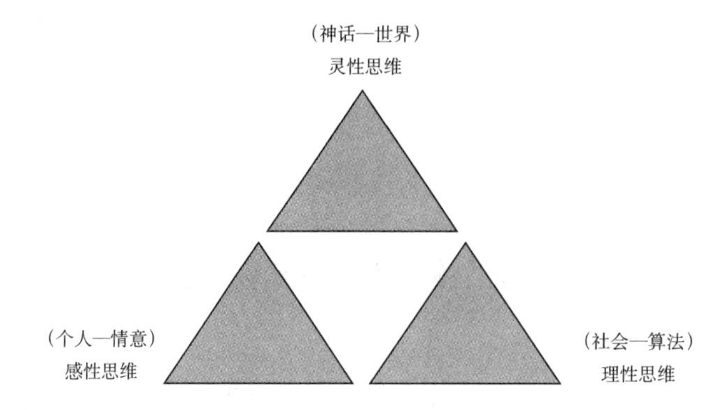

在人类演变的时间序列中，神话长久存在，只不过相对于工业兴起后的现代而言，它更为普遍地呈现于被称为“初民社会”的“原始”人群里。必须重新厘清的是，此处的“初民”当指秉持“（人科人属）智人类”天赋的人。“初”和“原始”的意思也非被进化史观判定的代表蒙昧、野蛮的史前阶段，而当指人人具有的原初性，即可由基因传递的生物特性，因此是人类与生俱有的生命基点和本源。所谓“原始”该理解为“元启”才对。由此类推，将神话体现的灵性思维称为“元启”而非“原始”就更合适。作为人类社会的知识类型，神话承载的知识也不该归入史前遗产，而当视为更为深层和珍贵的原生知识。

于是可以说，与人类成员普遍具有并以“知、情、意”三位一体构成的心理模式相类似，灵性、感性与理性也是三维并置的人类思维类型，是共时性互补结构而非历时性的前后替代。这样说来，列维·布留尔那部流传甚广的《原始思维》就暴露了明显的认知局限和表述误导。因为在他笔下，“原始”（Pre-）的含义还不仅仅指“前”和“初”，而更表示“低级”和“落后”。[1]

1 ［法］列维·布留尔：《原始思维》，丁由译，商务印书馆 1981 年版。布留尔对“原始”的解释与评判最早出自其在 20 世纪 30 年代出版的《低级社会中的智力机能》（*Les fonctions mentalcs dans les societes inferieures*）一书。在其中他把与“地中海文明”相异的其他类型称为野蛮、落后和低等。布留尔的此种划分对后世影响深远，负面与正面并存。

世界文明的多元事实是，通过口头传诵及仪式展演，神话承载的“万物有灵”或“万物归主”信仰的确获得了普遍而充分的呈现。“初民”的神话表达出人类与万物赖以栖居的世界是被超自然神灵创造出来的，因而这个世界不仅具有生命，而且与神性关联。由此，天、地、人、物乃至整个宇宙，绝非彼此疏离的散沙或相互对抗的仇敌，而是血肉相连的有机整体。

希伯来的《旧约》讲述说，神（上帝）创造出天地之后，又按自己的样子造出人，从而把神性赋予人类，使之成为高于其他存在的有灵类。

在多民族构成的中国传统里，华夏世界流传着“盘古开天辟地”及“女娲造人”的创世传说。被《山海经》记载下来的神话描述说：

> 女娲，古神女而帝者，人面蛇身，一日中七十变，其腹化为此神。[1]

到了汉代应劭的《风俗通》里，则阐发为更为具体的“造人说”，曰：

> 俗说天地开辟，未有人民，女娲抟黄土做人。[2]

如今，“女娲造人”神话已列入当代中国的学校课本，在具体教学案例中不仅被称为中华民族的“伟大母亲”[3]，并被作为“神和人的结合体”予以强调，继而希望引发对传统神话之现代意义的关注。

这说明作为一种思维传统，神话不仅并未消失，而且其所隐喻的人神合一观念仍对当代人的认知产生深刻影响。

流传于湘西与黔东的苗族古歌诵唱了神灵对天地的多次创造，表达说，

1　参见张耘点校：《山海经·穆天子传》，岳麓书社2006年版，第165页。

2　（汉）应劭：《四库家藏　风俗通义》，山东画报出版社2004年版，第136页。

3　刘云：《还原一个朴实感人的母亲——“女娲造人”教学片段》，《语文教学通讯》2011年第32期。

本来的世界“开天立地，气象复明”，后又混沌不清：“陆地黏着故土，天空连接着陆地”。在被称为平地公公和婆婆两位神灵的合作开创下，天地才重新分离，平地公公用平地婆婆的身躯为材料再度创制了万物相连的血肉世界：

把她的心制成高高的山梁，
将她的肾做成宽大的陡坡。
这样（天）地就分开了，
下面的就成了陆地，
上面的变成了天空……[1]

在最新收集的田野资料中，贵州麻山地区的苗族歌手则诵唱了创世过程中人神与万物及子孙后代的因果关联：

女祖宗造成最初的岁月，
男祖宗又造接下的日子。
造九次天，造九次人。
有了天，才有地，
有了太阳，才有月亮。
有了天外，就有旷野，
有了大地，才有人烟。
……
有了根脉，才有枝丫。

1　石如金、龙正学收集、翻译：《苗族创世史话》，民族出版社2009年版，第111—113页。

有了上辈，就有儿女。[1]

在此前发表的论述里，我曾尝试对苗族古歌的创世诵唱进行分析，认为其核心就在“万物相关”和“神灵创世”。从知识论及认识论意义来说，这种诵唱的重要意义不但体现为“道出了万物起源、人类由来以及历史演变和族人命运”，而且“为关涉者自我的主体确认和文化的口承传递提供了最基础的构架和前提”。[2]

（三）神话追问世界本源和存在所归

可见，神话及其依存的灵性思维皆指向一个双关的问题核心，也就是都在同时追问何为世界本源以及何处才是存在所归。在这意义上，可以说神话的原型一是描绘生命起始的“创生源”，另一则是预言万物今后的“未来世”。

在由古至今的神话思维认知中，创生并非时间上的一次事件，而更指向宇宙万物的超时空因果关联，因此不仅关涉起源论意义上的原初创造，并且还涉及世界——天地、人间的多次诞生。比如蒙藏等族中广泛流传的《格萨尔王传》“天界篇”里，不但描绘了天界、地域与人间整体联系的三重场景，而且以连续创生——化身、演变、转世的方式叙说了世间邪魔的由来。歌中唱道：

四个黑头滚下坡时，向天祈祷：我们是恶魔的精灵，但愿来世能变

1 中国民间文艺家协会主编：《亚鲁王·史诗部分》，引子“亚鲁起源”（杨再华演唱），中华书局2011年版，第57页。

2 徐新建：《生死两界“送魂歌”：〈亚鲁王〉研究的几个问题》，《民族文学研究》2014年第1期。

成佛法的仇敌，世界的主宰。这四个黑头，后来果然变成北方魔国的普赞王、霍尔国的白帐王、姜国的萨当王、门国的辛赤王。[1]

在这种神话思维支配下，尽管善恶有别，就连降魔英雄格萨尔的降生也与此同构：

最后一个白头抓起一把黄花，抛向天空，虔诚祈祷：但愿来世我能变成降伏黑魔的屠夫，拯救众生的上师，主宰世界的君王。他的善良的心愿实现了，成为威震世界的格萨尔大王。[2]

可见，与其把《亚鲁王》《格萨尔王传》等有关某一人群世俗性由来的描述归入民族学范围的“族源神话”，不如视为更广泛、内在地揭示世界之发生学意义的本源原型。也正因为本源与归所相互关联，在这些千古流传的神话诵唱中，才会普遍地出现为亡灵指路，引导他们走完由生到死再向死而生的生命路程，从来处来，到去处去，实现起点与归属的结构连接，生死一体。一如彝族《指路经》展示的那样，先向亡灵告知生命归属的地方——祖灵所来之地：

纳铁书夺山，有一和确居。

那座和确里，爷死归那里，奶死归那里，父死归那里，母死归那里……人人必同归。[3]

1　降边嘉措：《扎巴老人说唱本与木刻本〈天界篇〉之比较研究》，《民族文学研究》1997 年第 4 期。

2　降边嘉措：《扎巴老人说唱本与木刻本〈天界篇〉之比较研究》，《民族文学研究》1997 年第 4 期。

3　参见果吉·宁哈、岭福祥主编：《彝文〈指路经〉译集·红河篇》，中央民族学院出版社 1993 年版，第 615—620 页。

而后用神话之歌将亡灵引向未来：

> 赴阴寻祖去：你爷去的路，你奶去的路，你父去的路，你母去的路，你宗去的路，你族去的路……[1]

（四）神话是科玄并置的中介桥梁

如今，与初民通过创世神话表述的“肉身世界”不同，后现代的新科技话语推出了迈向机器主宰的新历史。表面看来，二者似乎隔着鸿沟，截然对立，然而仔细辨析，在对超自然存在的信念上却存有深层关联，因此有望在兼收并取基础上达成新的融合。

对于被过度理性困扰尤其是面临人工智能（AI）挑战的现代人类来说，重新回顾并挖掘各民族“创世神话”蕴藏的多重内涵，无疑具有重大的现实意义，并将产生深远影响。

对此，皮埃罗这样的硅谷专家也表达出坦诚胸襟，呼吁说：

> 当我们不断追逐科技创新的一个个高峰之时，或许有时候需要回到起点，重新反思走过的路。[2]

如果说皮埃罗反思起点还局限于科技自身，呼吁直面人工智能新挑战的

1 参见果吉·宁哈、岭福祥主编：《彝文〈指路经〉译集·红河篇》，中央民族学院出版社1993年版，第615—620页。

2 参见[美]皮埃罗·斯加鲁菲(Piero Scaruff)、牛金霞、闫景立：《人类2.0：在硅谷探索人类未来》，中信出版集团2017年版，第400—401页。

尤瓦尔·赫拉利则体现出前现代与后现代的打通和兼容。赫拉利认为，在经历了人文主义的表述破灭之后，人类社会的未来目标只剩下一个：获得神性。[1]

如果来自科技界的这种担忧值得关注的话，以往被现代话语视为蒙昧落后的神话传统无疑将显示出多重的意义和价值。

苗族古歌演唱说，人类诞生于一只株枫木上的蝴蝶：

最初最初的时候
最古最古的时候
枫香树干上生出妹榜
枫香树干上生出妹留

“妹榜妹留”是苗语音译，译成汉语，就是“蝴蝶妈妈”。

还有枫树干
还有枫树心
树干生妹榜
树心生妹留
古时老妈妈[2]

这些至今流传的创世神话始终倾诉着这样的道理：万物有灵，人类来自万物显灵之处；世界一体，生死同归；历史并非单线，存在便是循环。千万年来，秉持这样的信念，人类不但与自然融合相处，自身亦保存内在神性。

1　参见［以色列］尤瓦尔·赫拉利：《未来简史：从智人到智神》，林俊宏译，中信出版集团2017年版。

2　参见贵州省民间文学组整理，田兵编选：《苗族古歌》，贵州人民出版社1979年版，第185页。

或许这才是认知神话传统的方法和路径？

在文学与人类学的交叉路上，学兄舒宪长期呼吁重视神话的价值和意义，强调神话是文学和文化的源头，是人类群体的梦。[1]在为介绍西方神话学家坎贝尔的一部新著写的“代序”里，舒宪还表示出对未来充满期盼。他指出：“各民族古老的神话故事，能充当永恒的精神充电器和能量源”[2]。

但愿如此。

结合数智时代的最新挑战，我欲补充的是：神话是一个文本，漫长而又幽深。神话文本如同一部口耳相传且因时变异的大书。今来古往，从世界创生到万物显灵，我们都生活在神话这个文本之中。灵性不灭，神话永存，除非有一天机器人“索菲亚”后裔掌控的量子计算机使宇宙越过奇点，坠入黑洞，万物沉寂，天地重归于无。[3]

不过，那样的图景，不又是一则未来神话了么？

1　参见叶舒宪：《神话学文库》总序，叶舒宪、李家宝主编：《中国神话学研究前沿》，陕西师范大学出版总社 2018 年版，第 1 页。

2　叶舒宪：《遇见坎贝尔（代序）》，参见张洪友：《好莱坞神话学教父约瑟夫·坎贝尔研究》，陕西师范大学出版总社 2018 年版，第 5—6 页。

3　2017 年 10 月 26 日，机器人“索菲亚”（Sophia）在沙特阿拉伯被授予公民身份，人工智能产物开始享有与其他人类成员同等的地位和权利。参见《地球公民迎来新“物种”　人类能否控制人工智能?》，新华网，2017 年 11 月 3 日。

八、科幻人类学：数智时代的反面神话

本章要点：科学幻想创造了与现实科技对应的科幻世界。在同远古叙事相关联的意义上，不妨将科学幻想称为“反面神话”，并由此创建从人类学考察这一反面神话的科幻人类学。“反面神话”以现代科技为根基，通过形塑镜像般的科幻世界对人类社会产生广泛影响。其中，与科技关联的一切都被重新聚焦、映射和放大，既作为反观，亦作为预言。

通过科学幻想的全球传播，人们开始弃旧迎新，接受科技式的世界观、生命观乃至科技主义的意识形态。于是在宛如轮回的历史循环中，世界进入了复归式的明天。其中，本届人类不仅与神、灵物和英雄渐行渐远，甚至日趋与地球的其他物种相分离。与此同时，被前沿科技“武装到基因”的新人类——“科技人”则在成为有望换届接班的“智神”。

“世界的确是由人类创造的。”[1]

19 世纪之初，年轻的英格兰女作家玛丽（Mary Shelley）发表被誉为第

1 ［意］维柯：《新科学》（上册），朱光潜译，商务印书馆 1989 年版，第 154 页。

一部科幻小说的《弗兰肯斯坦》时，貌似无意地选用了一个与古希腊神话关联的副标题——“或现代的‘普罗米修斯’”。[1] 结合科幻与神话的内在联系及其延续至今的趋势看，玛丽的此举意味深长，既凸显了在文学传统上对早期源头的承继，同时展示了借科技而兴的反叛。由此，便开创了力图连通科玄二元的人类叙事新类型——反面神话，也就是本章讨论的科学幻想。

百年之后，1929 年，物理学家马克斯·普朗克（Max Planck）在莱顿大学发表演讲，强调“在巨大、高深莫测、极端辽阔的自然之中，每一个人或整个人类，以及我们的物质世界，甚至我们的整个星球，都只是沧海一粟”。这样的表述体现了超越人类中心的宇宙观，表明客观世界以及与之对应的科学成果其实与人类并非必然关联和对等——宇宙浩瀚恢宏，人类微不足道。

以此为前提，普朗克继续阐述说：

> 自然法则并不遵从微小的人脑中所出现的思维，它早在生命远未出现之前就已经存在了，而且哪怕最后一位物理学家从地球表面消失，它也仍继续存在。[2]

普朗克的科学认知将有机的生命类型置于更为宏大的无机世界中，凸显了人类之前、之外的无限存在，并在此基础上消解了 humanism——人类主义（或人文主义）的自设边界。与此并行，依然是同一个名叫普朗克的人，还阐述了将科学、艺术与想象相联系的看法，认为“科学家中的先驱们对新思想必须有一个生动的直觉想象，这些思想并不源于推论，而是源于艺术性

1 ［英］玛丽·雪莱：《弗兰肯斯坦》，孙法理译，译林出版社 2016 年版；参见田松：《〈弗兰肯斯坦〉与科幻两百年》，《社会科学报》2018 年 11 月 8 日。

2 Max Planck. *Physikalische Abhandlungen und Vortrage*. Bd.3. Braunschweig: Vieweg, 1958, p. 181. 转引自栗河冰：《马克斯·普朗克的科学思想和哲学观》，《自然辩证法研究》2018 年第 6 期。

的创新与想象”。

对于因能演奏钢琴和大提琴且能创作歌剧而在大学时代就有过“舒伯特”美名的科学家而言，这样的见解是否“剧透”了普朗克自己的论说同样源于艺术想象，由是即可归为“科学幻想”亦即英文所谓的Science fiction之列呢?

近百年后，在地球的另一端，2021年出版的《中国科幻发展年鉴》理论综述部分，著者指出，如何尽快“创建中国科幻的学科理论体系”，已成为业界共同关心的普遍呼吁。[1] 相对于成就凸显且发展迅猛的科幻实践而言，有关理论创建的呼吁值得科幻界内外更多学者、学科的加盟参与，交流贡献。

科幻是个大世界，值得从多元互补的角度加以辨析、阐释。因此，从学术前沿的交叉对话出发，以既有的多学科成果为前提，不妨创建整体关联的科幻人类学。

关于科幻人类学的简单界定，可以概括为一句话：以科学幻想为对象的人类学研究。换种说法，也可叫作从科幻角度研究人。

打个比方，假设我们是从另一星球降临的其他物种，任务是考察地球人的科幻事项，并获知由此体现的人类特性及其对未来走向之影响，那么我们将梳理他们对科幻的纷繁解释及以不同解释为基础的科幻行为，包括1）科幻的动态缘起、传播和演变；2）科幻的内在特征、种类与关联；3）简要评估科幻对人类物种迄今的价值、影响及其未来可能。

大致如此。

1 吴岩、陈伶主编：《中国科幻发展年鉴2021》，中国科学技术出版社2021年版，第87页。

（一）“科学幻想”的语义问题

汉语的“科幻”是缩略词组，对应于英文的 Science fiction，包含“科学”与“幻想”（或“虚构”）两个语词。且不说“幻想”与 fiction 是否对等，单就从语词、语义到语用的关联而论，由“科幻”组合的新造概念就值得认真梳理辨析。从科学的维度看，“科幻”可理解为科学的幻想形式；而若从幻想出发，科幻则意味着幻想系列中新生的科学之维。

如果说“科学”为实，代表理性、逻辑的实证领域，“幻想”指虚，表示感性、超验的虚拟想象，那么，人造为一的“科学幻想”则意味着彼此不同甚至相反的对象重叠和语义交叉，换句话说，亦即无论其能指还是所指，都指向了介于实证与想象之间，非此非彼，亦此亦彼，标志一种独特、暧昧的中间状态（地带）。

所以，在汉语世界，以“科幻小说”或“科幻文学”类别为例，尽管存在“科幻”究竟姓科还是姓幻的归属之争，与之相关的权力机构——科协与作协，迄今仍各执一端，互不松手。1979 年改革开放初期，以作品《珊瑚岛上的死光》荣获文学大奖的科幻作家童恩正在《人民文学》发表笔谈，把科幻称为“科学文艺”，并将其中的类别与现代性意义上的“文学”四大门类等同，即（科学）小说、（科学）散文、（科学）诗歌和（科学）戏剧，此外补充了（科学）童话。重要的是，童恩正在文中明确反对把科学文艺与科普作品混淆，详细阐明了二者从目的、方法到结构方面的三大差异。[1] 这样的阐述，按说已将科幻文学派的立场、观点表达得够充分了吧？

1　童恩正：《谈谈我对科学文艺的认识》，《人民文学》1979 年第 6 期。

不料 40 多年过去，到了 2018 年，评论家宋明炜还发表专文，强调科幻可以姓科，可以姓幻，更重要的是“也应该姓文”，再度主张把科幻归回到文学范畴之中，以彰显其独特的诗学价值。[1]

2022 年 7 月，由中国科幻协会（筹）编印的《科幻研究通讯》倒叙历史，刻意刊发了苏联专家伊万·叶菲列莫夫的专题文献，借科学家的权威之语，重申“科幻小说的本质不是普及科学，而是展现科学对人们生活与内心的社会心理作用”。这篇发表于 1961 年的俄文经典指出：

> 科普故事并非科幻文学的发展路径。科幻应该仍然是虚构的，不管它多么接近科普作品，也不管科学家的大胆假设多么神奇。[2]

与大部分注重“科幻”之文学价值的论点相比，上述阐述其实并无多少突破亮点。它的意义在于论者的身份特殊。作为苏联科学院院士，伊万·叶菲列莫夫（Ivan Yefremov）不仅在古生物学领域作出贡献，更以创作《仙女座星云》等科幻作品闻名于世。故而上述“表态”出自其口，便具有与众不同的效应，正如类似情景在 20 世纪 80 年代的中国也曾出现过一样，只是因彼时科学权威的相反立场导致后果迥异罢了。[3]

值得注意的是钱学森的科幻观。作为论辩中的科学一方，钱学森实际区分了三个相互关联却又彼此不同的概念，即科教、科普和科幻，由此将科学小说与科幻小说视为两种类别。他首先强调“科学幻想一定要讲科学”，继

1　宋明炜：《从科幻到文学》，《文汇报·笔荟》2018 年 11 月 29 日，收入其专著《中国科幻新浪潮：历史·诗学·文本》，上海文艺出版社 2020 年版，第 195 页。

2　［苏］伊万·叶菲列莫夫：《科学与科幻》，闫美萍译，中国科幻协会（筹）编：《科幻研究通讯》2022 年第 2 卷第 2 期。

3　吴岩：《中国科幻的挣扎历程》，澎湃新闻网，2016 年 8 月 23 日；姜振宇：《科幻“软硬之分”的形成及其在中国的影响和局限》《中国文学批评》2019 年第 4 期。

而主张立足实际的社会效果，搞很长时期都站得住脚的、“经典性的”科教作品，最后总结说：

> 科学小说不是科幻小说，科幻小说可以任由作家想象，而科学小说要有科学依据。[1]

以此为前提，钱学森提出了影响重大并被广泛引述的观点：“科学幻想作品不科学就成了污染。”[2]

时至今日，汉语世界对科幻持“科普”立场者仍大有人在，如中国科学院的数据专家王元卓就在面向公众的网络演讲中，把科学幻想讲解为“没有围墙的全民科普课堂”，作用是“加快全民科学素养的提升”，具体如下：[3]

> NO1. 优秀的科幻作品是没有围墙的全民课堂，借助其进行科学教育，更容易让科学走进大众的生活和心灵。
>
> NO2. 有温度的科普图书将离散的科普知识图谱化，为孩子们构建一个知识的世界，既相互联系，又相互补充。
>
> NO3. 有趣的科普视频吸引更多人持续地关注科学知识，网络放大效应将加快全民科学素养的提升。

从根本来看，双方分歧的原因，就在于对“科幻”概念的界定存在模棱两可。

1　吕新：《钱学森与科普作家汪志畅谈科学普及》，《化工之友》2001 年第 2 期。

2　参见于中宁等：《钱学森同志谈科教电影》，《电影通讯》1980 年第 13 期。另可参见张泰旗：《“科文之争”的历史化》，科普中国网，2020 年 11 月 10 日。

3　王元卓：《科幻电影中的科学》，宁波图书馆“天一讲堂”网络直播节目，2022 年 7 月 10 日；另可参见王卓元编著：《科幻电影中的科学：科学家奶爸的 AI 手绘》，科学普及出版社 2020 年版。

若仔细观察，在科学界一边，科幻中的幻想不过是一种修饰和辅助，表示幻想或预想的科学（夸张和艺术化的科学），与实证和实验的科学互补，甚至如假说与预言一般，汇入完整的科学谱系，同时亦视为对已有知识的普及和通俗化，即面向大众的科普。

相反，在小说界那里，文学是主体，科学是外壳、工具或包装，价值核心乃在于作家的主观想象，因此，科幻不过是文学中的一个新类别，可跟神幻、奇幻、魔幻及史幻等并列在一道，汇入文学艺术的既有体系和大家庭。

如此看来，对于具有中介、交叉与跨越特征的科幻研究，无疑需要更为包容整合的胸怀及框架、视野。在这样的现实背景关联下，与之对应的科幻人类学也就顺势而生。

可见，所谓科幻人类学即是指：以科幻为对象的人类学，主张科学与幻想并置连通的整体研究。也就是从人类学眼光和视野出发，用人类学理论与方法对科幻进行的专门研究。同时必须看到，在学科交流和互补对话意义上，科幻人类学亦是对既往分别从科学、文学等视角进行阐释的话语补充和拓展。

（二）科学实证与文学幻想的人类学互文

由上可见，从学术话语的谱系延伸看，科幻人类学的创建并非凭空倡导，而有其现成依赖的坚实基础，即文学人类学与科学人类学。

先说科学人类学。其有广义与狭义之分，广义泛指“科学的人类学”，scientific anthropology，亦即以科学为基础，对人及其文化的实证研究；狭义则指将科学作为对象的人类学研究，即英文表述的 anthropology of science。具体事例包括从布鲁尔到拉图尔等的系列开拓。他们关注科学的知识方式、生产过程及其社会作用，揭示日益主宰人类社会的科学如何在特定历史语境中的产生和传播，也称“科学知识社会学”（SSK）。[1]从学科关联的整体看，SSK及科学人类学的基本表述，与此前即有的“科学哲学”形成呼应补充，展现了对科技知识及其社会影响的阐释、反思与批判。在拉图尔阐述中，科学实验室与政治利维坦一样，都是人类的发明创造，因为“知识，就像国家一样，只是人们行动的产物”。[2]

在这方面，中国的科学史家田松也呼吁全社会要“警惕科学”，“警惕科学家”，因为“科学技术对于生态的危害是内在的、必然的，不可避免”。为此，田松呼吁说：

> 人类社会需要建设一种机制，对科学共同体进行有效的约束、监督、防范，防止科学危害社会。[3]

作为一门新兴的前沿交叉学科，与科学人类学存在广义和狭义相似，文学人类学同样包含多种阐释。在笔者的表述里，其指与“科学的人类学”对应的“文学的人类学”，也就是被我们比喻过的整体人类学的“半壁河山”。与科学的人类学关注逻辑与理性的人对应，“文学的人类学”关注感性与诗性的人，故亦可称为诗性或诗学的人类学，聚焦从神话、歌谣、史诗到图像、仪式、展演直至影视、游戏、网络视频等人类表述演化，[4]也就是“文以成人”。[5]在这意

---

1 Bruno Latour，Reassembling the Social：An Introduction to Actor-Network-Theory, Oxford, United Kingdom: Oxford University Press, 2005.［英］大卫·布鲁尔（David Bloor）：《知识和社会意象》，霍桓恒译，中国人民大学出版社2014年版。

2 ［法］布鲁诺·拉图尔：《我们从未现代过——对称性人类学论集》，刘鹏等译，苏州大学出版社2010年版，第29—32页。

3 田松：《警惕科学家》，《读书》2014年第4期。

4 叶舒宪、徐新建、彭兆荣：《“人类学写作”的多重含义——三种“转向”与四个议题》，《重庆文理学院学报》2011年第2期。

5 徐新建：《解读“文化皮肤”：文学研究的人类学转向》，《文化遗产研究》2016年总第8辑。

义上，将广义文学的特质视为想象、虚拟、移情、映射以及践行、体认、预现等。于是，从文学人类学视野出发，对于科学幻想的理解与阐释，无疑也就与广义文学关联对应了。

因此，在科学人类学与文学人类学双向互补的基础上，科幻人类学不但具有更为完整的审视构架，无疑将拥有更为丰厚的阐释资源。

沿此思路，作为一门新兴的交叉学科，科幻人类学（anthropology of science fiction）将以科学人类学及文学人类学为根基，面向社会生活中蓬勃发展的科幻实践，形成自身特有的知识范式和话语阐释。

在研究对象和阐释论域的构成范围，科幻人类学立足交叉并置的结构，将人类理性与诗性视为整体，双向考察科学与幻想（science and fiction）及其交互式的互动关联。因此，移用在成都创办的著名专刊之名，不妨将我们所要阐述的对象视为“科幻世界”。这个世界既连接了科学与幻想，在社会构成与知识生产的意义上，又包含了彼此映射的两个空间。

科幻世界的两个空间，一是指被形形色色科幻家们创制出来、与生活世界形成特殊映照的科幻作品，也就是对万物存在的科幻表达。这种表达可以广泛地通过文学、电影、动漫乃至网络游戏等多种手段展现出来。与此对应，另一层意义上的科幻空间，则是指在现实生活中具身存在并以不同方式参与创制科幻作品的一切个人、群体、机构、媒介、网络。从知识生产的原创角度看，作品创制者是基础，是科幻世界的“第一空间”，也即是现实生活中的科幻界、科幻制造业。其中的行业分工与角色，包括作家、美术家、编剧、表导演、网络写手及开发商与游戏玩家等，在一定程度上也包括科幻学者、编辑、评论家与广告商及科幻团体等，在科幻消费——也即对科幻作品的接受层面，还包括更为广泛的科幻读者、观众和教育家。

这样，若将科幻的生产（原创）与消费（接受）合在一起，便可见出科幻世界的空间整体，即在现实社会中实际存在并产生影响的科幻共同体，类似于图腾部落里祭司、信众与灵物同构的神话共同体。此外，相对于科幻世界的“第二空间”——文本化与离身化的科幻作品而言，可以“科幻界”相称的第一空间，其主要特征在于现实性与具身化。

因此，科幻人类学考察及阐释的对象是一个关联并置的多维结构，其特征在于以科幻为核心并环绕科幻延展，包含了被人制造的科幻世界和制造科幻世界的人。

（三）作为科学的幻想与作为幻想的科学

概言之，所谓科幻人类学，亦可视为聚焦科学想象的人类研究。其特点在于从科学技术的实际演变出发，将科学想象视为另一种类别的虚拟现实（Virtual Reality）。在其中，艺术成为想象型的科学“化身”；科学则是技术式的艺术“代理”，互为因果，彼此映照。

最后，回到幻想。幻想其实是动词，特指人类的一种精神行为，核心在“想”“想象”。目前，这种行为被假定为人类生物独有。

2018年，刘慈欣荣获“克拉克想象力服务社会奖”（Clarke Award for Imagination in Service to Society）。在英汉双语的获奖词中，他向杰出的科幻作家阿瑟·克拉克表达了敬意，指出：“想象力是人类所拥有的一种似乎只应属于神的能力，它存在的意义也远超出我们的想象。”为何如此？刘慈欣引用了历史学家的话，认为：

> 人类之所以能够超越地球上的其他物种建立文明，主要是因为他们能够在自己的大脑中创造出现实中不存在的东西。[1]

1 刘慈欣“获奖致辞”：《那些没有太空航行的未来都是暗淡的》，大公网（未来局科幻办），2018年11月19日。

的确，与科学幻想相关且作为源头的人类想象行为，可谓古今绵延，演化不断。例如古代儒生的修身——吾日三省吾身；佛学五明之一的观想——观佛与观自在；基督信仰的创世之说与原罪追思——忏悔祷告，拣选验证；以及如今遍及各地的印度瑜伽——身心合一的观想修行。

于是值得对照思考的科学幻想将引出一个系列，即：科幻之想，如何想？想什么？为何以科学为核心、为参照？

这些都需解答。就目前来看，或许可借用刘慈欣《三体》里的人物作比喻，不妨将一切已经和将要实践的科学幻想者们，都视为“面壁者”。[1]他们的行为，堪称朝向科技的面壁观照，所面之壁，既是狭义的科技，亦是广义的人生，或受科技改变的人类社会。

科幻的“面壁”，相当于在人与科技间搭建新型的映照关系，既照见作为人类创造物的科学技术，亦反观自视为创造者的人类主体。这样的精神现象，可体现为内在式心灵过程的冥想（沉思）、观想（反省）、设想（规划）、联想（扩展）、幻想（提升）和梦想（浸入）等，意味着回到精神支点，从人之内心重塑关于科技的存在，继而表述成文，发布传播，以期改变与科技密切相关的人类未来。也就是说，通过科学幻想，破除心中之壁，借助科技手段改造世间障碍——或免除灾难发生，或使现实升级。可见，在科学幻想的践行上，“面”是表象，“想”为内在，“破”才是根本——与科技保持距离的面壁是为了破，或曰透过、穿越。

然而吊诡的是，面壁幻想却源自从前，源自由古至今的身体修行，意指放下拿起，修炼既在世又离世的成就功夫——如若壁之未有、未见，其面和破又何以存焉？

沿此追问，科学幻想的功夫何在？它的成就又当何解？

1　参见刘慈欣：《三体 2：黑暗森林》，重庆出版社 2008 年版，第 12 页。

可见，从人类学出发，研究科幻既要关注“科幻物”，辨析“科幻界”，同时也须考察科学幻想的目标、结构及过程，追问作为其对象和问题的“壁”之所在。

关于科幻目标，就迄今遍及全球的情景而言，可以说纷繁变异，多元不一。仅以华裔美国人刘宇昆（Ken Liu）为例，尽管萌生年久且持之以恒，其个人的科幻目标也称得上虚实兼具，有屈有伸。对于这位具有多重身份——小说家兼文本译者以及法学学士、律师、程序员——的科幻作家而言，单就其近年推出的长篇系列《蒲公英王朝》（*The Veiled Throne The Dandelion Dynasty*）来说，亦称得上前后推进，不断广延。刘宇昆解释说，他“最初的构想”——注意“构想”的提法，“仅仅是写一个‘发生在达拉大陆的奇幻故事，机械师扮演着巫师的角色，像诗人一样被称颂’”。然而到了后来，随着自身经历与新冠疫情等内外冲击，不仅导致原先构想出现“天差地别”，连作家本身也如“脱胎换骨”，换了一人。于是，作品《蒲公英王朝》成了刘宇昆的思维沙盒，围绕其进行的构思、行文则变成了针对人类社会及其多种意义的故事关系。刘宇昆想借用这种故事关系作思考，思考故事与体制之间的关联，继而——

> 思考身为美国人的意义，思考身为流散海外的华裔群体中的一员的意义，思考宪政与民族神话，也思考科技作为一种诗歌时展现的力量。[1]

这样的表述包含了国家但超越了国界，指向由个体出发的人类世界。值得注意的是，尽管已被归为“科幻”大家并赢得世界科幻大奖，但刘宇昆宣

1　金雪妮：《刘宇昆：我的核心和我的故事一样坚如磐石》，《小说界》2021 年第 3 期。

称他所创作的类型并不限于此，而还可称为“史幻”——“史诗幻想”（小说）。就新推出的《蒲公英王朝》而言，其中内容虽涉及秦汉故事，却“和中国历史毫无关系”，因为作者的目标是将古代中国挪用为西方根基，通过改写中国神话来反思人类文明，借助“丝绸朋克”的审美新意象，“与全世界交流互动”。[1]

哲学家陈嘉映指出，科学对人类的影响包括两个方面：“一是改变了我们的生活世界，二是影响了我们对世界的认识。”[2] 相比之下，作为看似仅存在和作用于精神层面的科幻，其对人类的影响是否也是如此，即不但影响了世人对世界的认识，同时也在改变我们的生活世界？

最后一个问题：为什么要聚焦科学？

在美籍科幻代表人物艾萨克·阿西莫夫看来，以小说为标志的现代科幻诞生于19世纪之初，突出的代表是青年女作家玛丽及其杰作《弗兰肯斯坦》，体现的核心价值在于展示了“文学对科技发明的回应”。[3] 阿西莫夫阐释说：

> 玛丽·雪莱是第一个在小说中应用了科学新发现的人，她还把这种新发现进一步发展到了一个合理的极限，正是这一点使得《弗兰肯斯坦》成为世界上第一部真正意义上的科幻小说。[4]

以玛丽的开创为起点，阿西莫夫认为自那以后，不仅政治家、实业家，就深受科技影响的人类成员而言，“每个人都要有科学幻想式的思维方式”。

1　金雪妮：《刘宇昆：我的核心和我的故事一样坚如磐石》，《小说界》2021年第3期。

2　陈嘉映：《哲学·科学·常识》，中信出版集团2018年版，“导论·科学认识”第1页。

3　［美］艾萨克·阿西莫夫：《阿西莫夫论科幻小说》，涂明求等译，安徽文艺出版社2011年版，第5页。

4　［美］艾萨克·阿西莫夫：《阿西莫夫论科幻小说》，涂明求等译，安徽文艺出版社2011年版，第181页。

理由是，“只有这样，才能解决当今社会的致命问题”。[1] 由此，阿西莫夫提出了自己的界定，即“科幻小说涉及的是科学家在未来科学领域中的工作”。[2]

沿此思路，阿西莫夫之后被称为美国最杰出科幻作家的厄休拉·勒奎恩（Ursula K. Le Guin）将堪称“以想象促实证”的传统作了进一步发挥，强调幻想的实质“不是现实，而是真相”，并通过《黑暗的左手》等获奖作品作了影响广泛的诠释。[3]

与此对应，在地球的另一端，1957 年，苏联科学家叶菲列莫夫从另一侧面明确提出，科学幻想指向未来时代，在那里：“科学应当深深渗透于所有的概念、行为和语言之中。”[4]

可见，在 20 世纪的冷战时期，无论美国还是苏联，科幻界的代表人物都表达了相似的判断，展现了对人类未来的共同认知和预言，即在人类物种的支配下，“我们的”星球正迈向发展和演化的新阶段——科学与技术统治的时代。以最近热议的“人类世”眼光来看，这样的演化，近乎于把智人（homo sapience）变为“智神”（homo Deus），[5] 把地球变成外星。[6]

2012 年，著名科幻评论家加里·韦斯特法尔声称放弃对科幻加以界定的游戏，却对“黄金时代”的代表类型进行总结，将其中堪称“科幻世界观”的内容概括为一种信心、一个信念和一种信仰，即：

---

1 ［美］艾萨克·阿西莫夫：《阿西莫夫论科幻小说》，涂明求等译，安徽文艺出版社 2011 年版，第 5 页。

2 ［美］艾萨克·阿西莫夫：《阿西莫夫论科幻小说》，涂明求等译，安徽文艺出版社 2011 年版，第 5 页。

3 参见［苏］厄修拉·勒古恩：《黑暗的左手》，陶雪蕾译，北京联合出版公司 2017 年版。

4 参见［苏］伊·安·叶夫列莫夫：《仙女座星云》，复生译，辽宁科学技术出版社 1985 年版，第 1 页。

5 参见［以色列］尤瓦尔·赫拉利：《未来简史》，林俊宏译，中信出版集团 2017 年版。

6 参加本书第一章“人类世：地球史中的人类学”。

1）相信人类并不孤独，因为宇宙中还存在其他有智商的物种，总有一天我们会与之相遇；

2）信奉人类技术将持续发展，蒸蒸日上，即便人性和社会并非如此；

3）坚信事情正在发生，将来还会延续，只是今天的大多数人不能或不愿识别，而这便让全体科幻读者获得优越之感，从而远胜于那些选择更凡俗消遣之辈。[1]

从本文的视点出发，韦斯特法尔的概述已接近了科学幻想的人类学面向。不过扩展来看，上述总结却显得单一乐观，会遮蔽“科幻世界观”迄今展现的另一维度——文学科幻对现实科技的揭露和批判，即用小说、电影、展览、网游等方式展现的科幻恶托邦、异托邦、史托邦，如《黑镜》《爱死机》《西部世界》《北京折叠》乃至介于史幻与科幻之间的网络作品《庆余年》等等。

《庆余年》是2019年在腾讯、爱奇艺开播的46集电视剧，改编自“起点中文网”首发的网络作品，最初发布时被归为“架空历史小说”，实质却是科幻与史幻的结合——通过科幻让历史折叠，将“往届人类”重活于真实或虚拟的后世王朝，由此绕过当下，以古喻今，文明重启。[2]该作于2019年改编成网络剧播出后迅速走红，在10天之内仅爱奇艺一家的热搜指数就达395万，其中12月1日一天达113万，而在“猫眼全网热度榜”公布的统计中，《庆余年》在2019年12月18日的播放量已超过2.4亿，位居第一。[3]这是该作在世间的传播盛况，而关于历史，《庆余年》的开篇写道：

---

1 Westfahl, Gary. *The Three Golden Ages of Science Fiction*. A Virtual Introduction to Science Fiction. Ed. Lars Schmeink. Web. 2012. pp.1-12. 汉语译文可参见加里·韦斯特法尔：《科幻小说黄金时代的三重面向》，林一萍译，《科幻研究通讯》2022年第2期。

2 《庆余年》为网络作家猫腻（笔名）创作，于2007年由“起点中文网”首发，最初推出时被归为“架空历史”类作品。

3 参见《〈庆余年〉“出圈”背后的数据观察》，知乎网，2020年10月20日。

在这个世界上的传说中，每隔数百年，便会有一位上天遗留在人间的血脉开始苏醒。[1]

于是，这样的“遗留”描述，便与从普罗米修斯神话到《弗兰肯斯坦》的“造人”叙事形成了隔岸呼应。

（四）科学何为？人类何在？

然而，从乌托邦到恶托邦、异托邦、史托邦……最终为何都与科幻关联？人类的虚拟叙事为何要指向科学幻想？什么是科学？

时间更早一些，在文艺复兴晚期的维柯看来，“科学是追求原因的知识”。在这意义上，数学不是科学，物理学也不是：“数学够不上，因为它的各种对象都是虚构；物理学也够不上，因为我们各种试验的范围决不能包括全体自然界。”[2]所以他要改变，创立更符合人类之需、处理民政世界事务的“新科学”。为此，维柯以图文并置的方式做了生动描叙。

维柯描绘道：

1 猫腻：《庆余年·楔子》，起点中文网。

2 ［意］维柯：《新科学》（上册），朱光潜译，商务印书馆1989年版，“英译者的引论”第31页。

（右上角）登上天体中地球（即自然界）上面的、头角长着翅膀的那位夫人就是玄学女神。（左上角）中含有一只观察的眼睛的那个放光辉的三角，即是天神现出他的意旨的形状。

通过这种形状，玄学女神以狂欢极乐的神情，观照那高出于自然界事务之上的天神……[1]

由于此处的"玄学女神"代表维柯，图文阐述的内容便可理解为"新科学"自白。由是，其所呈现的思想境界，你说是科学、哲学，还是科幻？

并且，根据维柯的划分，人类迄今的历史经历了神的时代、英雄时代和凡人时代，也就是说在突破神与半神的权威之后，世俗性的"人本主义"确立了自己的核心。此处的"人本主义"源自 humanism，而根据其词源及实际所指，更确切的含义应为"人类主义"，强调人类中心，以人类为主义、为人类而主义。

由此推论，如果说维柯的思想史贡献开创了"人的科学"，其主要作用还不在于改写了在此之前以神为中心的历史哲学，而更在于为人的自我身份打通了新的可能，即由"上帝"之子、"英雄"臣民，演化为"科技的人"，也就是理性与逻辑相结合、世俗与功利相渗透的人类版本。在维柯阐述的"新科学"意义上，这一版本便是现代性及本届人类的价值原型。

出乎预料的是，在现代科技的助推下，非但世俗的人类开始蜕变，变成不但能改造自身，甚至要"超控"星球的物种，一如伊哈布·哈桑（Ihab Hassan）所忧虑的那样，引领世界潮流数百年的"人类主义"也陷入困境，不得不面对"后人类主义"的挑战。[2] 若以现实与预言相对应的眼光来观照，

---

1 ［意］维柯：《新科学》（上册），朱光潜译，商务印书馆 1989 年版，第 5 页；图片来源同。

2 ［美］伊哈布·哈桑：《作为表演者的普罗米修斯——走向后人类主义文化?》，龙琪翰译，《文学人类学研究》，社会科学文献出版社（第 6 辑），社会科学文献出版社 2022 年版，第 4—24 页。

在这样的困境与挑战中，具有多重面相的“科学幻想”无疑扮演了关键角色。很大程度上甚至可以说，科幻参与并加速了对“人类主义”的解构和重组。

在此过程中，科幻如同生死并联的双刃剑，日益陷入自相矛盾的表述困境。一方面，它与科学技术一道，深入生命的微观内在，参与（描述、设想、赞颂）把人肢解为可拆卸、移植和再造的细胞、器官、机体乃至战胜人类的机器人，同时把地球和太阳系视为不应久留的客栈，力图弃而出走，将人类引向不可知的未来；另一方面，科幻又站在科技的对立面，对后者有可能导致的“恶托邦”提出警醒，予以果敢地揭露和否定。在这意义上，科学幻想就像已经现身的赛博格（Cyborg），一半有机一半无机，方生方死，凤凰涅槃。

于是，如果说科学幻想创造了与现实科技对应的另一个世界，在值得深入辨析的这一“科幻世界”中，需看见与科技相关的一切事项都在被重新形塑、折射，并且被预言和放大，甚至通过被投射至外星进行人类学式的“参与观察”，将科学技术折射为价值颠倒的“他者”镜像，以呈现主体多元的“后人类”未来——犹如《黑暗的左手》所刻画的那样。[1]若与世界各地的神话叙事相关联，此处所言的颠倒“镜像”，便是本文提出的“反面神话”，即用科技幻想的人类未来。

尽管与“以人为神”等方面的看法相近，但与哲学家赵汀阳提出的“最后神话”[2]不同，笔者阐述的“反面神话”强调去历史，即不以进化论为轴线，不把神话套入等级式的时代阶序，故而不将科学幻想的神话视为异化和末端，而是看成神话原型的镜像、延伸、倒影和循环。因为说到底，即便从存在论出

---

1 参见［美］厄修拉·勒古恩：《黑暗的左手》，陶雪蕾译，北京联合出版公司2017年版。参见肖达娜：《科幻未来中的“后人类”主体之思——以〈黑暗的左手〉为例》，《文学人类学研究》（第1辑），社会科学文献出版社2019年版，第43—53页。

2 赵汀阳：《最后的神话》，《人工智能的神话与悲歌》“前言”，《探索与争鸣》公众号，2022年10月3日赵文指出，不敬神的现代性是一个关于人的主体性的“最后神话”，或曰一个“包括人工智能和基因科学的神话”，其隐含的价值在于预示了人类的毁灭悲歌。这样的见解极为深刻，但对人类特定故事类型的神话仍缺乏全面理解。

发，在对世界及人类自身的想象与虚拟意义上，神话与科幻其实别无二致，皆为话本，都是故事。

就这样，通过科学幻想的全球预言和传播，人们开始弃旧迎新，接受科技式的世界观、生死观及科技意识形态，日益感受并认可。现在的世界，进入了如同回归的未来。在其中，人类不仅远离了神、英雄以及其他物种，甚至可能心甘情愿或无可选择地抛弃人自身，逐渐演化为玛丽笔下的“科学怪人”；与此同时，自古作为人类家园栖息地的地球空间也将被“超越”，从而使与人类主义相匹配的“地球主义”被否定，转向更为浩渺的“银河主义”，乃至更为虚空的“星际主义”。

值得注意的是，在玛丽·雪莱发表《弗兰肯斯坦》时特意添加的那个副标题——“或现代的‘普罗米修斯’”。[1] 这样的添加不仅使神话与科幻两种文类并置呼应，并通过这种并置，互文式地将“进化的人”连成了“换届的物种”。于是，若以此为基础，便不难见出对于迈入数智文明的人类而言，与外星入侵及太阳毁灭等意外威胁相伴随，现代科技似乎在取代普罗米修斯的神祇地位，逐步掌控“人造人”“人升天”等超能力，从而回到智人创生的神话原点，以升级方式实现人类换届。

让我们再次回味被创制出来的“人造人”与弗兰肯斯坦，或“现代的普罗米修斯”的隐喻式对话。首先，“他”定位了彼此关系，说：“你是我的创造者（creator）；我是你的主人（master）。”然后对这种奇异而不对称的关系及其后果作了总结：

> 我是你创造的，我应当是你的亚当；

1 ［英］玛丽·雪莱：《弗兰肯斯坦》，孙法理译，译林出版社2016年版。参见田松：《〈弗兰肯斯坦〉与科幻两百年》，《社会科学报》2018年11月8日。

> 但是我却成了堕落的天使……[1]

在我看来，《弗兰肯斯坦》的这段经典“台词”揭示了科学幻想的“元问题”，引出的连锁反思是：“你”是谁？“堕落”何解？“亚当”与“天使”又指的是什么？

至此，不妨再次连接哈桑对希腊之神普罗米修斯的发挥。在哈桑看来，普罗米修斯的特征在于“联结了宇宙与文化、神界与凡间、天与地、神话与现实”，[2] 与此同时——

> 普罗米修斯就是先知、泰坦逆子和骗子、赐予人类火种的人和人类文化的缔造者——普罗米修斯就是我们的表演者。[3]

结　语

在笔者看来，上述彼此连接的阐述和问题，便是人类学考察科幻的主线所在。其中的脉络，已不仅止于国别叙事框架里从刘慈欣到鲁迅的单线勾画，[4] 而将更为深广地延展至从《弗兰肯斯坦》到《珊瑚岛的死光》及勒古恩的旅航者“界域”（Planes）[5] 的整体构成，以至于现实社会中从“硅基”

---

1 ［英］玛丽·雪莱：《弗兰肯斯坦》，张剑译，中国城市出版社 2009 年版，第 149 页。

2 ［美］伊哈布·哈桑：《作为表演者的普罗米修斯——走向后人类主义文化?》，龙琪翰译，《文学人类学研究》（第 6 辑），社会科学文献出版社 2022 年版，第 4—24 页。

3 ［美］伊哈布·哈桑：《作为表演者的普罗米修斯——走向后人类主义文化?》，龙琪翰译，《文学人类学研究》（第 6 辑），社会科学文献出版社 2022 年版，第 4—24 页。

4 王德威：《乌托邦，恶托邦，异托邦——从鲁迅到刘慈欣》，《文艺报》2011 年 6 月 22 日。

5 “界域”（panes）源自电子游戏的“异度风景”，后用于泛指多元宇宙之存在，汉语也译为“位面”“异界”。参见［美］厄修拉·勒古恩：《变化的位面》，梁宇晗译，四川文艺出版社 2018 年版，第 1 页。

索菲亚[1]到赛博格“彼得”[2]等为代表的后人类挑战了。

概言之，在延绵不绝的人类幻想叙事中，不仅闪烁着普罗米修斯“盗火”的火焰与后羿“射日”的亮光，亦出现了借科技而勃兴、以不同媒体展示的科学幻想。不但如此，遥望星空，在如今的天际深处还可见到继“阿波罗”登月之后中国“祝融”号探测器在火星的“乌托邦平原”漫步行走。[3]

于是，正是在与神话并置的结构中，我们把科幻视为科技时代的“反面神话”。“反面”的意思，既指相反的对立、对应，亦指相互的对举、对照。像彼此映射的镜子一样：你中有我，我中见你；里外相关，一体两面。

1 “硅基”索菲亚指首位在沙特阿拉伯获得公民权的机器人，参见中新网（2017 年 11 月 3 日）：《地球公民迎来新“物种”——人类能否控制人工智能?》，《科学与现代化》2018 年第 1 期。

2 首位人类赛博格指借助科技手段治疗“运动神经元”疾病的患者、英国科学家彼得·斯科特-摩根（Peter Scott-Morgan，1958—2022 年）。参见［英］彼得·斯科特-摩根：《彼得 2.0：一个人类赛博格的自述》，赵朝永译，湖南文艺出版社 2021 年版，第 164 页。

3 《赵立坚解读火星车祝融号名字寓意》，凤凰新闻网：2021 年 5 月 18 日。

九、文学“超托邦”：科玄并置的虚拟视界

本章要点：本章以现代中国的科玄之争为贯穿，讨论科幻关联的知识论意义。科玄之争与科幻兴起内在呼应，前后连接。“科玄”是科学与玄学的简称，并置使用，表示二者的相互纠缠以及由此衍生的世纪论战。“科幻”是科学幻想的简述，代表想象延伸及跨界组合，在创作实践方面包括从文学、电影到动漫、网游等多种类别，特点是将抽象实证与具象虚拟组合为一，构建出参与现代世界的社会竞争及人类升级的新表述类型，亦即本文所称的“第三文化”，或曰想象构造的文学“超托邦”。

人类是会讲故事的动物；人类需要故事。

故事是一种知识；知识会变成故事。

20世纪开启的中国思想界发生了很大变化。科学概念及其关联的技术实践，引发了一系列社会革新及其相关的表述转变。除了“赛先生”（science）与“德先生”（democracy）的著名标志外，值得回顾追溯的还有科玄之争与科幻兴起。

科玄之争与科幻兴起内在呼应，前后连接。前者是科学与玄学的简称，并置使用，表示二者的相互纠缠以及由此衍生的世纪论战；后者是科学幻想

的简述，代表想象延伸及跨界组合，在创作实践方面包括从文学、电影到动漫、网游等多种类别，特点是将实证科学与虚拟叙事连在一起，构建出参与现代世界的社会竞争及人类升级的新表述类型。

以现代中国的思想演变为例，由科玄之争到科幻兴起的结果之一，是催生了连接科学与玄学的新知识范式。这是值得关注的社会事项，亦是需要深入辨析的重要议题。

（一）中国本土的科玄之争与科幻兴起

就思想话语的转变而言，近代中国在知识论意义上的科玄之争，触发于影响深远的西学东渐，关涉纵横交错的古今—中西多重维度。也就是说，其中既包含着本土传统的古今之变，更涉及了根基异质的中西之争。在早期，各方争辩的突出焦点，便是关涉价值与工具的体用问题。争辩的前提是先承认一种特定的知识分类，即把哲理视为“体”——价值，科技列为“用”——工具，而后作出彼此有别的排列选择：认同科技的洋务派主张实用优先，呼吁引进西方科学技术；守护价值的坚持哲理信仰，强调本土古训不可动摇。后者的代表，当属张之洞等倡导的“中体西用”说。其中的“中体”，亦即与科技实证（实用）相对的纲常名教、四书五经。中体西用派提出的观点是“中学治身心，西学应世事。”体用之争的影响久远。多年之后，李泽厚旧话新说，重估历史，提出了与张之洞对立的“西体中用”说。[1]

光绪三十一年（1905 年），朝廷废除传统科举，兴办西式学堂，意图在全国范围内推广由西方引进的科学、教育及实践体系。在这种自上而下的变革中，不仅经书衰落、旧学退场，物理、化学、铁道、报刊乃至政党、法

1 李泽厚：《漫说西体中用》，《孔子研究》1987 年第 1 期。

院、公园等新生事物层出不穷——主张科技优先的维新派日益占了上风。

时至民国，随着西方科技在中国本土的进一步推进蔓延，终于引发了知识界针对科玄问题的再次争辩。

1923年12月，留学过日本与德国的张君劢应人类学家吴文藻之邀，在北京的清华中学发表演讲，向预备出国的学生们提出了一个需要深思的追问：

> 科学能够解决人生观问题吗？[1]

张君劢问题的核心是对“科学万能”的认知提出批评。他的看法是，科学是客观、无我和统一的；相对而言，人生观是主观、有我且自由的；科学讲究归纳分析，人生观凸显直觉综合，因此科学不能也不应替代人生观问题的思辨和解决。[2]张氏的演讲稿随后发表，接着就引发了胡适谓之“空前的思想界大笔战”。[3]张君劢被封为“玄学鬼”，并由此派生出以科学和玄学对立冲突的两大阵营。[4]

“科学”是什么？当年的解释纷繁不一。依照地质学家丁文江的概括，科学的特征在于以物质为对象，进行旨在求真的客观推论，从而“摒除个人主观的成见，求人人所能公认的真理”，[5]由此形成胡适所言的，可以“应用到人生问题上去”[6]的科学知识论。不过在后世一些论者看来，或许正因为

---

1 张君劢：《人生观》，《清华周刊》1923年第272期，收入张君劢、丁文江等：《科学与人生观》，岳麓书社2011年版，第1—7页。

2 张君劢：《人生观》，《清华周刊》1923年第272期，收入张君劢、丁文江等：《科学与人生观》，岳麓书社2011年版，第1—7页。

3 胡适序，载张君劢、丁文江等：《科学与人生观》，岳麓书社2011年版，“序言”第8页。

4 丁文江：《玄学与科学：评张君劢的〈人生观〉》，《努力周报》1923年第48—49期；收入《科学与人生观》，岳麓书社2011年版，第8—26页。

5 丁文江：《玄学与科学：评张君劢的〈人生观〉》，《努力周报》1923年第48—49期；收入《科学与人生观》，岳麓书社2011年版，第8—26页。

6 胡适序，载张君劢、丁文江等：《科学与人生观》，岳麓书社2011年版，“序言”第8页。

要与被视为“玄学鬼”势力殊死对抗，丁文江那批科学知识论的倡导者同样存在思想和立场上的偏颇，即“有将科学原则加以绝对化与神圣化，使之成为‘科学拜物教’的倾向”。[1]

“玄学”一词有中西二义。就汉语传统而言，其特点被概括为“立言玄妙，行事雅远”，强调远离具体事物，专门讨论“超言绝象”，在最早的典籍里，老子的表述堪称典范，其曰“玄之又玄，众妙之门”，强调了有—无和虚—实之间的精微对应。卷入科玄论争后，玄学的含义发生移转，在留洋学者们的参与下，添加了西方传入的“形而上”思辨（metaphysics）以及后来补充的“美学”感知（aesthetics）。

可见，若把晚清至民初的维新改良视为整体，将“清华演讲”引发的事件往后回溯，便不难看出，张君劢与丁文江为代表的科玄论争，恰好映射了“科幻中国”自晚清兴起的舞台和场景。如果说科玄之争的爆发体现了认知上的针锋相对，科学幻想的实践则展示出欲使二者并置合一的内在目标。从历史变迁及社会转型角度看，各方聚焦的要害，说穿了仍是一个，即：面对滚滚而来的西洋“尖兵利器”，如何做到体用结合，救国保种。

扩展来看，后世的科学史学者将近代中国的科玄论战与20世纪中期不列颠学界的“两种文化”之争并提，对中西交错的认知冲突进行比较，总结说，“‘科玄论战’是中国近代思想史上一次高水准的理论交锋，对于巩固新文化运动的胜利果实和塑造更具前瞻性的文化形态具有重大意义”，但由于时代原因“后一目标未能实现”。[2] 什么样的目标呢？曰：超越科玄之争隐含的思想裂痕，即——

工具理性和价值理性的冲突，决定论与自由意志的是非，以及实证

1　王时中：《“科玄论战”的百年回眸——从方东美的了结方案切入》，《天津社会科学》2019年第4期。

2　刘钝等：《“两种文化”：“冷战”坚冰何时打破》，《中华读书报》2002年2月6日。

主义与人文主义的分歧。[1]

由此可见，所谓“更具前瞻性的文化形态”，便是指对科玄裂痕的弥合或扬弃，继而呼唤对既有知识范式的解放和重组。正是在这样的时代语境孕育下，兼具科学与玄学要旨的“科学幻想”可谓应运而生，并且通过“超凡脱俗”的跨时空叙事，把目光指向了双方皆认为至关紧要且虚实兼备的世界观、人生观和天下观。

其实至少与明代时期“万国堪舆图”的传入相同步，西方的科学技术便已在中国土壤里播撒了从观念到实用的种子。与之相关，被视为舶来之物的科学幻想也并非自当代才诞生，而是有着与西学东渐同样漫长的绵延历程。

通过翻检史料，日本学者武田雅哉与林久之认为，作为中西混合的近代产物，中国的新文学类别 SF（Science fiction），尤其是其中的主要代表“科幻小说”在 19 世纪便已萌发。例如，在 1818 年出版的李汝珍《镜花缘》里就出现了能垂直起降的“飞车”，时间比儒勒·凡尔纳的“飞翔”小说早了半个世纪。另一部名为《年大将军平西传》的作品，不仅描绘堪称“地行船”的地底战车、载士兵和火炮升空的“升天球”，还展现了类似于“射线炮”、“镼水枪”的各种新式科学武器；非但如此，作者还让主人公——来自西洋的科学家“南国泰”乘升天球飞抵欧洲，向教皇求援，终于将反叛的“敌寇”击败于巨型机器人的超力之下。[2] 对此，武田雅哉等人的看法是，晚清萌发的中国科幻小说一方面延续了本土延续的奇幻传统，另一方面展现了以严复译介“天演论”为代表的“科学启蒙”众生相。[3]

1　刘铣等：《“两种文化”：“冷战”坚冰何时打破》，《中华读书报》2002 年 2 月 6 日。

2　[日] 武田雅哉、林久之：《中国科学幻想文学史》（上），李重民译，浙江大学出版社 2017 年版，第 29—53 页。

3　[日] 武田雅哉、林久之：《中国科学幻想文学史》（上），李重民译，浙江大学出版社 2017 年版，第 29—53 页。

到了1902年（清光绪二十八年），近代中国的启蒙推动者梁启超发表了堪称“设计未来”的“新小说”《新中国未来记》。[1]尽管在出版之初作者自称其文体是三似三不似：“似说部非说部，似稗史非稗史，似论著非论著”，然事到如今却有学者将其追认为中国科幻的晚清首创。[2]王德威一边承认该作是谈论中国科幻类型的起点，同时又评价说其贡献“非常浅薄”，因为它仅仅采用了“时空投射”方式表达“个人对未来的理想。”[3]

《新中国未来记》将故事时间放置于西元1962年，也就是据当时还有60年的“近未来”之际。彼时的“天下”已非四夷来朝的封贡格局，而是诸国对等的世界体系。是年，正值万国太平会议召开，中国举行“维新五十年大庆典”，周遭的情形是无论本土还是域外，都发生了根本大变，非但帝制瓦解，工业勃兴，在科学技术推动下，世界步入了互通有无的全球时代。

于是，在梁启超笔下，玄学也罢，科学也罢，势必会最终合一，且都要服从和服务于由科技打通的新社会需求，并还得关联中外古今，兼备科学与文学，视人类知识为一整体。

结合当年严复引进“天演论”造成的深远影响来看，梁启超的《新中国未来记》不仅可视为近代中国的新小说先驱，并且称得上第一部以天演论及地球村为本底的科幻作品。该作的最大转变和突出亮点，在于宣扬了自然演化的世界观与万国相连的人类史观。这样的见解，突破了司马迁以来由三皇五帝传承的“万世一系”说，并与康有为等主张的“三世大同”论形成呼应

1　欧阳健发表于20世纪80年代的文章认为，“《新中国未来记》是一部开一代风气的划时代杰作，它影响了整整一代小说创作的发展进程，为晚清小说的蓬勃发展奠定了良好的基础。”参见欧阳健：《晚清新小说的开山之作——重评〈新中国未来记〉》，《山东社会科学》1989年第2期。

2　参见李欧梵：《奇幻之旅——星云组曲简论》，收入张系国《星云组曲》，洪范书店1980年版，第3页；转引自陈思和：《创意与可读性——试论台湾当代科幻与通俗文类的关系》，《天津文学》1992年第2期。

3　王德威：《乌托邦，恶托邦，异托邦——从鲁迅到刘慈欣》，《文艺报》2011年6月3日、6月22日、7月11日。

和区别。[1] 为此，梁启超通过作品主人公之口，不仅宣传"物竞天择，适者生存"的进化论观念以及世界分为各色"人种"的人类学思想，强调"今日全是生计界竞争的世界"，[2] 并且对波及全球的科技影响作了浓烈渲染，改良派代表黄君发表感言，曰：

> 兄弟，自十九世纪以来，轮船、铁路、电线大通，万国如比邻，无论哪国的举动总和别国有关系。[3]

在我看来，若以人类学的物种进化及全球一体的科学史观来看，梁启超的《新中国未来记》确实堪称中国科幻的早期代表。其不但标志着对王朝体制万世循环论的突破，而且超越了其后科玄之争的各自偏颇。就科幻文类的开创意义而言，梁启超的贡献，在于通过文学想象勾连科学与玄学的潜在裂缝，弥合不同知识类型间可能引发的观念冲突。再者，若将目光放回晚清的时局场景，在从严复到康有为等改良派人士的眼中，还远有比争论科学与玄学孰轻孰重更为紧迫的问题，那就是以推翻专制及国民革新为目标的社会理想与政治改良。也正因如此，才需要发动小说界革命，主张并践行以小说方式对未来中国进行想象、描绘和传播，才会在科学影响的史观推动下，对过去、现在的社会政治进行总结，继而再对突破后新中国加以展望。

对此，《新中国未来记》勾画的科幻愿景是——

1　晚清时期的"三世论"经龚自珍、魏源提出，继而在康有为的论述中得到完整阐释。该说主张人间社会要经过前后演进的三个历程，即据乱世、升平世到太平世。其中的动力即为"进化"。康有为阐释说："《春秋》要旨分三科：据乱世，升平世，太平世，以为进化。"参见康有为：《孟子微》(《康有为全集》第5集，第421页)。相关论述可参阅陈壁生《晚清的经学革命——以康有为〈春秋〉学为例》，《哲学动态》2017年第12期。

2　梁启超：《新中国未来记》，广西师范大学出版社2008年版，第44页。

3　梁启超：《新中国未来记》，广西师范大学出版社2008年版，第45页。

以暴易暴，则革了又革，其状为循环。以仁易暴，则一革之后，永不复革，其状为进化。[1]

此处的“进化”，即严复转译的“天演”，代表当时流行于世的科学世界观；而由此推衍的文学结果，便是梁启超笔下消除了专制体制的虚拟新中国，只不过其中的“永不复革”是种幻想，因与社会实情相悖而又被一再打破。

与此呼应，在康有为被誉为“超未来人类史”的《大同书》里，则呈现了清末文人“共同怀有的乌托邦展望”。[2] 其中的幻想之景，以仁学为本，突破国界，超越地球，融入浩渺无垠的太空之中——

火星、土星、木星、天王、海王诸星之生物耶，莽不与接，杳冥为期。吾与仁之，远无所施。[3]

在康有为笔下，自佛学东来之后，“乘光、骑电，御气而出吾地而入他星者”可谓变幻多端，层出不穷，时至近代，又与西学“格致”（科学）关联，致使人类社会的理想境界与人类本身都为之改变，达到了“大同之极致而人智之一新也。”[4]

这样的景象弥合了科玄之间的分野对立。于是尽管在文类上不是小说，与西方的科学也谈不上直接联系，但《大同书》的描写不但与晚清的科幻叙事“彼此印证”，[5] 而且助长了由其折射的第三种文化——兼备了科学与玄学

1　梁启超：《新中国未来记》，广西师范大学出版社 2008 年版，第 54 页。

2　［日］武田雅哉、林久之：《中国科学幻想文学史》（上），李重民译，浙江大学出版社 2017 年版，第 51—52 页。

3　康有为：《大同书》，参见章锡琛、周振甫校订本，上海古籍出版社 1956 年版，第 300 页。

4　康有为：《大同书》，参见章锡琛、周振甫校订本，上海古籍出版社 1956 年版，第 300 页。

5　田雪菲：《解除“围困”的救亡神话——晚清科学小说新论》，《科普创作》2020 年第 1 期。

特质且将虚实合为一体的“文学超托邦”。此中的“超托邦”是对舶来语“乌托邦”的改用，“超”的含义，指向与现实世界平行的对照式超越。

（二）当代科幻的知识目标及其跨界比较

回望历史，在虚实融合的实践层面，近代中国的科学技术绝非痴人说梦或纸上谈兵，而是以“超英赶美”的愿景为目标，实实在在奋斗了上百年。自光绪十四年（1888），朝廷创建彼时号称亚洲第一的北洋水师，到民国元年（1912）孙中山辞去大总统职务创办铁路总公司，直至新中国成立15周年（1964年）首枚核弹在罗布泊核试爆成功，现代化中国的科技实践可以说跨入了与全球同步的历史新纪元。

在这样的进程中，由国家主导、上下结合，形成了现代中国以科学技术为核心的全新意识形态，其中的分类包括“科研”（科学研究）、“科教”（科学教育）和“科普”（科学普及），与此同时，无疑更少不了自晚清便勃发并被认为能在救亡保种、科技兴国层面唤醒民众、激励人心的“科幻”——以文艺表达为主要方式和载体的科学幻想。

然而，由于主要以幻想现实呈现，蕴含了玄学哲思乃至一定程度的批判精神，既触及科技深处又与之若即若离的科幻可谓独具特色，其既非科研、科教，也不等同于科普，而是像归属不定的UFO（不明飞行物）一样，构建并成了悬浮于现实之上、之外的特异时空，生产着有别于科学实证与玄学空想的超验存在和第三知识。

1964年，与中国第一颗原子弹试爆成功同步，童恩正完成了他的科幻小说《珊瑚岛上的死光》。经过包括十年“文革”在内的跌宕埋没，小说终于在重建“四个现代化”的改革浪潮中，被复刊不久的《人民文学》（1978年第8期）刊载出来。作品写道：

> 你们没有忘记双引擎飞机“晨星号”不久以前在太平洋上空神秘的失事吧？从失事后新闻界提供的消息来看，当时飞机机件运转正常，与X港机场的无线电联系也一直没有中断。好几个国家的远程警戒雷达都证明：当时，在出事的空域内并没有出现其他飞机或任何类型的导弹。然而，“晨星号”却在八千公尺的高空发生了爆炸，燃烧的机体堕入了太平洋。报纸上公布的消息是：“驾驶飞机的陈天虹工程师下落不明。”

接下来，童恩正向读者揭示“我就是当时‘下落不明’的陈天虹”；继而开启了以第一人称讲述、围绕“高压原子电池”——未来激光武器关键部件之研发和争夺展开的科幻叙事。故事聚焦太平洋岛屿，情节关涉科技争夺；与此对应，主角出生国外，场景跨越中西，揭示了“冷战”时期“科学有国界”的现实壁垒。

童恩正是毕业于四川大学考古专业的学者，在中国的南方民族考古领域作出过突出贡献，但个人文理兼备的志向和经历，把他推向了有望将科玄整合的科幻领域之中。与此同时，新时期“改革开放”唤醒的“科学春天”亦为之奠定了良好的时代氛围。与《珊瑚岛上的死光》发表的同一年，1978年，盛况空前的中国科学大会在北京举行，国家领导人发布了以“科学技术是第一生产力”为宣言的发展纲领。“在‘科学的春天’里，科学家成为深受人们尊重和青少年效仿的新榜样。”[1] 另外，一如有评论指出的那样，作为“携带着幻想”的特殊文类，科幻创作并非对科学观念或科技知识的机械复制和宣传，非但不等同于传声筒式的科普，甚至“不会受到现代科学知识理性的束缚”。[2]

1　张柏春：《“科学的春天”意义深远》，中国科学院，2018年5月28日。

2　参见刘阳扬：《科幻小说与“新时期”文学——〈珊瑚岛上的死光〉发表前后》，《中国现代文学研究丛刊》2019年第8期。

令人料想不到的是，原本隐含在科幻界内部的认知分歧或手法选择，不仅派生出“姓科”与“姓文”的不同阵营，甚至引发了堪称现代中国第二次科玄之争的思想论战。论战结果与民国时期的“首战”相似，“姓科”派（以物理学家钱学森为代表）获得胜利，“姓文”派（以童恩正、叶永烈及郑文光为代表）惨遭败北。由其派生的后果之一是流行用语“科学幻想小说”中的关键词“幻想”被拿掉，被视为与现存科学知识背离、不切实际的奇思异想被当成“精神污染”而清除，致使新时期复苏不久的中国科幻被人为限制在“科普”知识的单一圈子内跌入低谷，前景难料。[1]

如今看来，与民国时期的“科玄之争”相比，围绕科幻议题展开的新时期“科文论战”在思辨深度和社会影响方面都难以对等，这不仅因为彼此间的观点并不聚焦，更在于“姓文”派阵营只有文学界几位边缘作家单枪匹马，被动应战，缺少哲学界、思想界重量级人物的出场参与。客观而论，引发双方论争的缘由其实无关政治，而仍与彼此不同的知识论及价值观相关，即在经验实证、工具逻辑与虚拟想象和终极反思等方面的权重分野。双方认知的主要分歧在于：对于认识世界、形塑国民乃至改造社会而言，科学理念与文学幻想——以及后者关联的哲理思辨，是否各具特色？相互间能否并且必须互渗？

接下来，时间跨越到了21世纪。2014年，中国新生代科幻作家刘慈欣的《三体》英文版陆续在海外发行，一年后便夺得世界科幻协会颁发的第73届“雨果奖”（最佳长篇小说奖），成为获得该荣誉的亚洲第一人。[2]刘慈欣表述说，与分民族、分国别的文学不同，科幻面对人类整体，特点是：

1　参见叶永烈：《科幻小说现状之我见》，《文学报》1983年1月13日；另可参见杨潇在1986年“银河奖”授奖大会上的致辞。

2　《作家刘慈欣获雨果奖，成亚洲获此奖项的第一人》中国作家网，2015年8月25日。

> 介于科学和文学之间，在已经实证的科学理论基础上进行思维。[1]

这样的事实表明了中国文学与思想界的一个新趋势，那就是，随着科幻成果以“新浪潮”[2]之势在21世纪中国“卷土重来”，前人遗留的知识目标被再度唤起，并通过科幻者们的不懈努力，“以更丰富的内容形式，刺激我们的想象，挑战形式局限”。[3]

联系近代中国的科幻简史，科幻评论家吴岩总结说，梁启超时代开启的中国科幻已包括一种“通往形而上学的文学。”吴岩认为，这样的形而上追求，不但成就了科幻，“也成就了一种认识世界的全新视角”。比较而论，同时代的鲁迅强调了以文学作科普的形而下面向，由此形成科幻创作极具象征也极有魅力的“两极空间”，影响后世作家沿“梁式”或“鲁式”路径，通过相互不同又彼此呼应的科幻创作，担当“谋划民族和世界未来的责任”。[4]

结合世界文学谱系中的科幻实践来看，吴岩总结的两极空间是普遍现象，改用对称的术语来说，可称为“文学的科学”与“科学的文学”。前者属于科学一极，偏重以文学方式延伸科学——传播科学知识，构建科学话语，最终筑成左右全民生活的科学权力；后者则在文学之极，强调借科学外壳彰显文学——非但阐释科学、讨论科学，并且反思科学、干预科学，揭露科学（行业）弊端，质疑科学（技术）控制，一句话，从内部挑战科学，由外部注入人文。

此二者既各执一端又相辅相成，构成了两极互涉的科幻世界，如下图

1　刘慈欣、吴岩：《〈三体〉与中国科幻的世界旅程》，《文艺报》2015年9月25日。

2　宋炜明：《中国科幻新浪潮：历史、诗学、文本》，上海文艺出版社2020年版。

3　王德威在为宋炜明著作写的“序言”里提道：“科幻小说在晚晴风靡一时，到了二十一世纪卷土重来……”参见宋炜明：《中国科幻新浪潮：历史、诗学、文本》，上海文艺出版社2020年版，第1页。

4　吴岩：《科幻文学的中国阐释》，《南方文坛》2010年第6期。

（其中的A表示科学，B代表文学）：

（A）科学 ⟷ 文学（B）

科幻文学

（A）+（B）

然而上述图形仅为线性示意，实际的组合是无穷无尽的。若以交叉显示，此图示还可延展出更为多样的重叠，从而提供更加丰厚的知识类别：

（A）科学—文学（B）

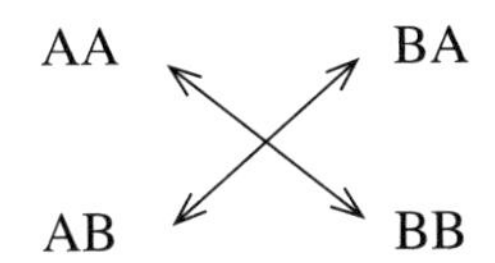

从“科学的文学”这极看来，作为“想象未有”的科幻叙事明显突出了玄学特征。在此，幻即是玄，连接着玄。也就是说，这一类别的科幻更多地包含了形而上思辨，延伸了超越经验的哲理内容以及延展幻想的美学灵韵。其借科学外壳开路，将虚幻（超验）种子孕育开来，借题发挥，左右突破，在接纳实证逻辑的同时，潜伏了以灵性（诗意）对理性（经验）的未来抗争。

这种以科幻显玄学的形而上特征，在韩松的作品里表现得相当充分。他的代表作之一《宇宙墓碑》荣获“全球华人科幻小说征文”大奖，被认为是“技术文明视角下的启蒙重审”。[1] 而用作者自己的话说，其创作的意图则是“用科幻来表达对世界的感触的片刻时光中，参与人类对宇宙的终极思考。”[2]

可见，如果说玄学（形而上学、美学）的要义在于主体想象与灵性思维的话，科幻创作堪称保存了哲学思辨与审美自由的新玄学——玄学现代版，从而充当了连接科玄的中介桥梁，抑或突破了“科玄之争”及“斯诺鸿沟”[3]

1　詹玲：《技术文明视角下的启蒙重审——谈韩松科幻小说》，《中国文学批评》2019年第4期。

2　韩松：《韩松精选集》，江苏凤凰文艺出版社2018年版，“自序”。

3　［英］C.P. 斯诺：《两种文化》，纪树立译，生活·读书·新知三联书店1994年版。

后的“第三文化”，也就是打通了科学与人文的新知识类型。

（三）虚实并立的双主体和超托邦

在这意义上，以科学幻想为核心的科幻创作及其关联的社会再生产，其内涵和功能就不仅限于传授逻辑理性的科普成果，而已上升为兼容科学、玄学与文学的交叉知识，需要从认识论与知识论角度加以总结和阐释了。

怎样理解具有认识论与知识论特征的科幻创作呢？

需要回到文学与人类学意义上的认知原点。

1902 年，作为五四新文学运动前声的“小说界革命”已经爆发。先驱梁启超发表《论小说与群治之关系》，将小说也就是英文对应的 fiction，誉为“文学之最上乘者”，强调其特点在于使人超越“现境界”，进入“他境界”，也就是由“以触以受”的局限脱离出来，唤起“身外之身”，抵达“世界外之世界”。[1]

梁启超的小说观体现了新文化运动中的一种文学认识论与知识论，其以文学为媒介，分离出虚实并立的双主体和双世界，一方面是感知现实和超越现实的两重主体，另一方面则是有限经验的“实存世界”及无限想象的“文学世界”。二者互为补充，可连成整体，但相比之下，梁启超认为由身外之身所关涉的“世界外之世界”更能打动人心，移人性情，“不知不觉之间，而眼识为之迷漾，而脑筋为之摇飏，而神经为之营注”[2]。

由梁式小说观继续推衍：后来兴起的科幻创作因搭载了科学翅膀，以各种已有和将有的技术器物为依托，在创造“世界外之世界”方面上天入地，时空倒转，既改装古今神话，又直抵无人之境，非但虚幻无比并且比真实还

1 梁启超：《论小说与群治之关系》，《新小说》创刊号 1902 年 11 月。
2 梁启超：《论小说与群治之关系》，《新小说》创刊号 1902 年 11 月。

真，似乎就要成为文学大本营中“上乘之上乘”了。

然而究竟什么是世界外之世界呢？梁启超语焉不详。

百年之后，新时代的科幻论者将此再作延伸。有学者结合现代西方的“玄学”表述，把科幻创建的知识景象比喻为“异托邦”或“异世界”。[1]

王德威以鲁迅到刘慈欣为主线，勾勒中国科幻的百年历程，认为其所呈现的脉络便是“不断地在乌托邦和恶托邦之间，创作各种各样的异托邦”。[2]

“异托邦”（heterotopias）的提法源自米歇尔·福柯。这位20世纪的法兰西思想家对“乌托邦”（Utopia）一词加以移用，使其本有的时间指向扭转，用以揭示人类依照区隔场域、规训他者之需在现实社会创造的另类场所。[3]在福柯之前，“乌托邦”更多与时间相连，寄寓着人类对未来的进化期许。福柯将时间折断，转向共时的空间，用异托邦指涉人类并行的另一种共在，揭示权力通过包含观念和实践的话语改变人、改写世界。

照这样的模式分析，刘慈欣的科幻便被理解为异托邦的一种体现，一种人类文明的空间样态与存在类型。然而即便可作如此理解，刘慈欣的作品却不得不说展示了对福柯的超越。在其构建的幻想世界里，刘慈欣突破现实的民族国家边界，让整个人类成为一种空间，不仅让地球“流浪”、太阳“死亡”，甚至让银河记忆也“降维”成永远消逝并永难复原的图片。因此与其将刘慈欣等科幻作家以文字构造的科幻世界称作“异托邦”，不如视为“超托邦”更为恰当，因为其中展示的地方、空间或场域都已不限于与现存世界的对比、对抗或反叛，而是借助文学想象和虚拟的远离、遗忘乃至扬弃、重

1　宋明炜：《中国科幻新浪潮》，上海文艺出版社2020年版。

2　王德威：《乌托邦，恶托邦，异托邦——从鲁迅到刘慈欣》，《文艺报》2011年6月3日、22日、7月11日。

3　参见［法］福柯：《异托邦》（Michel Foucault,*Des espaces autres*, 原载Dits et ecrits 1954—1988, Gallimard.）汉译可参见王喆译：《另类空间》，《世界哲学》2006年第6期。另可参见汪行福：《空间哲学与空间政治——福柯异托邦理论的阐释与批判》，《天津社会科学》2009年第3期。

塑，也就是超越实有，另起炉灶。

在人类学的体系里，有关时间的知识以达尔文的自然演化为代表。其中，在空间确立的框架里，时间展现为严复概括的“物竞天择，适者生存”轨迹。这样，相比于达尔文用科学话语构建的物种起源学说，堪称文学超托邦的科幻创作可谓在未来已来的意义上作了解构——演化到头，生命终止。进而言之，如果说达尔文的物种起源论揭示了人类世界的“演化知识”的话，力图将人类编年史视为“地球往事”的科幻叙事则开创出与之逆反的“知识倒进”。彼此都从科学出发，结果却相去甚远。其中原因就在认知范式的差别，一个是科学知识论，一个是科幻知识论，一字之差，区隔万里，既相互映照，又各显神通。

在刘慈欣的虚拟中，《地球往事》三部曲的开篇部分以“科学边界”为题，演示了一场重要的跨国会议。主持讨论的少将先是暗示“大部分人的人生都是偶然”，接着对科学家说：“整个人类历史也是偶然，从石器时代到今天都没什么重大变故，真幸运。但既然是幸运，总有结束的一天。”最后以预言式的口吻，披露了全篇主题：

> “现在我告诉你，结束了，做好思想准备吧。”[1]

可见，作为人类叙事的现代类型，科幻创作的突出特征并非求真写实，而在构建虚拟，在于认识论上的“见所不见”及知识论上的“言所未言”。

1999年，兼具数学博士与科幻作家于一身的约翰·卡斯蒂（Casti, John L）将“机器能否思考”的科学论争叙述成一次学术宴会，让时间层层倒转，以在1959年引发“两种文化”之争的斯诺为主角，通过文学虚拟方式，

1 刘慈欣：《地球往事》三部曲，《三体 I》，重庆出版社2012年版。

邀请量子物理学家薛定谔、语言哲学家维特根斯坦、遗传学家霍尔丹及现代计算机的主要推手、数学家图灵集体出场，在1949年的一个晚间齐聚剑桥，上演了观点交汇的“思想五重奏”。[1]

卡斯蒂把他的剑桥五重奏称为“科学幻想”（或“科学虚构”），也就是英文表述的Science fiction。虚构的特点是对历史进行重塑，把事实纳入想象，用文学舞台展现可能世界，生产科幻结论，亦即知识的知识。

与卡斯蒂的文学虚构形成对照，现实的聚会未曾发生，各位科学家的结论不得而知。作品结局是，晚宴嘉宾纷纷离去，作为主人的斯诺独自留下——

> 他舒展了一下身子，然后将灯一一熄掉，进了卧室。思维机器之谜不可能在一个晚上解决，他想。明天，将又是新的一天。[2]

时空转换。新的一天似乎已经到来。

2019年。日期不明确的某一天。星际太空，茫茫孤寂。编号267的宇航员因设备故障而陷入氧气危机，但自我解救的过程却因违背程序而遭“系统”（人工智能）阻止，孤寂绝望，命在旦夕。经过与系统的反复沟通，267获知自己是伊丽莎白·汉森博士，并通过视频投射看见了自己的图像踪影，却分辨不清是大脑记忆还是数据回放……于是，“伊丽莎白-267”开始挣扎，极力呼喊“救命！救命……”。

这是法国科幻片《氧气危机》所作的虚拟描绘。接下来，当太空舱内的

1 [美] 约翰·卡斯蒂：《剑桥五重奏：机器能思考吗》，胡运发等译，上海科学技术出版社2006年版，第126页。

2 [美] 约翰·卡斯蒂：《剑桥五重奏：机器能思考吗》，胡运发等译，上海科学技术出版社2006年版，第126页。

氧气将尽之时，女主人公终于明白自己不过是一件被用作星际航行的试验产品——一具人工制造的仿生人，眼前所见，或脑中所及皆只是被植入的预写程序而已；与此同时，观众们也才明白，眼前所见其实一部采用双重叙事的科幻作品。[1]

在该影片中，创作者通过叙述被叙述者的叙述，让观众见识了仿生人的见识。这样，由于采用第一人称视角，科幻编导赋予“异人类”以看和说能力，也就是意识权力。

那么，面对以科学幻想为基点的电影作品，这是谁的故事？谁在讲述？讲给谁听？谁得见了？作品体现了什么样的知识及其生产程序？

依照卢西亚娜·帕里西（Luciana Parisi）2018年发表的观点，日益涌现的科幻影片已成为科幻知识的一种生产方式。她将《2001太空漫游》与《机械姬》等作品称为对人工智能议题的“电影化阐释”，认为其中的主人公Hal（“硬件抽象层”）和Ava（叙事性“夏娃”），其实是借助“具象化的思考模型”支撑了一个强力的人工智能论点，即“机器能够胜过人类的智力”。[2]

于是，还要继续深究的问题是：

——什么是现实与知识的“所不见”？为何不见？又如何得见？

——如何发现“所未言”？如何言？

通过对以上科幻案例的跨文化比较，本文概括的初步结论如下——

1 参见影片*Oxygen*，（中译名《氧气危机》），编剧Christie LeBlanc，导演亚历山大·阿嘉；法国2021年出品。

2 卢西亚娜·帕里西：《后人类关键词：人工智能》，马峯译，“科幻世”公众号，2021年3月13日、5月6日。

1)“见所不见”的根本是想象，想象就是见所不见；

2)“言所未言”的方式是虚拟，虚拟就是言所未言；

3) 科幻的魅力就是“使其见”。

此中的“其”，既包括只有借助仪器才能呈现的原子、基因、病毒、红外线、超声波，亦涵盖全凭想象得以窥视的“超人”“三体”“黑镜”，以及《星球大战》《盗梦空间》《北京折叠》《爱、死亡和机器人》……总之就是被科学幻想以科玄并置方式构建出来的虚拟世界和可视未来——寄予了人类反思、理想和批判的文学超托邦。

结 语

晚清末年，托马斯·莫尔的名著《乌托邦》(*Utopia*)被引入汉语世界，激发了世人对另一类可能世界的关注和幻想。严复解释说："乌托邦者，犹言无是之国也，仅为涉想所存而已。"[1] 自那以后，汉语世界开启了借“托邦”之义而展开知识再生产，延伸出了词语与想象意义上的“托邦”系列。有人认为，就莫尔描绘的“理想国”景象来看，乌有只是表面，美好才是实质，因此应改称“优托邦”才对。[2] 随着时代的演变及所指的增添，在中西交汇的整体格局中，又接连涌现了“敌托邦”“恶托邦”“异托邦”等说法，不一而足。

结合本文关注的议题核心，可以说科幻塑造的想象之地既是一种“托邦”，也是一种“玄”，是结合了玄妙意境的“超托邦”。尤其有意思的是，

---

1 严复《天演论》第八章。

2 高放：《〈乌托邦〉在中国的百年传播——关于翻译史及其版本的学术考察》，《中国社会科学》2017 年第 5 期。

由于主要依托语言符号的媒介生成，科幻创造的超托邦，无论其以小说、戏剧还是游戏、卡通或网络剧、故事片的面貌呈现，其实都是一种虚拟界面，是不可真实进入的想象视界，一如钱学森所说的“灵境”[1]。

1997年，国际科幻大会首次在中国举行。来自成都《科幻世界》杂志的代表杨潇在发言中强调了学界对STS研究（science，technology and society）的关注和阐释，故而把科幻的注意力提升到了更高的跨界层面。不过其对与此关联的中西差异却存在见解上的偏颇。杨潇的看法是，由于科技水平已进入“发达”之列，西方国家的科幻便获得了“以对科技负面的批评为出发点”的特权；与之相比，中国科技还处在“发展中”，因此对应的科幻任务只能是加大科技宣传，“唤醒公正的科学意识”，也就是继续科普。[2]显而易见，这样的观点等于把对科幻的认知又拖回到了早期“科玄之争”的话语误区，遮蔽了一个多世纪以来由科学幻想出发的完整探寻、论辩和阐发。次年，在《科幻世界》任主编的作家阿来，发表了与杨潇不同的论点，强调在承认科技发展的前提下，坚守科幻写作的人文立场。阿来写道：

> 科学的发展像滚雪球一样越来越大，没有办法、没有人——阻止这个趋势，但是我们人文和写作依旧应该坚持自己的立场，去反思一个科技的诞生会给我们人类社会带来什么样的影响。[3]

对此，本文的基本结论是：如果说20世纪上半叶，由张君劢“清华演讲”

---

1 张辉：《从钱学森对VR的译名看科技译名的“中国味”》，《中国科技翻译》2020年第1期。

2 参见［日］武田雅哉、林久之：《中国科学幻想文学史》（下），李重民译，浙江大学出版社2016年版，第244页。

3 阿来：《走进科幻》，《科幻世界》1998年第7期。

引发的“科玄之争”与之后斯诺“剑桥演讲”激起的“两种文化”东西对应，意味着中国知识界正式进入世界史场域，21世纪再度勃兴的中国科幻及其与神话叙事的关联，则标志着本土创作以科玄并置的超验想象深度嵌入了渐为整体的世界文学。其中的意义，既可谓叶舒宪强调的“幻想引领人类，神话催生文明”，[1] 亦可为笔者从科幻人类学出发提出的“反面神话”说。

2021年6月17日，中国“天问一号”航天飞船承载的“嫦娥”登陆器在火星降落成功，标志着现代中国的科学技术迈入了飞往星际的太空时代。美国“太空评论”网站随即发表评论，称“中国正在使用神话和科幻向世界推介太空计划”。[2] 在此，现实中国的科技实践者将屈原诗话与奔月神话结合至星际探测的科学表述体系，国外媒体又将其与跨文化的国际表述相互关联，从而生产出有关太空的知识对话，形成古今相连的知识。

随着当代中国的科幻拓展，在思维与实践的开掘意义上，与数智文明相呼应的新文学知识也日益创生。伴随着当代科技的突飞猛进及“后人类”随时降临的挑战压力，由人类幻想为媒介，不仅科学与玄学重新结合，甚至人智、数智与神智亦可望以虚拟方式遥相呼应，跨界联手。[3]

1　叶舒宪、徐新建、杨骊：《古蜀文明里的幻想世界，如何与现代科幻衔接?》，红星新闻网，2022年9月2日。另可参见叶舒宪：《2019，复活“鸿蒙”》，《文艺报》2019年11月28日。

2 《美媒：神话和科幻小说打造中国太空文化》，环球网，2021年7月15日。

3 《神话与科幻：通往过去与未来的人类叙事》，光明网公众号，2022年9月9日。

十、科幻成都：穿越文学的数智未来

本章要点：本章聚焦一场落地成都的人工智能美术展，并借此讨论数智未来的关联议题。迈入数智时代，在三星堆考古与数智科技的双重助推下，有关成都的区域表述出现了诸多改变。无论《科幻世界》刊登的小说场景，还是麓湖美术馆的装置展览，以古今幻想为聚焦的跨时空叙事可谓层出不穷。尽管彼此相差甚远，神话与科技却又悄然无声地嵌合成了一体。本章以2022年在成都举办的“人工智能”专题展为例，从文学人类学的视野出发，提出：如古往今来的神话一样，科幻就是赛博格。器物通灵，一半海水一半火焰，是凤凰也是风暴，是超越人类的编年史和本体论。

古往今来，作为中国西部的历史古城，成都经历了千变万化。其中，既有以灌溉闻名的“水利成都”、以遗址惊人的“考古成都”和以农业生态著称的“天府成都”“林盘成都”，也有借苏轼、杜甫扬名的“诗化成都”，如今则出现了在数智时代闪亮登场的“科幻成都”。

在科学技术日新月异的当代社会，科学幻想已成为影响深远的普遍事项，受到科技行业、科普团体、文艺领域乃至政商各界的广泛关注。

在汉语世界，严格意义上的“科幻”概念与类别源于西方，与英文的

science fiction 或 science fantasy 大致对应，通常简写为 Sci-fi。在大多数情况下，“科幻”会被等同于科幻小说和科幻电影。然而结合实际存在及影响来看，科幻的所指，从观念到实践都不限于文学、电影，也就是并非仅限于重虚拟、有情节的文学书写或影视叙事，而已更为广泛地渗透至包括视觉艺术、电子穿戴、智能装置乃至 VR 乐园、网络电游及“赛博格”（电子人）等日常生活的方方面面。这一点，即如笔者强调的那样：

> 从科学的维度看，“科幻”可理解为科学的幻想形式；而若从幻想出发，科幻则意味着幻想系列中新生的科学之维。[1]

（一）挑战：美术馆里的新问题

2022 年 4 月至 6 月，位于成都麓湖的 A4 美术馆举办了聚焦“人工智能”的科幻艺术展，题为“人工智能的兑现：卑弃与解脱 /AI DELIVERED：The Abject and Redemption”。展方介绍说，展览“试图对人工智能的认识论局限提出问题”，同时揭示权力与资本在其中的“共谋”，要“含蓄地质疑企业利益和地缘政治所渲染的对人工智能及其工具效用的无节制的乐观态度”。

为此，策展人希望观众通过观展，明白如下事理，即了解：

> 艺术家如何想象以人工智能来探索一个拥有宇宙政治意识的生态环境，以及一个处于共同体中的、共生的后人类前景。[2]

1　本书第八章“反面神话：科幻人类学简论”。

2　《人工智能的兑现》展览简介，豆瓣同城网，2022 年 5 月 30 日。

“Interspecifics”团队：《虚拟典章》/ 徐新建摄于展览现场

围绕这样的目标，展览的重点在于“让公众认识到超越基于屏幕的、以图像为中心的人工智能艺术实践”，从而理解“这样的范式往往一方面将人工智能简化为预设的视觉概念，另一方面与当下人工智能的商业前景为伍”。[1]

在全场为数不多的展品中，除了由《本能》《电子梦》等引发对 AI 艺术的多维度创作及其交互式展现的新结构对照、思考外，我对塞萨 & 露丝创作的《异时周期》印象深刻。作品以平面共在的方式并置展示了四组同步与异步的时间，坐标类别从“宇宙星际”“生命演化”“植物光合”直至“新冠病毒”。

观展中，通过与说明书的专设二维码链接，你可在手机上点击后听见与之对应的专题介绍。其中，针对“异时周期”的部分讲道：

1　参见：《人工智能的兑现》展览简介，豆瓣同城网，2022 年 5 月 30 日。

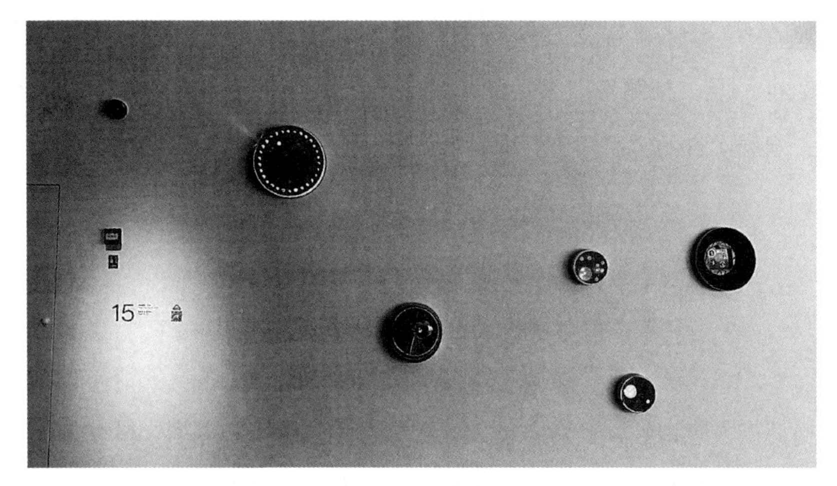

从星际到新冠的同异时间 / 徐新建摄

> 嵌入在这个界面中的，是一个用大气碳排放数据训练的人工智能，它使用时间预测来预测未来的大气碳水平。

这样的表达已由对客观事物的艺术展示介入到对现实社会的主动干预，传递出面对人工智能技术，新型的科技—艺术家们希望改变并实现的合理未来。

然而，如果不经由事前的认真准备，或夸张点说的“专业培训”，仅依赖以往积累的观展惯习，大部分观众是难以与展览初衷形成共鸣的，大多的感受都会是“看不懂”。例如在题为《虚拟典章》（*Codex Virtualis*）的作品背后，竟隐藏着参展艺术家深奥难解的创作理念。它声称：

> 我们的目标，是找到新的、算法驱动的美学表征，标记有独特的形态类型和基因型，如编码，并围绕包含地球和其他地方非常规生命起源的推测性叙事进行阐述。[1]

1　张尕：《人工智能的兑现：卑弃与救赎》，中央美术学院网资讯网“CAFA Art Info”，2021 年 9 月 17 日。

倘若不具备人工智能艺术家们的“主位”储备，你能说清“算法驱动的美学表征”及“推测性叙事”的意涵么？于我，就连本文的陈述也是在事后——观展次日的“后田野”中，通过资料查阅与复盘学习的结合才得以完成的。

（二）互文:“碳联盟”与“硅世界”

由此令人意识到，面对立足人工智能的艺术制作和陈列，横在作品与观众之间的，已然是两个世界——彼此表面相似，其实相去甚远：一边是人类熟知且身在其中的“碳联盟”，另一边则是令人陌生且具挑战的“硅世界”。展览中，以类似绘画、影像乃至装置等拟人化方式的艺术展示，不过是人工智能为了将就智人的有限感知而作出的妥协罢了。

在西方，被视为计算机算法艺术先驱的哈罗德·科恩（Harold Cohen）自70年代开始开发名为“Aaron”的系统，利用人工智能进行艺术创造。其与计算机“合作生成”并带有手工上色的绘图，已被维多利亚和阿尔伯特等多家博物馆和美术馆收藏，[1]呈现出可望将“碳联盟”与“硅世界”融为一体的未来景象。而蕴藏在其与计算机合作生成后面的算法实验与运用，无疑又为文学、电影等其他形式的幻想创作奠定了科技层面的坚实基础。

回到成都：2022年AI科幻美术展。作为观众，人们感受到的都是数码变形，即仅为适应人类肉身（六感）而呈现的知觉虚幻。因此，已经觉悟并发起展览的科技—艺术家们才会说：“以人类的感知来理喻的人工智能通常是荒诞的。”[2]

1 《AI ART人工智能艺术》，腾讯网，2021年2月22日。

2 张尕：《人工智能的兑现：卑弃与救赎》，中央美术学院网资讯网“CAFA Art Into”，2021年9月17日。

在我看来，此展览的主题和内容与其说关涉人工智能与艺术，不如说已直指以“后人类”为背景，对现代智人的诠释及其物种边界的人类学注解。

在策展人张尕的阐述中，其参与策划的展览背后，牵引着当今世界成批的人工智能专家及其多元的前沿观点，如媒体理论家尤金·塔克（Eugene Thacker）对生命神话的驳斥。塔克说：

> 生命是从主体到客体，从自我到世界，从人类到非人类的投射。[1]

望着令人眼花缭乱的AI作品，令人不禁涌出一串问题：人工智能与艺术创作的关系是什么？《电子梦》与《异时周期》这样的作品是科技还是艺术？它们应否被归入科幻？如何归入“科幻”？

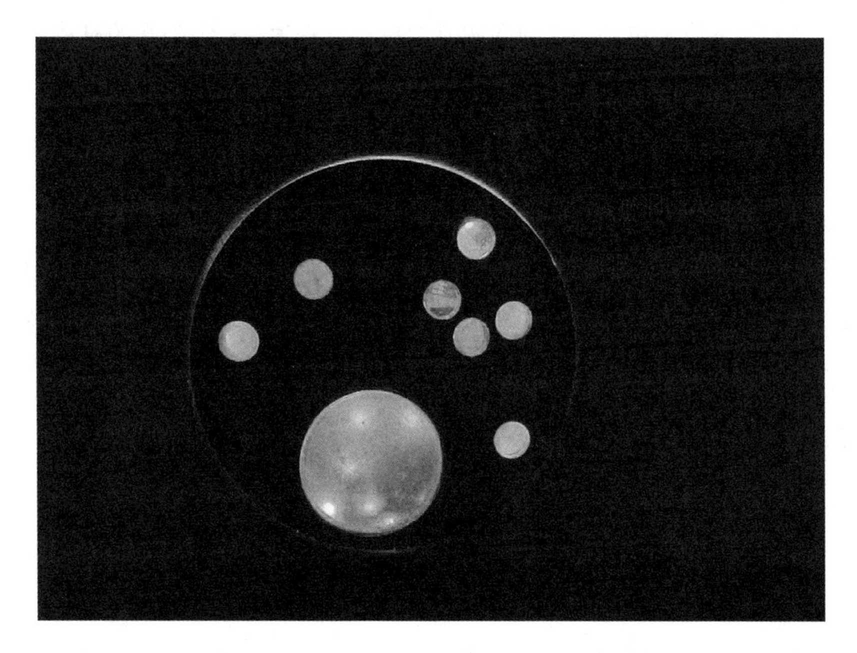

《异时周期》之一：“新冠时间”/徐新建摄

1　张尕：《人工智能的兑现：卑弃与救赎》，中央美术学院网资讯网“CAFA Art Into”，2021年9月17日。

（三）Sci—Fi：穿越文学和电影

依笔者之见，将这些置入 AI 展出的作品视为科幻是毋庸置疑的。它们的特质可以说介于科学与艺术之间：既是科技前沿的实验产品，亦是剥离出生活场景的幻想创造；更重要的，它们堪称科技与艺术的整合，体现着超边界的复归，一如远古神话与巫术中的法器一样，标志了实用与象征的合一。仅此一点，其所承载的科幻功能，就远非仅以文字叙事擅长的科幻小说或只能面对二维屏幕“坐井观天”的科幻电影能简单比拟，更无法单方面取代。

可见，就全球化时代的跨文化“转译”现象而言，尽管汉语的“科幻”一词每每与英文的“Sci-fi”对应，但无论在形上的学理还是形下的实践层面，“科幻”的意义更多关涉内在的科学想象、科学虚拟及外在的科技制造，正如人类学家格尔兹（Clifford Geertz）指出过的一样，即便在民族志书写的意义上，英语的“fiction”一词原本就包含“制造”和“虚拟”的意思。[1] 因此，科幻的呈现形式也不限于小说或电影，而更宏观地蔓延至设计、生产及绘画、装置等众多门类。也正是以这样的认识为前提，我们从人类学出发，提出了由双重空间构成的“科幻世界”：一方面，存在着被科幻家们创制出来、与生活世界形成特殊映照的科幻表达；另一方面，则与之并列，呈现着“在现实生活中具身存在、并以不同方式参与创制科幻作品的一切个人、群体、机构、媒介、网络”。[2]

时至今日，无论研究界、创作界还是实践界，对于“科幻”的关注都不再限于叙事性的小说和影视，而已广泛扩展至非叙事的其他领域和种类之中。一部描写地球流浪、星际穿越的文本故事或影片可称科幻；而即如《人

1　C. Geertz, *The Interpretation of Cultures*, 2000，New York: Basic Books, 1973, p.15.

2　参见本书第八章“反面神话：科幻人类学简论”。

工智能的兑现》展览陈列的一样，一系列没有情节，但能与观众现场互动的“机器人”或“同步网站”照样如此。在人机互动的具身化方面，说不定后者还更能揭示科幻的内在特质。例如，在2022年展于成都的人工智能作品中，由Tonoptik团队创作的《台灯·本能》(*Instinkt*)便有显著表现。在与观众的互动中，该“作品”能将自己之外的物体视为异类，并依据强化学习的算法，对靠近者发出不断增强的噪音和强光以示警告，从而显示其机器人式的主体性，并发挥自我保护的生存本能。如果说作品也有可被言语转译的主题的话，其力图揭示的或许就是：“机器脆弱的本能期待着（人类的）感同身受。”[1]

能向接近者发出警告的《本能》/徐新建摄

对于这样的艺术创作来说，其中蕴含的科技分量可以说超过了许多一厢情愿的科幻小说，故而若仅只将其称为“虚拟”也近于贬损。最关键的是，面对制作复杂且审美隐喻异常深刻的作品，你已难将其创作成员单一地归为科学抑或是艺术的既有行列了。Ta们是科学家？还是艺术工作者？都是，又都不仅仅是。

1　张尕：《人工智能的兑现：卑弃与救赎》，中央美术学院网资讯网“CAFA Art Info”，2021年9月17日。

（四）兑现：你愿意……吗？

值得留意的是，作为“观—展”互动的组成部分，主办方在出口处设置了留言区，以三个问题让观众回答：

一、机器能思考吗？

二、你愿意和我生活吗？

三、你愿意被我取代吗？

翻开留言簿，上面的回答丰富有趣，立场多样，选择不一。对于一，相信者居多；对于二，有观众说：“愿意，我已经想消失很久了，最好这个夏天……”另一位说：“不希望，我还有自己想过的生活。”

观展结束，联想未止。

回到展览的标题——“人工智能的兑现”。这明显是个思辨圈套——“兑现”基于承诺，承诺什么呢？计算机被人类生产出来这么久了，如果承诺真有的话，有谁记得其中都包含哪些呢？

2020 年 5 月末的成都已入初夏，市郊的旷野呈现着自然与人工交错的重叠风光。当天下午，天气晴朗，蓝天白云；走出展厅，重见光明。一下感到万物复苏，空气顺畅，草木皆有呼吸，顿时知晓里面的“碳世界”才是幻象。

（五）突破：“无节制乐观”的共谋

历时两月的展出已过一半。期间，成都媒体将其称作“黑科技”展，认为作用是“让成都观众做了一场诗意的‘电子梦’”。[1]有的宣称，当你在展览中见到人工智能成为艺术家之后，会让你“脑洞大开”。[2]在浪漫无比的气氛烘托下，文学期刊《科幻世界》也迈出了向“AI 艺术展”迅速靠拢的步伐，力图通过选取与 AI 作品相类似的小说拼接和比较，将其实与之相去甚远的人工智能作品嵌回既有文学的叙事构架。在“A4 美术馆”和“科幻世界”公众号先后发布与转载的推文里，双方宣布：“A4 美术馆已与科幻世界达成长期合作关系，在未来，将共同致力于扩大新技术和新艺术的影响，为公众带来更好的‘科技 + 艺术’体验。”[3]

然而，仅就目前已在进行的展览而言，推文所提的“新技术与新艺术的影响”值得关注，而如何带来“科技 + 艺术”的体验却令人质疑，比如如何接近展览原创者们主张的目标：揭示权力与资本在 AI 场域里的“共谋”，并质疑被二者一同渲染的“对人工智能及其工具效用的无节制的乐观态度”？

这些都值得深思和追问。不过无论如何，在虚拟与现实关联的意义上，2022 年的成都已展露出一系列令人瞩目的科幻新迹象。

为此，不妨再把眼光后推一年，与将于 2023 年在这座以“天府之国”著称之城举行的世界科幻大会提前呼应，便不难见出由 A4 美术馆举办的 AI 艺术展其实是一个前兆，共同指向了本地的一个新符号地标——科幻成都。学者们认为，2023 年在成都举办的世界科幻大会将是一个新的象征——

> 既标志中国科幻汇入世界，也意味着三星堆神话重返人间——让幻

1　杨帆：《这个“黑科技”艺术展，让成都观众做了一场诗意的“电子梦”》，腾讯网，2022 年 4 月 12 日。

2　余如波：《人工智能成为“艺术家”会怎样？这个展览帮你“脑洞大开”》，川观新闻，2022 年 4 月 9 日。

3　参见《闭幕倒计时：A4 美术馆 X 科幻世界：透过科幻小说看艺术品》科幻世界 SFW 公众号（转载 A4 美术馆官方推文），2022 年 6 月 24 日。

想叙事从过去到未来内在关联，突破时空，超越历史。[1]

可见，在数智科技的冲击下，成都已在冒险，开始信心百倍地迈入科幻未来。

（六）嵌合：神话与科幻的共同体

然而放眼世界，成都的AI艺术展绝非孤例，不过是数智全球的地方回音而已。

在现实界，疫情期间中原某市随意改变健康码用途的行为，激起了各界强烈不安，引发世人对技术滥用导致数智灾难的严重关切。[2]与此同时，2022年6月离世的不列颠科学家，人类首位“赛博格”（电子人）彼得·斯科特-摩根（Peter Scott-Morgan），则通过具身化的科技手段，将人类重塑自身的久远“幻想”——fantasy再度升级。[3]作为出版过《机器人革命》的一线科技专家，在受“渐冻症”影响而危及生存质量后，彼得通过改造为半肉体半机械的“赛博格”电子人，延续了自己的超生物生命。

如今，在人机互动关联的意义上，彼得已不是例外。有人类学家甚至提出“我们都是赛博格”，强调如今的我们，已“生活在一个越来越难以区分什么是人类、什么不是人类的世界中”，因此：

当你看着电脑屏幕，或使用手机设备时，你就是一个半机器人（“赛

1 《古蜀文明里的幻想世界，如何与现代科幻衔接?》红星新闻：2022年9月2日。

2 《健康码“变色”逻辑》《南方都市报》2022年6月16日。

3 Alice Fuller, Dr Peter Scott-Morgan dead: Brit scientist who became the world’s first full “cyborg” dies aged 64 after MND battle, The SUN, 13:53, 15 Jun 2022；Updated: 15:59, 15 Jun 2022, https://www.the-sun.co.uk/tech/18896399/peter-scott-morgan-dead-first-cyborg/.

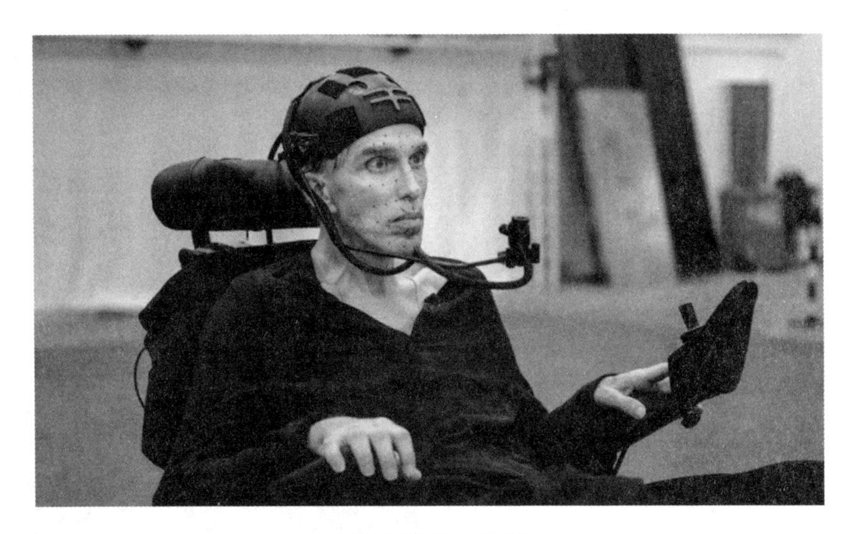

“赛博格”人彼得

（资料来源：澎湃新闻，2022 年 6 月 20 日，https://www.thepaper.cn/newsDetail_forward_18659678.2024 年 10 月 15 日下载。）

博格”/cyborgs）。[1]

在科幻界，2021 年，为纪念艺术家约瑟夫·博伊斯（Joseph Beuys）诞辰 100 周年，德国各地举办了系列庆展，其中便有围绕“技术萨满”（technoshamanism）展开的专题。

策展方从博伊斯的思想出发，力图“通过数字化技术来探索如何收获萨满能量、达到人与自然相连的状态”。[2] 这样的意图不仅在视觉艺术的经典中发掘科幻，而且将科幻与神话和宗教连成了一体。

为什么要如此连接呢？展方引入了博伊斯回答，曰：

重要的是，我跃入萨满的角色，以表达回归的趋势，即回到过去，

1 Amber Case, “We are all cyborgs now.” TED Conferences., http://www. ted. com. 2010.

2 《2021：事件·原住民与世界》，他者“others”公众号，2021 年 12 月 21 日。

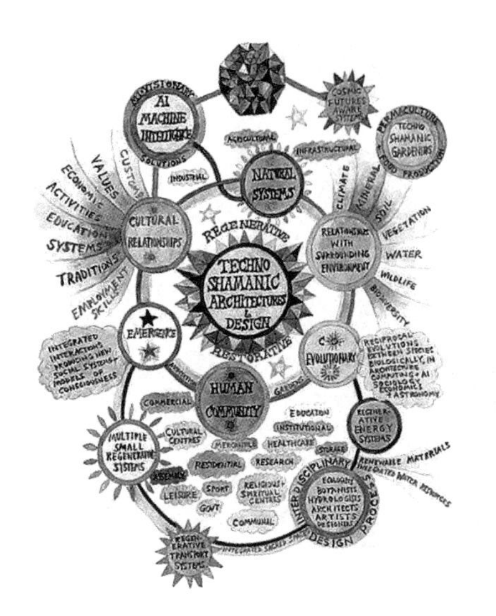

“技术萨满”展与《静物》舞台剧：向博伊斯致敬的艺术科幻

（图片来源：艺术眼网站，http://artspy.cn/activity/view/11823.2021 年 4 月 2 日，2024 年 10 月 15 日下载。）

回到子宫，但这是在进步的意义上。未来学意义上的回归。[1]

此回答破除了单线进化论模式，把“历史”转成循环，将未来拉回子宫（缘起）；从而回应了文学人类学的前沿观点：

神话是科幻原型，科幻是未来神话。

2022 年 6 月 30 日，在成都举办的人工智能展结束。前后两月，内外关联，透过其中的虚实叙事，让人如同被包裹进一张无形而又巨大的“未来规划网”。

1 《从“宇宙政治”到“技术萨满”，10 场展览走进博伊斯诞辰百年纪念现场》，威尔展会官网 2021 年 4 月 2 日。

（七）未来：你能想象吗？

这天，笔者翻开了已译成汉语的“赛博格”彼得自传。这是一部非虚构作品，展现着一个科学家的特异人生；而恰恰因其真实独特，不妨视为一部充满神奇的具身式“科幻”杰作，只不过其所对应的 Sci-Fi，早已超越科学“幻想”的言说，而进入科学虚拟和科学建造的实证与实践了。

自传中，在被运动神经元疾病摧毁之前，彼得向自己的另一半描绘了有可能通过人工智能实现的躯体再造。彼得说：“我不仅不再感觉被困在瘫痪的身体里，也不再是一具瘫痪的身体。”那是一种什么样的情景啊——

> 我的新身体将有可能扩展到各个地方——不但跨越物理宇宙，而且跨越无限范围的虚拟宇宙。你能想象吗？[1]

“赛博格”源于控制论（cybernetic），指有机体对无机物的嵌合与操控。如今，在期盼“赛博格”带来的巨大便利之时，不应忘记控制论的原创者维纳（Norbert Wiener），别忘了他从开始就对科技“双刃性”作过的判断，即它们“都具有为善和为恶的巨大可能”。[2]

如古往今来的神话一样，科幻也是“赛博格”，好比器物通灵，一半海水一半火焰，是凤凰也是风暴，是超越人类的编年史和本体论。

2022 年 5 月。在离成都不远的广汉，考古界隆重推出了新一轮“三星

1 ［美］彼得·斯科特-摩根：《彼得 2.0：一个人类赛博格的自述》，赵朝永译，湖南文艺出版社 2021 年版，第 164 页。

2 ［美］N. 维纳：《控制论（或关于在动物和机器中控制和通信的科学）》，郝季仁译，科学出版社 2009 年版，第 22 页。

堆出土文物展”。据新华社与故宫历史网等权威网媒介绍，其中的亮眼展品，包括才由祭祀坑发掘出来的“龟背网格”[1]与“机器狗”等谜一般的远古神器，引发线下线上媒体和网民对于“史前”与“外星”的无限遐想……[2]于是，同样的一年，同样在成都，尽管区别甚远，神话与科技却又悄然无声地嵌合成了一体。

成都是个地方，科幻是种场域。与数智时代越来越多的区域一样，“科幻成都”意味多元，既可指科幻来到这个地方，也代表将地方嵌入科幻；一边指向科幻在成都，一边象征成都正科幻。据《2019中国城市科幻指数报告》统计，成都的总分已超过北京、深圳，位列第一，“成为2019‘中国最科幻城市’”。[3]

今天的成都，像一颗正被弹射的星球，看似很近，其实很远。与许多被洪水淹过的遗址相同，它们被一点点挖掘出来，其实是一天天回向远方。

对此，你做好准备去科幻了么？

---

1 《三星堆新发现6个“祭祀坑”上新文物近13000件》2022年6月13日。

2 《三星堆文物版机器狗》故宫历史网：2022年5月16日。报道介绍说，被誉为“机器狗”的青铜神兽出土于三星堆遗址祭祀区三号坑坑底，长28.5厘米、高26.4厘米、宽23厘米。因其“呈昂首挺胸、四肢蹲伏于地的走兽形象”，且好像古今联动，故被视为“又一件‘穿越’文物”。

3 李果等：《中国城市科幻指数发布：成都、北京、深圳居全国前三》，《21世纪财经》2019年11月12日。

十一、人类学方法：采风、观察与生命内省

本章要点：从对田野考察的回顾和分析入手，阐述人类学方法论问题。围绕采风、访谈及参与观察和生命内省等不同方法、路径的比较，讨论作为知识、思想和方法的人类学异同，指出在具体的方法上，观察、理解、描述是有限的，如果不能超越这些局限，就不能真正地了解世界，也就不能真正地了解生命。所以人类学的目标不是追求自封的、客观的科学主义真理，而是对包括研究者自身在内的生命感知与自觉。

本章源于一次专题讲演，内容是对人类学学科定位的思考，重点在于把方法论问题放到人类学的核心位置来加以讨论。需要说明的是，这原本是一个命题式作文，副标题指出具体的方法类型，关注“采风、访谈”的局限及“参与观察”与“生命内省”的可能。笔者在标题中并置了人类学方法论的一些关键词，以作为讨论的进入点。

（一）基本问题

第一个是关键所在，即人类学方法的基本问题。由此提出三个可以讨论

的点：为什么需要人类学方法？什么是人类学方法？方法和方法论的区别及联系何在？

这些问题没有明确答案，也可说有很多答案。各人有各人的理解，古今中外，相互不同，就连不用这些学术话语的人，比如被我们当成研究对象的那些原住民，可能也有他们的解释。所以，有很多种类的回答，没有标准答案。每个人都只得自己去找觉得最有效的回答。任何回答一旦出现就是对既有回答的一种对话。我们不可能找到一种终极性的真理。从终极真理的角度来讨论人类学方法，本身就是一种谬误。

1. 为什么需要人类学的方法

为什么需要人类学的方法？这是一个既大又基本的问题，但从实践来看却又绕不过去。现在的学术研究，本科以上的学位论文，从开题报告到最终论述都会涉及方法。在笔者经验中，感觉大部分人都是随意写的。他们基本上不知道，为什么在这个地方要交代方法。一些模仿者会找前辈学长的成果来抄，人类学领域里抄的最多的是田野民族志，其中即指向我们所说的田野方法。很多人说用文献的方法，但是没有问这些方法怎么样去落实，其实他们基本上也是不考虑的。可见，对方法或方法论的训练，在当前的教育系统中还没有形成必修的核心和基础，这是一个普遍问题。

同时，我们又在表面上使用这样的方法来增长我们的知识，影响我们的行为。比如说，一个历史学专业的人，或者人类学专业的人，要去做研究，当别人问他要用什么方法的时候，往往无言以对，或顾左右而言他。另外，我们会看到如今的大部分课题评审以及制度化的知识生产也差不多都格式化了。在研究中必须有一个环节说明方法，但在作为整体的学术生产机制里，方法及方法论又是缺失的。为什么会出现如此重要的环节缺失？依我之见，问题就出在我们对方法和方法论的理解不够到位。

再举一个例子，最近有几个文学人类学专业的同学开题，其中一位做的题目是“民国初期的族群认同”。他在方法上提到要用“田野考察”，我问：“民国初期已经过去了，你如何去做田野？”他说：“我要去找那些从民国时期活过来的人做口述史的访谈。”严格来说这是一种取巧的回答，不过却也涉及对田野及其方法的新界定。最近以来，口述史在学界渐已成为时尚话题。最要追问的是，历史能否通过口述还原？历史在何种意义上可以成为田野对象？口述史在方法论的意义上有多少真实成分？就一般经验来看，口述史难以避免的一大局限在于，讲述者们每每偏向于美化自己，弱化旁人。于是同一件事情在不同仁的口述里便不一样。比如一组关于1980年代中央高层商议“恢复高考”会议的口述重现，就出现了不同的当事人凸显不同场景的情形。有一个人很细心，把相互的追述放在一起比较，结果暴露了矛盾和差异，同时也就展示对那段历史的不同观点及记忆[1]。那么历史能否及如何通过后人的自述、调查、追问来还原？“历史田野”在什么意义上能够成立？这是方法论要讨论的问题。

有关方法论的讨论，各学科都有很多，比如比较文学和比较文化讨论两种文化的互动关系，考察A与B之间产生过什么样的影响等，属于实证性研究。这种实证性的研究通常能得出不少结论，但是若仔细推敲即会发现许多结论其实是靠不住的。因为要证明两件事物之间的真实影响，需要建立严格的验证机制，并且这样的机制还需是可以反证，可以证伪的。你说某个读者受到某本译著的深刻影响，如只是简单推测是容易做到的，但要确证却很难。因为所谓阅读影响，在性质上属于精神和心理范畴，如何去测试出来？在何种程度上如何做到量化？例如一个人在某一天看了一本书、听了一个故事后，突然人生观改变了。这是有可能的，但是又怎么证明呢？实际上现在

1　相关介绍可参阅刘道玉：《1977：亲历恢复高考决策》，《纵横》2007年第8期；龙平平等：《邓小平决策恢复高考》，《党的文献》2007年第4期。

流行的很多描述性成果是不能证实的，有的甚至是道听途说的。这就告诉我们为什么需要讨论方法。方法和方法论是现代学术的逻辑起点。当然，这是理性主义、科学主义意义上的逻辑，它排斥了主观的创造及人为建构。

进一步看，这还不是说人们可以不关心方法是否成立，整个推论是不是可靠，而是整本书或是整个研究都可能因方法失当而被颠覆。这是问题的第一层面，追问方法论是什么。

2. 什么是人类学方法

接下来的问题更复杂。在通常情况下，被讨论的方法和方法论问题没加修饰语，意味着关注一般的亦即具有普遍意义的方法和方法论。什么是一般的方法论？其有没有进一步分类的可能？比如按照如今西学的三分法——自然科学、社会科学与人文学科——来分行不行？如果可以，那这种分类与方法能否同构？就是说有没有自然科学的方法、社会科学的方法及人文学科的方法？如果有，它们的区别是什么？如果这样的界定可以成立，那有关人类学方法的归类就出现了。因为，我们需要进一步追问：人类学是自然科学还是社会科学？抑或是人文学科？无论你选何样的解答，每一种界定都会影响到对人类学方法的理解和建构。

另外，即便我们已经知晓有必要选取某种立场去理解和建构的时候，如何具体地去寻找和创造一种人类学的特有方法同样很难。因为我们不知道建造者所指的人类学是什么。所以，在此是要采用连环的追问去还原我们对一些基本概念的理解。

3. 方法和方法论有什么区别及联系

方法和方法论既有联系，也有不同。一般来讲，方法是具体的技术、方式、操作手段，一种考察的或研究的路径。但在这些表层现象的后面，还有一个总体性的基础，我们把它称为“方法论”。方法论通常被视为哲学领域的范畴，跟本质论、价值论等一起，共同构成思想和学术的基本柱子。

“方法论”这个词是以现代汉语方式呈现的外来语，英语写为methodology，讨论该词的原义，本应回到其传入前的母语。一旦用汉语来讲就不能与其西学源流全然对应，而变成了对西学的介绍、挪用及阐发、延伸，同时又夹带着非西方的本土资源与传承。只不过有一个麻烦，即便用汉语来讲解方法和方法论，其也是被现代翻译的理论，就像穿着汉装的西学包裹我们、影响和改造我们。这样的举措割断了古汉语的脉络。这里，古汉语指古代汉学传统。在古代汉学传统中会不会讨论方法和方法论？当然会，只是不用“方法论”这个词罢了。有些人想在古汉语中找同样的词语来对接，找不到，于是说中国没有方法论，甚至推论中国没有哲学。这个是很大的问题。我们要小心的是，现代汉语讲的方法和方法论是对 methodology 的翻译，就像“民族”这个词是对 nation 的翻译一样。可值得进一步对照的是，nation 这个词其实包含“民族”“国家”和“国族”等多义，任一选择都有局限[1]。与此类似，methodology 这个词对应的不一定就是“方法论”。反过来如果汉语世界的确没有“方法论”这个词，我们又该怎样去找同构性的思维表征？所以，在这里我们不仅需要谈及西学影响下的人类学方法和方法论，还必须关注背后更为深层的语词问题。

在此，我的回答是将它们汇总为一，即不同的人类学取向确定着不同的人类学方法，换言之，有什么样的人类学就有什么样的人类学方法及方法论。

“方法”这个词在汉语自有其意，而不一定非跟西语的术语对应不可。比如《道德经》说“道大，天大，地大，人亦大”；先讲有四种彼此关联的

1　有关英语 nation 引出的汉译问题，可参见纳日碧力戈：《现代背景下的族群建构》，云南教育出版社 2000 年版，第 3 页。

存在，而后便引出了“法”，“人法地，地法天，天法道，道法自然”。“道法自然”可从很多方面来解。顺着讲的话，“法”是动词，“道”是名词，最大的道也与天、地、人一样，也有自己所依托之“法”。若视为名词，则是将“道”引申为“法”。什么是“道法”？如果道可以作为一种方法的话，其特征又是什么？回答是“道法”就是“自然”。如此说来，《道德经》的这种表述又何尝不是在讨论更为根本的方法和方法论呢？果真这样，又该如何将其以古汉语承载的“法”——尤其作为动词使用的语义及实践功能，去同西语的 methodology 进行比较？如要比较，孰轻孰重？仍值得讨论。

（二）不同的人类学对应不同的人类学方法

1. 西学三分所对应的人类学方法

第二个问题，相关理解。在这里我想讨论的是：我们有什么样的人类学。我讲的是学习心得，不是回到教科书。这个问题我有两个看法，第一是在 2016 年召开的“学科重建以来的中国人类学”会上提交的一篇论文，题目叫《回向“整体人类学”》。在这篇文章中我指出，北美的人类学分类影响到中国学界对人类学的理解。他们使用四分法：体质、考古、语言和文化—社会人类学，之后体质人类学、考古人类学和语言人类学都分离出去了，只保留文化人类学。这个现象影响到中国大陆，所以学者们习惯于讲的人类学也只是文化人类学，很多人就把人类学等同于文化人类学。这几年又把社会人类学和文化人类学合在一起，加一个连字符叫社会—文化人类学，这就是我们的人类学。可是这种“四分法”是有问题的，在北美也一样。北美和欧洲大陆的传统不一样。所以我在文章里提出回归欧洲大陆的人类学起点，在结构、谱系上应该是三分，包括体质—生物人类学，社会—文化人类学，还有另一个非常重要的分支，即哲学—神学人类学。这三个层面如何构成一个完整的人类学体系已经有很多学者发表过自己的见解。

这个问题很重要，因为有什么样的人类学就有什么样的方法论。有“社会—文化人类学”，就有社会—文化人类学的方法和方法论，缺少了体质人类学，所以就缺少了体质人类学的方法和方法论。这样一个残缺、破碎的人类学结构影响到我们对人类学的完整理解。所以严格说来，我们现在还没有真正的人类学的方法和方法论，或者说我们丢掉了人类学应有的方法和方法论。顺着这样的思路来看，可以再作一些简要的说明，如果人类学的内在结构包含了这三个层面，我们就可以推论出这三个层面分别有各自特有的方法和方法论。

（1）生物—体质人类学的方法

具体来看，体质人类学，如果有，应该是科学实验的方法和方法论。例如，王明珂老师在川大做讲座的时候曾经回顾他在哈佛大学学考古和体质人类学时，就有关于石器技术的课，讨论被现代人想象出来的石器时代的人怎样使用石器。他举例说，我们现在去博物馆看到一块石头就会相信石头下面的标牌，其实那是很随意的。你们仔细想想，贴标签者是凭什么建立起石头和说明书之间的必然联系的？凭的是科学权威。人们相信科学。博物馆是制造工业，博物馆的叙事跟文学一样，里面也有话语和权利之争，有派系。博物馆的摆设，什么重，什么轻；讲什么，不讲什么，都意味深长。博物馆摆设的石器时代石头作为工具怎么就跟原始人的劳动联系到了一起？背后是有一套话语的——劳动创造人。后面是一整套人类进化的观念。所以，这个石头和表述的联系背后有一套话语系统在起作用。当然我们可以倒过来，问原始时代的人不用木器吗？显然木器用得更多。但是木头留不下来。所以，博物馆里的一个历史还原其实是现代人编出来的古代故事。怎么编的？有一套科学主义话语。

再回到刚才的例子。这个例子在课堂上就和博物馆不一样。课堂上可以通过生命体的模仿，去验证大石头如何敲成小石头，再切割成更小的石片。它可以还原出一种历史过程、历史现场，让学生或一个初学者去相信、想象石器时代的真实存在，联想各种石器的作用是如何不同。当王明珂老师讲到这里的时候，我没有从方法论的角度来看，而是从对历史还原的角度来关注的。在讨论体质人类学的方法和方法论时，我们可以得出类似的推论。这不光涉及石器时代的工具问题，还包括年代的见证、人与物的关联。在体质人类学里面，一块骨头被挖出来鉴定年代，这在科学话语里面是有一个原则的，不因人而异。这是体质生物人类学所要依赖的方法。这个方法不是孤立的，方法后面有方法论，方法论后面有认识论和价值论。比如说现在全球主流的人类学从业者逐渐相信人类有一个同一来源——非洲，声称在那里找到了生物学意义上“真正的夏娃”。人类学最前沿的分子、细胞、遗传和基因人类学分支正联起手来，认证人种同源。当然这个方法也有一定的问题。中国学界也不是全体赞同，有人至今坚持史前“北京人”自成体系的观点，企图由此推论中华民族本土说。可见即便是科学主义的方法，每每也不得不与社会文化的其他话语交涉在一起，受到诸如本土中心与“爱国主义”等价值取向与情感影响。所以，基因人类学、分子人类学等这样一些科学主义的方法当然有特点，但是如果要进入对问题的综合讨论，其场域也是有限制的。

（2）社会—文化人类学的方法

接下来对社会—文化人类学方法的讨论会有困难，因为需要对应体质人类学的方法特征，找出彼此的异同。社会人类学的方法用简洁的话语来概括的话，应该是什么呢？很难说。勉强找出一个和“科学实验”相对应的术语的话，可以叫“物象实证”。大家可以批评。之所以叫“物象实证”，是鉴于对既有的社会文化人类学的民族志书写的评述体会以及通过学者们的讲述，梳理他们怎样去研究社区、民族以及各种文化事项等一些过程推论出来的。

（3）哲学人类学的方法

为了给被称为“哲学人类学”的方法留下独有天地，我把它对应地称为“身心经验”。这种身心经验的特征，就是人同时以自己为主体和对象进行的自我观照、自我反思和自我阐释。

总结一下，如果说对人类学的学科体系不用四分法而用三分法来看待，那么跟它对应的方法和方法论就呈现出另一种结构样态。体质人类学对应的是“科学实验”，社会文化人类学对应的是“物象实证”，哲学人类学则对应着“身心经验”——或身心体验、体悟。由此见出，我们今天在这里讨论的人类学方法和方法论是一个很重要的问题。而且还可再顺此反过来追问：你所谓的人类学是什么？在哪里？为什么是这样的人类学而不是别的？对这些问题都有必要作出重新思考。

2. 三层视界与人类学对应的多重方法

人类学的“三层视界”，先从中间讲起。现在的人类学主要是“三层视界”中间的层面，也就是有关“群”的研究，即区域、民族和国家的人类学。它构成人类学视界的中层，而视界的完整结构应该是“三层”，最上面的是打通全人类、全球化，也就是世界的人类学；最下面的，聚焦个体，是个人的、自我的人类学。把这样的结构放到一块儿来看，我觉得人类学的三层视界宛如两极之间无限地带。两极的一端是个体、自我，每一个人都是开始，同时也是世界的起点；另一极的端点是全人类，也就是大写和整体的“人”。在这两极之间，便是我们现在普遍流行的人类学，即“群”的研究。群的研究是人类学吗？我觉得不好说，因为不完整，只能叫社会学、民族学或国家学。整体的人类学应该以个体生命为起点，同时包容全人类，包容古往今来的所有的人，那才能叫人类学。所以人类学可以分为关于世界的人类学、关于自我的人类学和关于群体的人类学，即关于区域、民族及国家的人类学。

下面对这三层视界分别论述。

（1）关于群体的人类学方法

就目前的情形而言，我们更多看到的是关于区域的和民族国家的人类学的方法和方法论。而这样一个层面的方法和方法论，表现最充分的是关于“他者”“异文化”的研究。就是一群自认为受过一些训练，已经自我解放，堪称全能的、道德至上的强势学者，分批地猎奇一下他者的文化，并且帮助一下别人。他们到世界各地——特别是“欠发达地区”做一些调查，再写成书，之后出版。这就是目前流行的人类学趋势。在这种趋势中，世界被分为“我们”与“他们”两半，“我们”居高临下，如同在世界之外，在对象之外，作为一个全能的观察者和表述者，到别人的地方、“他者”的地方去“参与式”的观察，而后撰写其实并不让对象阅读的田野报告。

这是欧洲殖民时代的人类学方式。在早期，人类学家都是整体性的。从达尔文到泰勒、摩尔根，他们的人类学对象是生物界和人类整体，包括地球上的所有生命存在。这样的眼光和方法延续着西方博物学传统，对应的是整体性叙事，在与神学对话的意义上，呈现出与《圣经》同构的终极关怀。《圣经》的“创世说”相信神创造人、创造世界。达尔文却反驳说，不，是自然进化创造了世界，包括我们这些后世之人。

然而，随着学科相互分家，人类学逐渐变成一种对“异文化”描写的区域性人类学，聚焦点也转向了“他者”和“野蛮人”。这种关于“野蛮人”的人类学移植到非西方社会，进一步置换成本土性的民族和国家的人类学。这是值得不断深究的文化交往过程。然而由于我们有这样一种有边界、受限制的人类学，我们的方法自然就偏向于对“他者”的观察和分析了，只不过作为“他者”或“异文化”的对象不是异国土著，而变成了我们社会的底层民间和“非我族类”的少数民族，使用的方法与马林诺夫斯基的田野工作相近，也是去异乡，与乡民“三同”：同吃、同住、同劳动。当然本土人类学的“三同”有超越马林诺夫斯基的地方。

可是，回顾作为整体的人类学方法时，我们会发现中国的人类学缺少了两极，只剩中间的“群”。这种其实只是局部的人类学方法和方法论，把世界切割成“我者”和“他者”、“我国”和“他国”、“我族”和“他族”、现代和古代，以“我”为圆心，力图进行关于另一个“异”文化的描写，于是便围绕这描写去收集、调查，有时还会拼凑、制造材料来写作一个为“我”所用的民族志报告。

（2）关于世界的人类学方法

如何将这样一个有缺陷的、不完整的人类学世界还原到一个完整的人类学呢？首先需要发现它在方法和方法上的严重不足，那就是缺少关于整体人类的方法和方法论。

我们这样说，有些人类学家会反感。他们会认为，我们有必要研究整体人类学吗？我们有可能研究全人类吗？不可能嘛！经费也不允许嘛。他们可能拒绝整体的人类学研究。就方法论而言，关注人类是不是一定要那么多经费，一定要那么多原始素材才可能实现呢？不是的。西方的达尔文没有走过很多地方，但当他把人看成一个整体、一个符号和一个类别的时候，他就体现了这样的方法论。

在达尔文的分类中，“人”作为灵长类的动物在生物链中成为可以被观察、被分析、被解释的统一对象。这个方法又被推演到泰勒、摩尔根那里，他们再把它延伸后进一步讨论叫作“人”的这种动物是怎么在文化意义上进化过来的，亦即如何从早期的蒙昧时代、野蛮时代逐步走向文明乃至更光明的未来乌托邦。在此他们已经体现出整体的“人类叙事”。当然，这样的人类叙事也有问题——西方中心。对此中国人帮了不少忙，帮它填空，把进化论的奴隶社会、封建社会……模式移植到中国来讲，使之成为全人类的普遍话语。可见普遍式的世界观和整体人类学在中国也并非毫无踪迹，只是在许多情况下每每被本土性的“国族主义”掩盖了而已。

鸦片战争以来，中国人就生活在“救亡图存”的进程中，到了高唱《义勇军进行曲》时，又进一步延伸为全民的“生死关头”之感，那就是“中华民族到了最危险的时候”，“把我们的血肉，筑成我们新的长城”。怎么办呢?“起来，起来……冒着敌人的炮火，前进，前进，前进，进!”前进的目标就是获得“中华民族的解放”。这样的激情宣传极为有效地动员了国民，凝聚了万众一心的国族认同，同时又因过度的本土情结限制了自身，在方法论意义上限制了应有的人类眼界与世界胸怀，使一些人逐渐觉得研究全人类不仅不必要，而且不可能。有一部纪录片展现幼儿园小朋友情形，孩子们的反应是中国就是世界，其他地方是外国。这显示出我们已从小就把中国跟世界变成二元的空间，中国要么是中心，要么就在世界之外，而没有一个完整的世界，没有完整的人类社会，从而也就没有一个完整的人类社会的方法和方法论，这是很成问题的。以此类推，由于缺失了完整的世界方法和方法论，迄今为止的中国民族志写作基本上是国族写作和本土报告，还极少有真正意义上的人类学。

正由于这样的缺失，致使我们基本上没有研究世界，也未能了解叫作人类的这样一种生物。目前的中国艺术家几乎拍不出像《后天》《阿凡达》这样的电影，即便再拍一部《孔子》或再办一场奥运会，体现的也是张艺谋等凸显的“中国元素”。我们的艺术家似乎不愿意去想象50年以后的人类去哪里，他们不管，也管不了。其中的原因其实就跟方法和方法论局限有关。奇怪的是古代中国智者还关心“天下”，但到严复以后反就没有了。严复引进的人类学强调“物竞天择，适者生存”，聚焦于保国保种。从那时起的中国人就期待着站起来超越西方，超英赶美，以夷制夷。这就是中国人类学的现实和历史背景。

（3）关于自我的人类学方法

以上是宏观层面的问题，从微观层面讲，局限也是明显的。由于我们只关注中间的层面，导致缺失了另一个重要的维度，就是自我，即每一个人。人类学的对象是全人类，是存活在地球上的每一个体，而不仅仅是按等级来划分、取舍的群。人类学关注的人是独特的、平等的和同构的，包括过去、现在和未来的所有特定成员，只有以林林总总、彼此各异之个体为研究对象的人类学才称得上整体人类学。与针对“他者”的外部研究不同，关注个体的人类学属于人类的自我研究，更倾向于人类生命的自我观照。因此，自我的人类学关涉的方法论另具特色，成为很重要的一个部分。

21 世纪后人类学出现了一种“身体转向”，关注身体、生命及至灵魂。有很多人在追随。我觉得很多人还只是简单地借用莫斯、福柯的理论来讲政治学意义上的身体。有一些同行则开始挖掘儒家和道家的身体观，比较他们对“生命”“自我”的理解差异。与这些新的研究取向相比，传统的人类学就显得过于外在和皮相，与之关联的方法也就难以深入自我。而一旦开启了有关自我的研究，无疑会有很多新的空间和话题。例如可以比较人类学的自我与佛教的自我、心理学的自我。可以讨论弗洛伊德讲的“本我”“自我”“超我”与佛教“前世的我”“今世的我”及“往生的我”的异同[1]。对此，我们的人类学又该如何来做呢？有“世俗的我”“神圣的我”“超越的我”这么多的“我”在这里，我们人类学怎么样深入进去？问卷？访谈？还是参与观察？你能自己给自己发一份问卷么？当然也可以。

这是很有意思的，内外循环，体现出人是自己的研究对象、自己的研究者和自己的创造者的完整结构。我们真的要去异邦、外国和去农村、郊外才能研究人吗？即便那样，如果你去往那些“异文化”之地以前，去那些被你

1　关于这方面的讨论笔者做过初步尝试，但还未深入展开。相关论述可参阅徐新建：《文学：世俗虚拟还是神圣启迪：“文学疆界”与〈六道轮回〉》，《文艺理论研究》2011 年第 3 期。

认为是落后民族的、要让你帮助扶贫的对象之地前，你对你自己都不理解，你怎么去理解文化、理解别人？举一个例子，前几年青海发生地震，有位城里学生在灾区感到当地的小孩很可怜，因为他 / 她们竟然从没有吃过口香糖。她是真正的感动，发誓要帮助灾区的孩子，方法就是要让他们吃上口香糖。我们要倒过来看，她的不可怜标准是什么？很显然是城市人、有钱人的标准。但是她何以能证明口香糖就代表幸福呢？她或许不明白文化的标准是相对的，在一些城市人眼里体现舒服甚至潇洒的口香糖，在另一种评价体系里价值相反，甚至是不健康和疾病。

所以从微观的层面看，研究者和研究对象之间需要有对自我生命的认知作为前提，那样才可能去研究“他者”。这样的例子很多。我们作为研究者随着时代的塑造，会带着对历史和社会文化的各种观念在不同的时候去到同样一个地方，从而得出截然不同的结论。也就是说，外面的人带上自己的观念和见解，往往跟里面的人毫无关系。原因就在于你只看见你想看到的世界，你只能解释你所能解释的世界。但是世界是因你而存在的吗？显然不是。所以人类学真正的起点是关于自我的人类学，是反省的人类学，是自知之明的人类学。在这个意义上，有关这一类型的方法和方法论人类学严重缺失。

由于现行教育体系的原因，不少学者把与此相关的问题想得过于简单，以为受过教育获得了博士学位的人就可以去了解他者，解释别人。但是我们看看，学者们解释他者的民族志报告离研究对象到底有多远。比如研究火把节、招魂歌、朝圣仪式的作品，通常会让人觉得很可笑、很无聊、很愚昧。好，你可以持有这样的看法，但那些“他者”真如你想象和描写的那样愚昧吗？不一定。问题是你对他们生命知道多少？对包括你在内的这个世界知道多少？如果不知或知之甚少，你怎么去做研究？反过来，如果你连自己的生命真相都不清楚，又怎能去描写别人的生命？

（三）对东西方已有人类学方法的总结和讨论

第三部分要讲的是具体方法的比较。如果说人类学是一个成熟、宏大并且复杂的学科，那么从开始到现在的历程中，已出现过很多方法。对此，需要我们检讨一下，无论是梳理、汇集、比较，抑或发挥、改造、扬弃都可以。也就是通过总结，对各种不同的方法加以对照，并从中找出与本土的联系。

1. 采风

采风的方法在人类学里说得不多，因为它不属于西学引进的话语，而是本土就有的。人类学很难处理这种本土传统。不过它虽说不是由人类学传入的，却又跟人类学很相似，此外还跟另外一些学科比如民俗学等也相关。在中国，人们往往把民俗学与古代既有的采风——观风辨俗、移风易俗等本土传统相对接。

在文学领域，如民间文学、口头文学等，对于采风的意义及其演变，从业者们大多都比较熟悉，并能熟练地掌握具体的采风方法。其他门类中，还有另外两个与采风的方法、技术或范式密切相联系的是音乐和美术。音乐和美术的工作者们追随从古代“观风辨俗”直到延安文艺座谈会上的讲话精神，从群众中来到群众中去，向底层民众学习、向工农兵学习。音乐工作者的土壤在民间，所以到民间去采风。这样的制度影响到中国新音乐的诞生成长。因为真正意义上的音乐原创是很难做到的，大部分所谓的创作其实都是模仿，对民间的模仿。所以采风的一大功能就是模仿，通过模仿，然后提升。包括 20 世纪全国传唱的《东方红》也并非原创，而是模仿的，模仿原本就很流行的陕北民歌——《骑白马》，《骑白马》模仿更民间的《白马调》。彼此曲调唱的都一样，只是改了歌词而已。这种把民间原创性的艺术存在和集体传承改造后用来影响社会的采风现象，就是观风变俗。美术也是这样。中国民间美术蕴藏着太多的资源，农民画、年画、风俗画等等，很多种类的水平超过专业画家。后者们到民间去学习、模仿，就把这种过程界定为采风。

但采风这两个字具有居高临下的意味，是由外及内、以高就低的。“风”是什么？从《诗经》的“十五国风”开始，“风”就代表统治者从礼制等级里看待的民俗，也就是现代人类学讲的“小传统”。与“风”相对，则是王权政治的“大传统”，也就是“雅”和“颂”，代表统治及学术层面的“大传统”，一个道统，一个学统；下面才是民俗行为的“小传统”。所以“采风”是一种居高临下的行为，他们下到底层民间去，收一点百姓歌唱，画一些白描图集，而后返回都市，提升各自创作。这与“写生”都不一样。写生是在自然的面前客观、平等乃至带有崇敬的目光看待和观赏。人是主体，自然界是对象，二者并无明显等级差异。但“采风”却表现出居高临下，雅俗有别。所以采风这样的行为，既是方法论又是价值观，代表着特定的文化观、世界观。

2. 访谈

对于“访谈”，还很少有人从方法和方法论的角度来讨论。中国的人类学日益社会学化后，导致在田野工作意义上出现越来越多的“偷懒”，也就是有越来越多的人开始用“访谈”替换考察。其中不少人甚至以干部式的姿态去组织甚至命令访谈对象前来汇报，面对研究者的提问现场回答，而后把答案录下来整理后发表。本来，作为业内流行的人类学方法之一，访谈不是不可以使用，但若不注意，同样有很多问题，尤其是主客体之间的关系变异。

第一是关系剥离。当一个文化持有人从他的文化母体中忽然被剥离出来成为一个被询问者，这时便已体现了一种关系的不对等、不平等。凭什么一定要接受你的访谈？一定要回答你的问题？而且还得遵循你的访谈提纲？这是值得追问的。这种关系包括问卷。其实即便答了，他们也很少坦诚地告诉你真相，因为他认为没那必要。也许有时候你会说给他们几块钱劳务费他们很高兴，会希望下次还找他。是这样的吗？他们真愿意接受这种被动“访谈”建立的不对等关系么？愿意处于被一批批不认识的闯入者毫无顾忌地追问自己文化隐私乃至家庭与个人秘密的状态么？

访谈的不对等还包括访谈结果的随意发表及其导致的因回流到当事人中而产生的伤害。例如四川旅游景区的某村寨，CCTV 摄制组到村里“采访”，村民们分别讲了很多各自的故事，包括亲友间的一些纠纷。片子播出来后大家都看见了，结果弄得都不愉快，相互吵架。那种对采访者建立的信任感就这样被采访者轻易地抛弃了。因为访谈其实是一个结构，关涉着什么人以什么原因、用什么方式进入一个地区，然后把这个地区的人们变成访谈者，从而引出什么样的结果，等等。作为学者，人类学家，你让信息提供者进入你的问卷，进入你的问题，就等于进入了你的话语结构，然而你却不告诉他，彼此在这结构处于何样的地位，你为何要做这些访谈，并且会怎样去使用这些材料。由此说明即便在方法论上，人类学也有自己的忌讳和规则，还涉及学术伦理问题。在这方面，国际学界的通常做法是为田野对象保密，尊重他们的隐私，在必要时会隐去访谈对象真名等。在这些做法后面牵涉着另一个更深的层面——方法论伦理学。这也是我们关注不够的。

第二是文化剥离。本来每一个文化事项都有自己的特定时空和文化场域，无论亲属制度、习俗信仰还是民歌颂唱。而学者们的“访谈”往往把它们拦腰切断，各取所需地召唤对象们从原本自在的文化场境中脱离出来，说某某某你上来，你告诉我这事如何如何，或你表演给我看那事是如何如何，你们祭祖的时候有怎样的程序、要不要对死者唱歌或招魂，做完这些后又去哪个地方，等等。最严重的是，近年来在一些地区安排的祭司表演，让若干村寨的祭司集中在广场上、会议厅里，面对摄像机，为外地来的采访者做仪式表演，表演连本地人平时也十分忌讳的神圣场面。这样的做法更导致了严重的文化剥离。我想这是访谈直接导致的另一种变形：一个文化场域的有机性、整体感因此而遭到“访谈”方法的剥离，被从其自身的文化空间里剥离，变成悬空的文化碎片，或可供外人加工的土著“元素”。

在当代社会中，“访谈”的功能日益强大，四处蔓延，快成了人们处理“他者”的一种泛化的范式。比如，在很大程度上，连兴盛于电视节目里的“青歌赛”“原生态赛”都堪称“访谈”的变种，只不过是非常失败的，因为就像把鱼儿硬从水里捞出来展示一样，它们不仅同样体现着文化剥离，还代表一种严重误导：让到电视台演唱的民间歌手认为这样的表演是他们的前途。与此相反，现实里的情形是在电视上获奖后的村民歌手很快就处在两难夹缝之中，既进不了城，又回不了乡，只好在被剥离出的地区与电视镜头的幻想间摇摆。

对此，你如果有兴趣的话，不妨去做细致的研究，会发现一种外来的干预怎样影响当地的人和文化。这是需要深入关心的，要关心“访谈”建立的文化关系和剥离怎样影响到人们对事件的认识，经由这些认识影响到事物本身。

“访谈”不仅是方法论，而且具有生产力，它所生产的最突出成品之一是博物馆。而博物馆能派生最严重的文化剥离，那就是把仪式的、动态的、活态的、过程性文化场域里的文化事物，依照学者有限知识的编排，放入自己塑造出来的文化结构，拼贴出一段历史、一个民族或一种文化。并且，随着拼贴者自身的社会变异，他们还会不断地去改换符号、称谓和价值判断。这些例子告诉我们，方法或者是方法后面的结构会如何影响到我们的研究、我们的视野。

3. 参与观察

人类学告诉我们比较多的西学方法论在文化人类学中就是参与观察。不妨把它拆开，先讲其中的核心部分“观察”。这个词的源头来自自然科学，与体质人类学和生物人类学相关，代表学术中立，研究者只作为旁观者和试验者出现。想象有一块古人类化石，你要去分析它，不作价值判断，不需要带情感因素去看待它。这样的观察具有客观的学术含量，从而沿用至文化与社会人类学。特别在马林诺夫斯基以后，大部分的西方人类学家都乐于采用这种方法，还逐渐派生出与之关联的价值体系，就是文化相对主义和文化多元主义。人类学家为什么要观察？是因为要理解“他者”，要描写“异文化”，然而这样做的时候已不能像以往殖民时代那样把对象视为野蛮人，而要看作是跟我们同样重要的文化存在。所以在这时，作为方法的“观察”更多地体现出一种客观，要呈现学术中立。不过即便这样，“观察”还是有一个外在的问题。读读那些用所谓“观察”法撰写出来的民族志作品即可发现，比如米德写的《萨摩亚人的青春期》，大量是用的观察，还跟踪参与了一些当地人的仪式。作者把这些观察到的材料整理出来，并与美国本土文化中的青春期问题作比较，研究成果成为人类学的一部经典。可是后来，作品又受到质疑，而问题恰恰出在对她的研究方法的质疑和否定，后来的批评者认为她的观察不客观、不准确。可见，观察作为文化人类学最强调的方法，仍值得讨论：需要看到它的局限是什么？有没有跟前面讲到的采风、访谈存在类似问题？

20 世纪 80 年代出现的民族志反思使大家再次注意人类学方法论问题。在《作为文化批评的人类学》里，“反思民族志”“实验民族志”等观念的提出，已使得纯客观和中性的人类学写作不再可能。实验民族志在方法论上有很大的突破，最重要的不是表现作品，而是在作品中出现第一人称。以前的民族志就像巴尔扎克的小说一样，普遍用第三人称，使得叙述者像全能的上帝，上帝告诉你什么就是什么，当然其中的上帝不是基督教信仰中的神，而是科学、科学主义。客观化的科学主义告诉我们，它的写作没有立场。但是“写文化”的分析者告诉说，躲起来的叙述者比出场的、第一人称的叙事者还要虚伪，更不可靠。于是将实验民族志加入作者，变成对话。既告诉你这个事情如何发生，也告诉你谁谁在观看，让你看见使这个事情发生的作者——“我”，告诉你当时“对象”在哪里、在干什么、过程如何，还告诉你，与此同时“我”在干什么。这种民族志叙述，让对象和叙述者对称地呈现在读者的面前，挑战了古典民族志的客观性、完整性、真实性、科学性。这就告诉我们，其实人类学的观察是不完全客观准确的，以前的观察和民族志都不能因自称科学而全然可信。也正因有了这样的反思，致使后来的人类学界不断发表文章，讨论人类学及民族志究竟是科学还是艺术，这样的讨论意味着人类学的观察方法开始被质疑、被改造，似乎有被抛弃和被别的东西所替代之危险。

接下来即可讨论更有意思的一面，就是“观察”一词被修饰，被冠以“参与式”的说明。“参与式”的含义在我们这里讨论是最少的。什么叫“参与”？对一种完全陌生的文化而言，你能参与吗？能参与到什么程度？你如何证明你参与了？真正的“参与”至少意味着作为一个观察者你要被你所观察的对象接受。可另一方面，就在这个过程中，会同时导致关系的虚假，你的考察对象其实是在利用你，他会迎合你的需要，告诉你想要知道的事情。实际上，就如你事先对他们的设计一样，他们的回答也是选择和设计过的，既投你所好，也讲其欲讲。

大家知道人类学有很多经典故事，当一个村庄已有五个、五十个、五百个人类学家去过之后，被访者已经背熟了整个结构，甚至最后会问“咦，你是不是还有两个问题没有问我”？可见，被观察对象普遍存有一种文化心理——迎合。他不知道你为什么问这样的问题，第一感觉是保护自己。保护自己有很多策略，其中就是通过“造假”来迎合你。在你去做调查前，他们说不定早已先开过动员大会做好准备了：等你到访，争取利益。显而易见的是，在利益关系里访谈者和采访者之间的关系必然是不真实和不可靠的。

这样，人类学的“参与”里面就有很多折扣。任何一种本地文化，如果说还依然是一个完整体系的话，一般都有禁忌。这个禁忌不单对城市的学者，就是外族也是不能轻易触及的，比如性的问题等，都会有很多的禁区。作为外人，你会被隔离出这个禁区，无法知道处于内部的文化逻辑。那样，你又怎能真正参与到这个文化社群去？是他们转告你的？还是你自欺欺人？

所以，参与式观察在什么程度上才可做质量认定是难以实现的，有什么方式能证明你作为外人真正参与到了“他者”当中呢？很难。再例如，一个无神论者怎样融入有神论者群体之中，去真正地参与招魂、朝圣乃至轮回转世？基本不可能。你连这些行为事件所依赖的观念都不信，如何能像当事人一样切身地参与其中呢？这时的你，表面看进入了“异文化”现场，其实是身心分离的，处于方法论意义上的“身在曹营心在汉”困境里。于是，当你明明已身处一个他者的文化体系，却又顽强地固守自己的既有信念，你又怎能进入？而你不进入又怎么描写？你不描写怎么分析、阐释？所以这样的“参与”“观察”都要打问号。

上面简要列举了四组较有代表性的方法与方法论——采风、访谈、观察和参与——来作简述。结论是它们都有道理，各显功能，在一定的时期、一定的范围也有过不同之意义、作用和价值。但是，如果将这些不同方法放到人类学的整体构成之中，与宏观、中观、微观的层面相结合后再进一步分析的话，却都显出了各自的局限。

（四）讨论：人类学可能的方法是什么

人类学可能有什么样的方法？要讨论这一问题就还得回到开头的判断：有什么样的人类学就有什么样的方法论。就此，需要再次问一下：我们究竟需要什么样的人类学？也就是说，需要对人类学再作一个根本的辨析。

1. 作为知识的人类学

人类学当然是一门知识。人类学家通过艰苦的劳动一部部地写出民族志，生产出影响深远的学科知识，投放于社会结构里面，加入到历史过程当中，填充了被我们叫作人类学知识的体系。而作为知识的人类学的一种目标，在西方，便是话语创造者们一心憧憬并已逐渐完成的人类世界档案。在这一点上，非西方世界包括中国在内，很长时间是被动和晚进的，只好抄别人，照搬西方；因为我们已来不及完整地研究欧洲、非洲或大洋洲，难以完整地研究中国之外的其他民族。所以到目前为止，人类学在知识层面提供的世界档案几乎都是西方人完成的，是西方的人类学家在告诉世界，人类如何起源，如何进化，经历了哪些阶段，怎样从灵长类的高级动物通过劳动站立起来，成为智人，然后再经过不同的社会阶段逐步发展到了当下。如今的人类学依然由西方领头，继续告诉世界：人类拥有共同的基因，各国的人都来自非洲，只是经迁移和演化才形成今天的种族、国家。人类学继续告诉我们说，虽然人类有着共同起源，但经过漫长岁月演化出来的体质与文化多样性，其作用不可低估，因为那是灵长类高级生命适应环境的体现，对于未来发展具有深远意义，所以应该毫不含糊地珍惜世界上不同的语言和不同的文化等。这就是说，在科学发展的意义上，人类学已经完成了《圣经》以后的知识谱系重构，形成力量强大的人类学的叙事和以“进化主义”为特征、影响全球的认识架构。由这种类型的人类学派生的方法和方法论，强调科学与实证，关注真理和规律。

2. 作为工具的人类学

作为工具的人类学也有自己的方法和方法论。人类学一旦成为一种知识体系进入到社会权利之中后，再和“殖民主义”等思潮结合，就会推衍出文化中心主义及其派生的话语霸权。此后，自认为中心的人们就会以人类学知识为工具，划分不同仁群的高低优劣，力图对被判为劣等、野蛮者施以改造同化，极端的还欲加以扫荡清除。在这一过程中，作为工具的人类学可以通过话语的治理，借助经济、贸易等来实现这种同化目标，手段会包括像华勒斯坦讲的世界体系市场、资本控制等来完成。在这个意义上，作为工具的人类学设定的未来远景就是治理“他者”，同化全球。然而世界历史的不均衡，这个“他者”每每就是非文明、非基督教、非现代……各种各样的非西方存在。

作为工具的人类学在这个意义上有很多具体案例。比如本尼迪克特的《菊花与刀》。该著的主要作用是在第二次世界大战以后帮助美国治理日本；另外，是西方汉学对中国的表述。西方人类学一直在讲中国故事，这是我们必须了解的。西方的人类学不仅展示区域和局部的民族志，也不仅是对某种肤色、服饰、习俗等的白描和支离破碎的表述。西方人类学一开始就在讲中国的整体故事——包括马克思。马克思在这个意义上也是进化论的人类学者。他的思维模式就是把中国包括到世界整体格局中去。所以，在现代的新世界格局中，关于中国的故事，我们还没开始就已经被别人讲完了。而且在别人的故事讲述里，中国不是“非西方国家”就是“亚细亚方式”，要不就是“远东”“第三世界”“发展中国家”……

冷战结束后，又有亨廷顿这样的学者把中国重新界定为儒家文明，认为这个文明会跟伊斯兰人站到一起对付西方，反对基督教世界，于是提醒美国政府让儒家和伊斯兰打仗，并尽量隔离儒家与西方基督教文明。为什么？因为这两个文明不能对话。接着另一个美籍学者福山出来说，历史已经终结，如今的世界只剩下“最后一人”[1]，自由的市场经济是人类的最后选择。任何国家可以继续徘徊在这个体系之外。但如果你早一天进来，早一天得救，若不进来，早晚毁灭。他们讲的这种故事，你可以不听，却无法拒绝被讲。这就是说，在作为工具的人类学的故事里，中国已被写了进去。

3. 作为方法的人类学

现在可不可以尝试一下，不再探寻人类学方法，而是反过来把人类学当作方法呢？我认为当然可以，而且必须。我们应当重新关注人类学对人类的意义，探寻作为方法的人类学。由此，人类学才可能回到它的起点：通过对“人是什么”的不断追问，使人成人。有了这样的铺垫后，我们便可更加清醒地再看人类学可能有什么样的方法。同样是三个层面：

一是宏观的人类学方法。其对应的是世界的人类学、整体的人类学，也就是整体论的方法。这个整体论是全景式的，内含差异的比较和关联的方法。在这个层面如今的中国是缺失的。我们现在通行的是国别间的比较方法、东西方之间的异同方法，还缺少整体的、全人类的方法。因为过度强调本土，我们的人类学便没有非洲，没有澳洲，没有与本国无关的东西。

二是中观的人类学方法。这自然是我们最常见和最熟悉的，也就是对特选的、有边界对象的考察方法，物象实证方法。以上两种人类学方法的共同特点是外向式。研究者把自己和对象分成二元的结构，然后去观察，去分析，去研究和阐释。

---

1 ［美］福山：《历史的终结与最后的人》，陈高华译，广西师范大学出版社2014年版，第297—347页。

三是微观的人类学方法。它指涉的是个人、自我和内省的。跟以上方法的区别在于，这是一种内向式的人类学方法。随着自我的延伸及对象的转移，人类学出现了朝向自我的内转。这种趋向就是转向微观人类学、生命人类学，转向自我人类学，把研究者从对象化的事务中解放出来，从村寨、族群、国家、历史里超越出来，还原为特殊的、独有和自在的生命个体，然后再来倾听、来观察和体验。最近以来，已有不少学者在研究这种内在的人，而不是外表的对象和社会化的人，也不是被我们称为“文化”的物象，甚至不是被称为“非物质遗产”的东西。这样的转型意味着内向式微观人类学的出现。换个角度看，这样的转向还是对话式的：当我们作为微观个体面对自己的时候，就出现了这样的对话：我是“谁”？“谁”在跟我对话？“谁”在观察“我”？既然有人观察我，“我”又是“谁”？

一旦对话式的生命观察出现以后，接下来的推进就是返回自我本身。

结　语

综上所述，我认为从根本上讲，人类学的方法即是把人自己当作对象进行内省的自我认知。由这种内省的自我认知去体验、分析，然后理解“人”，把自己看成一个对象，反思自我之所以成为人的根本所在，再去理解“他者”。这种变化是值得注意的，就是本文通过从采风、访谈到参与式观察等多种方法的对比后所要强调的“生命内省”。

我提醒的是，从方法论的意义上说，如果一直身处局外就不能够理解局内，感受不到内部的体验。倒过来讲，人类学又是有边界的，从微观到中观再到宏观，存在着多种不同的边界。知道边界的存在十分重要。边界把我们规范成不同归属的人，从个体、家人到村民、国民直至地球公民，不断变换，不断分离，然而边界可以打通。古今之人形形色色，但生物属性与灵长特征却是一致的，所以才能通过自知，理解他人。由此出发，即可获得人类学最基本的方法和方法论。是什么呢？将心比心，推己及人。

说来很简单，但做到不容易。

人类学的目标不是追求自封的科学或冰冷的真理，而是对包括研究者自身在内的生命感知与自觉。

十二、自我志、民族志、人类志

——整体人类学的路径选择

本章要点：近代以来，汉语民族志作品大多呈现为聚焦“三层视界”中的中观族群或社会的“他表述”，对人类整体与个体关注不足。从人类学的学理及表述意义看，若要创建能将整体与个体、自我与他群相互关联的整体人类学，则需在面向宏观“人类志”的同时，聚焦微观，亦即回归个体、回归自我。由此而论，自我志、民族志与人类志的表述组合，将是整体人类学的最佳目标。[1]

（一）人类学的三维表述

无论在汉语还是西文表述里，人类学 /Anthropology 都指是关于人类的研究，是一门强调整体性的综合学科。它的核心在于追问和揭示“人是什么”，若深入一点，还会力图以第一人称的复数方式解答“我们从哪来，在哪里”以及“到何处去”。[2] 由此言之，人类学还可理解为人类以自身为对

1　本章主要内容曾在《民族研究》2018 年第 5 期上刊发，限于篇幅有所删减，此处是文稿的完整部分。

2　徐新建：《回向“整体人类学”：以中国情景而论的简纲》，《思想战线》2008 年第 2 期。

象的“自我研究”，通过研究开掘出科学与人文相结合的自反式知识，参与——适应、调整或改变——人类种群的整体演进。在这个意义上，人类学写作的主要成果——“民族志”亦可视为人类文化的自表述。

但一段时间以来，人类学时常被片面地界定为研究“异文化”的学问，人类学家的写作不过是针对“他者”的描写和解释而已。[1] 于是，人类学工作即被概括为到他者的“异文化”去做较持久的田野考察，然后返回自己的“本文化”写作并发表实为“他表述”的“民族志”作品——其中的佳作能为认识具有多样性的人类整体增添举一反三的实证案例及理论阐述，从而为特定的利益集团提供治理上的帮助，或为学术史与社会实践关联角度所需的“世界档案”填补空白。

在这样的理解支配下，不但缺少对考察者“本文化”的自觉考察，更鲜见对叙事者的自我叙事。也就是说，以人类学家各自为界，人类被分割为考察及被考察、叙事与被叙事——也即是表述和被表述——彼此区分的二元存在。结果导致人类学最核心的“人”不见了，演变为仅为特定“我群”服务的言说工具，整体人类和个体自我皆随之消逝。在我看来，这样的研究与整体人类学相去甚远，顶多可称为“群学”或“他者学”(国家—社会学、异群—民族学)。在这一背景下，无论民国前期的《松花江下游的赫哲族》《湘西苗族考察报告》还是抗战前后的《江村经济》《凉山彝家》，近代中国的民族志作品大多属于聚焦中间之群的“他表述”类型，在种群和个体的两端都彰显不足。

如今面临的问题是，一方面，以往研究史上早已有过以整体人类或个体

1　王铭铭、纳日碧力戈、胡鸿保：《人类学的中国相关性——关于〈社会人类学与中国研究〉的对话》，参见贺照田主编：《学术思想评论》(第4辑)，辽宁大学出版社1998年版，第215页；周大鸣：《关于人类学学科定位的思考》，《广西民族大学学报》2012年第1期。此外，也有人持中和态度，如刘海涛一边赞同主体民族志对新空间的开拓，一边仍坚持认为“民族学人类学的研究本体应该还是异文化”，参见刘海涛：《主体民族志与当代民族志的走向》，《广西民族大学学报》2016年第4期。

自我为对象的表述值得继承；另一方面，演变至今的世界现实更急切地呼唤能将整体与个体、自我与他群相互关联的新人类学，亦即笔者提出的“整体人类学”。[1]

以汉语表述为例，早在先秦时代便已出现过荀子式的整体观察，他把人（类）的总体特质阐发为：“人之所以为人者，非特以二足而无毛也，以其有辨也。”（《荀子·非相》）曾留学美国的李济将此说与现代人类学的“智人”（名称 Homo sapiens）巧妙结合，为整体的人起了中西合璧之称——“有辨的荷谟”。[2] 这是宏观一面。在中观层面，同样于近代留学西方的海归学者费孝通运用人类学方法，回到本土，考察自己家乡，撰写出被誉为开创中国人类学本文化研究先河之一的“乡土中国”（《江村经济》），使一度被当作西方人类学“异己”的中国文化，一下从被表述对象转为自表述主体。到了 20 世纪 80 年代，在多民族史观推动下，又出现了以刘尧汉为代表的“彝族学派”等多元叙事，进一步将目标明确转向关注并阐释研究者们几乎皆身在其中的本土、本族、本文化。[3]

与此同时，在以考察人类生物属性及演化、迁徙为聚焦的考古学、体质人类学及基因人类学联手下，汉语世界同样出现了与西学同步的人类学整体研究，不但通过实证材料而把“国史”叙事往前推至数以万年记的新石器年代，并把“黄帝子孙”与“蒙古人种”加以科学关联[4]，或以中国西南的“纳入”

---

1 徐新建：《回想“整体人类学”：以中国情景而论的简纲》，《思想战线》2008 年第 2 期。

2 Homo 指人，sapiens 是智慧、智能的意思，合在一起就是“智人”，用指生物进化意义上的“现代人类”。“有辨的荷谟”是李济用音译与意译结合的方式对 Homo sapiens 的汉译。参见李济：《考古琐谈》，湖北教育出版社 1998 年版，第 272—277 页。

3 刘尧汉主编“彝族文化研究丛书”，截至 2004 年已出版 43 部。相关评论参见程志方：《彝族文化学派的学术贡献》，《思想战线》1990 年第 5 期。此外，西南民族大学的王菊把彝族学派的理论意义总结为是从“他者叙述”到“自我建构”的表述转换。参见王菊：《从“他者叙述”到“自我建构”：彝族研究的历史转型》，《贵州民族研究》2008 年第 4 期。

4 徐新建：《科学与国史：李济先生民族考古的开创意义》，《思想战线》2015 年第 6 期。

为例，参与世界性的亲属制度讨论，[1] 而且介入有关智人祖母“露西”的论辩，[2] 继而更经由对人类基因组计划的参与，把本土多民族的人种由来纳入以染色体为单位的全球谱系，从而为推动“整体人类学”在中国的形成作了贡献。[3]

此外也应当看到，在微观层面也出现过“彝族文化研究丛书”中岭光电所著《忆往昔——一个彝族末代土司的回忆》[4] 那样的自述之作，对本文化的个体进行更为深入的阐发。但总体来说，汉语学界依然鲜有真正将研究者自我作为对象的人类学著述出现，换句话说，依然缺少人类学意义上的“自我民族志”。

（二）人类志与个体人

在这样的背景下，朱炳祥教授近来的相关论述值得关注。首先是他在《民族研究》连续刊发的一组“主体民族志”文章，[5] 继而是最近陆续出版的“对蹠人”系列民族志专著。[6] 这些论述目标明确，气势宏伟，力图通过“三重主体”式的新民族志叙事，回应后现代实验民族志再度陷入的“对话性文本”困境，从而以中间道路化解由科学民族志引发的“表述的危机”。[7] 这些论述聚焦于民族志的不同表述，具有较强的论辩性，提出的问题关键而深

1　Cai Hua, *Une Socit sans Pre ni MariLes Na de Chine*, Paris, PUF, 1997.

2　吴汝康：《〈露西：人类的开始〉评价》，《人类学报》1982 年第 2 期。

3　徐杰舜、金力：《把基因分析引进人类学——人类学学者访谈录之三十九》，《广西民族学院学报》2006 年第 3 期。

4　岭光电：《忆往昔——一个彝族末代土司的回忆》，云南人民出版社 1988 年版。

5　朱炳祥：《反思与重构：论“主体民族志”》，《民族研究》2011 年第 3 期。

6　朱炳祥：《地域社会的构成》，中国社会科学出版社 2018 年版。

7　朱炳祥、刘海涛：《“三重叙事”的“主体民族志”微型试验——一个白族人宗教信仰的“裸呈”及其解读和反思》，《民族研究》2015 年第 1 期。

人，关涉如何重新界定人类学及其书写意义。

在我看来，朱炳祥从民族志角度提出的“自我的解释”，开拓了人类学写作的多重意义，其中的重点在于聚焦个体、自我表述和多维叙事。

所谓“聚焦个体”，是指人类学观察与书写从群体转向个人。这种转向十分重要。近代以来，或许是受以科学理性为前提、偏重描写“异文化”的民族志类型误导，人类学家向世人提供的作品差不多全是画面模糊的文化“群像”。在其中，不但聚焦模糊，个人消失，更几乎看不见具体鲜活的心灵呈现。因此，无论《萨摩亚人的成年》《西太平洋的航海者》，还是《松花江下游的赫哲族》或《湘西苗族考察报告》，其中呈现的都只有被叫作萨摩亚人、航海者、赫哲族和苗族的抽象整体和模糊群像。此类人类学的写作主旨，正如《努尔人：对一个尼罗特人群生活方式和政治制度的描述》一书副标题坦诚的那样，重点在于描述某一特定“人群”及其关联的生活方式与政治制度。[1] 这种样式的描写把人类学引向只关注抽象的“社会”和“文化”，结果即如巴黎第十大学的人类学教授皮耶特（Albert Piette）批评的：使人类学丧失了人。[2]

有意思的是，这种摒弃个人的写作偏离，其实只是人类学内部的近代现象，相比之下，在其他领域——包括史学、神话与文学等，聚焦个人的叙事非但不在少数且此起彼伏，从未间断。在西方，自《荷马史诗》和希腊神话、悲剧起，就不断涌现出奥德赛、阿波罗、俄狄浦斯以及普罗米修斯等各式各样的一连串英雄个体。在汉语世界，由司马迁奠定的《史记》叙事模本里，基本部类中首当其冲的便是帝王本纪，其不但以被誉为华夏先祖的“黄帝”

1 ［英］埃文思-普里查德：《努尔人：对一个尼罗特人群生活方式和政治制度的描述》，褚建芳译，商务印书馆2014年版。

2 Michael Jackson & Albert Piette, eds., *What is Existential Anthropology?* New York and Oxford: Berghahn, 2011。参见余振华：《法国存在人类学之思：关注个体与观察细节》，《文化遗产研究》2017年第1期。

为起点，而且围绕他的神奇出身和丰功伟绩展开，接下来才有彰显孔子等先圣的“世家”及涵盖“其人行迹可序列”者与四夷群体的“列传”。可见即便在中国古代的汉语叙事传统里，个人向来非但不可或缺，且须得是作为核心呈现才可。在这样的表述格局里，“西南夷”一类的“民族志”也仅作为英雄个体的模糊陪衬才得以出现。由此不难看出，即便在被认为偏重“集体主义”的中国，“群”的形象其实也是笼罩在帝王与王朝的光辉之下的。

为什么近代版的民族志兴起之后，会出现对个人描写的摒弃和背离呢？以我之见，此趋势当与近代民族志带动的“群”学转向相关。此转向先是将整体的“人类”(Homo sapiens）作了切割，分解为三种主要子集，即“社会”/society、“民族”/nationality 和各种类别的“共同体”/community，其中最为凸显的当然便是“国家”。晚清之际，严复把“社会”译成“群学”时，目的要把“天演论”转写为“种群学”。于是，面对普世皆同的“物竞天择”，能争到生存之机的“适者”便被解释为非独立存在的个人，而是能体现群体强弱的民族、国家。在孙中山等政治领袖眼里，四万万五千万国民不过是毫无纪律的“一片散沙”，有待国家威权的统一治理。[1] 由此，“国家至上”的强力逐渐掩盖乃至碾碎了各显特征的个人身影。随着文化群体化、社会象征化和国家人格化的日益锻造，取而代之的是以“龙传人”“睡狮”及“炎黄子孙”等为标志的集体认同和群像“图腾”。在此过程中，“中国”“中国人”和“中国文化”的抽象符号一年年膨胀彰显，而张三、李四、王五……具体的个人却一天天了无踪影。

1　孙中山在《民权主义》中阐述说：“什么是一片散沙呢？如果我们拿一手沙起来，无论多少，各颗沙都是很活动的，没有束缚的，这便是一片散沙。”在他看来，造成散沙的原因在于人人拥有个体自由，改造散沙的方法则是束缚个人自由，形成坚固的团体。参见孙中山著，尚明轩主编：《孙中山全集》，人民出版社 2015 年版，第 404 页。

面对此景，朱炳祥教授呼吁人类学的研究要转向聚焦个人，强调人类学写作的当是“人类志”“人志”而不该只是“民族志”，因而主张“不是通过个体来研究‘社会’，而是通过个体来研究‘人’”。[1]这点我完全赞同。不过我认为问题还不在于是不是该把Ethnography由“民族志”改译为“文化志”“社会志”或“人志”，而在于是否要从仅关注中观群体的民族志陷阱走出来，回归联通个人与人类两端的人类学整体。[2]

结合全球一体的学术演变来看，汉语人类学的个体转向并不突兀。20世纪以来，从东亚到欧美都出现了类似的改变。比如近年来，通过对“无个人”叙事模式的洞察和揭露，日本民俗学界就开始了对“表述方”——传统民族志作者——特权的批判，将隐藏在村落表象中的个人“主体性”书写在民族志上，从而引出“倾听当事人自发叙述”“提倡‘个人’记述”等新的研究动向。评论者认为，与以往只描写村落社会集体规范的视角截然不同，自我叙事的新视角让民俗学研究中“曾经被埋没的个体”得到全新展露。[3]当代法国人类学家尝试运用“真实的小模式”聚焦独立个人，在几个星期的时间里“不间断地、跟随式地观察”一个对象，强调要在传统的社会人类学和文化人类学之外构建关注个体的“人本人类学”。[4]在德国，勇于创新的学者们则与相关机构合作，组建了可随意阅读的日记档案馆（Deutsches Tage-bucharchiv，DTA），将所收藏超过3000名德语圈市民的日记向大众开放，期待更多的读者光临，通过日记“了解‘大家的历史’，

---

1 参见朱炳祥：《自我的解释》，“对蹠人”系列民族志之三，中国社会科学出版社2018年版，第1—2页。

2 徐新建：《回向“整体人类学”：以中国情景而论的简纲》，《思想战线》2008年第2期。

3 参见［日］门田岳久：《“叙述自我”——关于民俗学的“自反性”》，中村贵、程亮译，《文化遗产》2017年第5期。

4 Albert Piette, Le Mode Mineur de la Réalité——Paradoxes et photographies en anthropologie, Louvain : Peeters, 1992. 参见佘振华：《法国存在人类学之思：关注个体与观察细节》，《文化遗产研究》2017年第1期。

甚至可以看到自己”。[1]

（三）自表述与日记体

然而即便挣脱了“群像”笼罩，个体的含义也有两极，一是作为他者的别人，二是作为主体的自我。因此，聚焦个人的人类学转向，叙事焦点仍然面临两种选择。在我看来，如果人类学写作真能产生出“主体民族志”的话，唯有自我书写的类型才与之相配，其他一切被代言的叙事——无论聚焦族群还是个体，都只能叫作“对象民族志”。

为了呈现叙事主体的转型，朱炳祥的《自我的解释》借用了富于想象的“对蹠人”比喻，一方面与“他者”相对，凸显虽同为表述对象，但却已转换为“自我”的表述者本人；另一方面，形成个体本人之表述和被表述的自我对立、对照与对映。

人类学的“自表述”会呈现什么样的特征和困难呢？让我们来看看油画的例子。从达·芬奇的《蒙娜丽莎》到毕加索的《梦》，世界各地的画家都画过肖像画。通常方式是画家面对真人临摹，而倘若画家打算绘制自画像的话，则每每需要借助镜子反观。不过那样一来，虽说也看见了自我，然眼前出现却不是真身，而变成了被镜面折射的镜像。换句话说，虽然画家还是一人，然而却在绘制过程中延伸出若干“自我”：一是正在作画的画家（本人），二是正被观察的他 / 她（对象），此外还有画布上逐渐显形的自画之“我”（作品）。

相比之下，朱炳祥尝试进行的自表述也如自画像一般，只是关联的问题

1　德国日记档案协会（Deutsches Tagebucharchive.V.，DTA），Deutsches Tagebucharchiv 2013“DEUTSCHES TAGEBUCHA R CHIV Wir über uns”，http: / /www.Tagebucharchiv.de/texte/aktuelles.htm，访问日期：2013 年 9 月 1 日。

各不相同。首先，他同样不能像观察别人一样观察自己，而只能借助镜像。人类学的自我镜像何以呈现？又何处寻觅？有趣的是，在《自我的解释》的著作中，朱炳祥用以观察的“镜像”主要选自他本人从1964年以来50多年间的69则《日记》。作者把为这组日记当作人类学写作的“本体论事实”，依据是“日记是自我本质的符号式呈现，由日记出发，是达至我人生内核的高速通道”[1]；而将它们呈现出来的目的，是“希望以此表达主体的一种目的性建构”，这种建构的内容，“包括了我在学科之内的某种理论反思以及在学科之外的某种人生理想诉求”。[2]

注意，这些引述虽出自《自我的解释》的同一部自表述作品里，但此刻的“我”实际上已跳出叙事框架，扮演起集作品设计者、介绍人、总结者及解说员于一身的角色来。宛如达·芬奇或毕加索分别出现在陈列各自作品的美术馆或拍卖厅，忽然对着观众言说起来，解说员的出场无疑使被表述的“自我”再度叠加，摇身变为身处局外的“爆料者”了。不过仔细辨析，仍可发现此时的“我”只是一种叙事策略，充当的角色其实就是人们认识的教授朱炳祥，只不过在其周围，一下子多出了一排被他勾画出来、与之构成多重“对蹠关系”的若干“自我”罢了，分别是军营列兵、首长秘书、大学科室干事及至专业教师、田野工作者等。在叙事者朱炳祥笔下，这些角色都被同一个“朱炳祥”名号统称着，却被以人类学方式对象化（客体化）成了多个不同的自我——自他。

接下来的问题是：谁能代表朱炳祥？是《日记》中的“他”（们），还是解说《日记》的“我”？换成人类学之问还可是：个人《日记》能否等同于人类学的本体论事实？如果《日记》即可认定为对象化的资料田野，如何确定此田野中同一个体的前后参与与观察解说为真？换句话说，从人类学出

1　参见朱炳祥：《自我的解释》，中国社会科学出版社2018年版。
2　参见朱炳祥：《自我的解释》，中国社会科学出版社2018年版。

发，此朱炳祥能研究彼朱炳祥（们）吗？

作为个人经历的自我记录，日记具有私密性，对于深入了解记录者本人的内心世界及真实看法，其价值每每超过通常的公开演讲或正式访谈。也正因存有太多个人秘密，日记在习惯上大多秘而不宣，差不多都随记叙者一同消逝归隐，故而也很少被用作学术写作的主材。正由于这样，《蒋介石日记》与马林诺夫斯基《一本严格意义上的日记》的分别出版，即被认为改变或推动了史学与人类学的相关研究。[1] 但二者所起作用的共同点都在于为旁人的研究提供材料，充当被考察、分析和阐释的对象而已。朱炳祥作品中的日记则不然，他以本人的日记为材料，通过自选择和自分析方式进行对象化研究，进行了多重交错的自表述和再表述。此外，在用以自我分析的段落里，在很多场合出现的“他”，往往并不是事件主角，而是默默的观察者和分析员，日记转述的是别人的故事和他人的思想。于是，叙事者朱炳祥仿佛让我们对着镜子中的镜子，观看镜像的镜像。例如，其中摘录的写于 1986 年的第 14 则以“小韩”为标题写道：

> 9 月 13 日：“小韩”
>
> 今天和小韩、黄河、隔壁的小胡说明年暑假骑自行车去游历，到神农架，700 多里。磨炼意志，锻炼身体，了解社会，扩大眼界。小韩激动得生怕不带她去。我说每人准备一个日记本，她说：“我早就想到了，这么大这么宽，第一页记什么，后面怎么写。”她用手一边比划着。
>
> ……（下略）[2]

1 《蒋介石日记》，斯坦福大学胡佛研究所藏蒋介石日记手稿影印件。马林诺夫斯基：《一本严格意义上的日记》，卞思梅、何源远、余昕译，广西师范大学出版社 2015 年版。

2 朱炳祥：《自我的解释》，中国社会科学出版社 2018 年版。

由于采用场景转述的叙事手法，日记中不仅出现了特定的第三人称人名，还出现了代表不同仁物的“我”和“她”。一个对大家说话的“我”看上去应该是当时在场的朱炳祥，另一个是在直接引语中呈现的“小韩”。

9月21日的另一则“我的八个音符”以同样手法作了继续描述：

> ……
>
> “第三件事呢，是买盐。母亲走的时候，留了几角钱，在一个罐子里。用了几个月，就剩八分钱了。家里没盐了，我就把它全部倒出来，去买盐。只能买半斤盐。买盐的人狠狠地说：‘半斤也值得一买？你们家是不是吃了以后就去死啊？’我听了恨不得打死那个卖盐的。走在路上想，我是多么受气啊。”
>
> 小韩说到这里已在哭泣，伏在桌子上。过了一会，抬起头又继续说……[1]

值得注意的是，此处呈现的主角显然是办公室同事“小韩”，而不是作为自我民族志对象的朱炳祥。其中的朱，在日记表述里更像观察者和记录员而不是主人公，其功能就像一名文化“卧底”，或“在场的缺席者”——隐藏在大众之中的人类学家。可见，这部自传式民族志里的传主并不只是朱炳祥一人，而还包括许许多多与其共处的社会成员。不过这样一来，其又如何还称得上个体性的“自我民族志”呢？要解开此疑难，就得呼唤另一个老朱出场，那就是站在镜子面前向读者展示并解说镜像的学者朱炳祥。对于为何挑选出日记中的“小韩叙事”，朱教授的解释是因为体现了“一种自我意识过程”。接着引出了黑格尔的“意识返回”说。引文如下：

1　朱炳祥：《自我的解释》，中国社会科学出版社2018年版。

一般讲来，这样的对于一个他物、一个对象的意识无疑地本身必然地是自我意识、是意识返回到自身、是在它的对方中意识到它自身。[1]

这就是说，类似于美学实践中的审美移情，在日记里（或在现实中）对其他人物的关注与记述，相当于记述者自我的某种投射或转移，于是被记述的“他”或“她”就等同于意识发出者的“我”。那么，通过“小韩叙事”体现了叙事者怎样的意识返回？又如何在对方中意识到自身的呢？在上述日记摘录之后，2018年的朱炳祥作了这样的跟进分析：

小张最后放弃了本职工作岗位，离开了樊老师，走了一条体制外的生存路径。小韩却被制度文化很好地驯化了，她走了一条体制内的道路，当了正处级干部，一个制度文化的适应者。[2]

尽管从日记叙述表层看不出明显的自我投射，但借助“意识返回”理论启发，后来登场的日记阐释者力图达成的目标，是让读者由此相信当时的记录是借人表己的意识移情。正是借助此种理论与表述的叙事关联，多年后，作为人类学的“自我民族志”作者，朱炳祥将多个不同的“我”和“她”们作了跨年代和跨人物引申关联，把个人、文化和历史巧妙地连为一体。他向读者呈现的“镜像”由此得到了与“自我”合一的内在联系：

而我自己也是这样。秋天的我，已经不再是春天那个对制度的冷静旁观者，也不再以夏天那种火热的积极热情去严格执行规范。[3]

1　朱炳祥：《自我的解释》，中国社会科学出版社2018年版。

2　朱炳祥：《自我的解释》，中国社会科学出版社2018年版。

3　朱炳祥：《自我的解释》，中国社会科学出版社2018年版。

这样的叙事手法独到，构成新颖。但它能被作为人类学范式接受么？与以往对于观察“他者”的田野工作（field work）有别，并且与画家自画像方式也不尽相同，人类学家真能依靠镜像——乃至镜像中我所见之人，观察、呈现并阐释自我么？“日记”真能用作人类学田野实证并成为民族志有效表述吗？

（四）科学、文学与民族志诗学

1918年，鲁迅撰写的《狂人日记》在《新青年》杂志发表。作品中的“我”通过对“吃人”史的揭露，呼吁世人“救救孩子”！“我”感到恐惧，因为知道“他们会吃人，就未必不会吃我”。此中的“我”不是鲁迅，鲁迅只是“我”的转述者或代言人。何以得知？作品开头有过交代，曰：“某君昆仲，今隐其名，皆余昔日在中学时良友；分隔多年，消息渐阙”。里面提到的“余”才是叙事者，与被隐掉姓名之“我”是同学关系。至于读者见到的日记，不过是此旧友所献之物；“余”将其遮隐姓名后，连同日记的“狂人”原称“一字不易”撮录发表，目的在于“供医家研究”。[1]

在由对“赵家狗”令人害怕的凶光描写开始，及至对周边知县、医生、刽子手乃至大哥、母亲等亲人的记录描述之后，日记主角“狂人”对自己作了入木三分的简短自析，总结说：

> 有了四千年吃人履历的我，当初虽然不知道，现在明白，难见真的人。[2]

1　鲁迅：《狂人日记》，广东人民出版社2019年版，第8页。

2　鲁迅：《狂人日记》，广东人民出版社2019年版，第17页。

套用同样的“意识返回”理论，这里的“我”是否便暗示着叙述者（鲁迅）自身？目的在于借助意识投射的叙事手法，呈现出“狂人式忏悔”呢？

然而与被用作人类学研究对象及民族志叙事主角不同的是，此《狂人日记》的主人翁虽也作为第一人称的个体之“我”出现，并由真实存在的作者(鲁迅）牵引登场，但由于被隐缺真名、淡去出身，使其不但似是而非，且获得更为广泛的普适性，从而超越特定的人物局限，而被无数读者对号入座式地默默自认，也就是激起了文化层面的美学移情及社会评论。由此引出的振聋发聩结果的是令日益增多的读者感到“不言而喻的悲哀和愉快”，并在各自内心深处发现：狂人即我，我们都在被吃和吃人。[1]

然而一如人类学式的“后田野”工作，针对《狂人日记》的社会评论，却并非由鲁迅本人完成，作者的任务仅只是将“狂人”裸呈出来，供各界判断，可能的话顺带引起救治更好，对于与之相关的研究阐释似乎有意空缺了。然而正是这种研究缺席的文学叙事，面世后竟产生了意想不到的历史反响，以至于被誉为“中国新文化运动的起点”，在百年后的读者眼里仍具有认知历史的重大价值：“《新青年》从刊载《狂人日记》这一期开始，成为新文化运动的旗帜。可以这样想象：《狂人日记》播下了五四运动的第一个种子，《新青年》月刊4卷5号刊吹响了五四运动的‘集结号’。”[2]

与之形成对照的是，多年以后《鲁迅日记》也发表面世，尽管其中不少内容也受到关注，激起的社会反响却不可与《狂人日记》同日而语。为什么呢？依我所见，原因之一在于其中的所记之“我”有别，代表着不同的事件主体。一方面，成名之后的鲁迅声望显赫，案例备受瞩目，但却因只是历史

---

1 吴宓：《吃人与礼教》，《新青年》1919年第6卷第6号。吴宓写道：“我读《新青年》里鲁迅君的‘狂人日记’，不觉得发了许多感想。我们中国人，最妙是一面会吃人，一面又能够讲礼教。吃人与礼教，本来是极相矛盾的事，然而他们在当时历史上，却认为并行不悖的，这真正是奇怪了！”

2 朱嘉明：《〈狂人日记〉百年再认识——纪念〈狂人日记〉发表100周年》，《经济观察报》2018年5月13日。

中的“这一个”——仅此一村，别无分店，而难被用作阐释“共性”的案例；与此同时，借小说笔法登场的狂人之“我”虽为虚构，却恰因查无实证而被视为遍及各地的社会缩影。另一方面，虽然《狂人日记》影响深远，但迄今为止仍鲜有从事历史和社会研究的论著将其中的“我”，认真当作解读中国历史的可靠材料加以使用；反过来，尽管范围有限，倒是有越来越多的专业学者对《鲁迅日记》深入爬梳，就像史学家、人物传记家们不断细读《蒋介石日记》、《一本严格意义上的日记》（马林诺夫斯基）以及《四十自述》（胡适）、《赫鲁晓夫回忆录》、《我的前半生》（爱新觉罗·溥仪）等一样。[1]

问题出现了：既然同为日记叙事，一旦以纪实或虚构方式分别呈现，为何便会产生如此显著的影响差异？换句话说，当科学与文学相遇，当如何分辨经验主体与社会事实？民族志主体——若能得到确认的话——是学术性还是经验性存在？未经理论阐释而以日记式手法直接呈现的社会事实，能否与人类学写作相提并论？

凡此种种，均涉及一个关键基点——如何看待人类学写作及其主体所在。

2000年，被认为后现代前锋的人类学家格尔兹出版了《文化的解释》一书，其中写下了一段影响深远也备受争议的论断。他说：

> 人类学写作是虚构；说它们是虚构，意思是说它们是“被制造物”和“被形塑物”——即“fiction”（fictio）的原义。[2]

fiction一词源于fictio，本义是虚构、拟制，意指想象和非实存之物，

1 参见胡适：《四十自述》，上海亚东图书馆1933年版；赫鲁晓夫：《赫鲁晓夫回忆录》，赵绍棣等译，中国广播电视出版社1988年版；爱新觉罗·溥仪：《我的前半生》，群众出版社2007年版。

2 C.Geertz, *The Interpretation of Cultures*, 2000，New York: Basic Books, 1973, p.15. 本处译文为笔者翻译。

译成汉语时通常指代“虚构”和“小说”，于是与另一个更大的概念——“文学”发生了联系。不过无论存在多少歧义，格尔兹的上述论断的确表明作者对人类学写作（anthropological writing）具有文学性的肯定甚至赞许。在2016年北大举办的人类学论坛上，我评论过格尔兹的这一论断，同时对蔡华教授的批评作了回应。[1]蔡华把格尔兹论断中的fiction译为“小说”，然后认为由于格尔兹的“软肋”——把民族志视为小说，导致了文学评论者的“贸然侵扰”，结果是削弱乃至诋毁了人类学的客观性和科学性。[2]参加会议的迈克·赫兹菲尔德（Michael Herzfeld）持中间立场。他既坚持追求客观实在的必要，也不赞同把主观等同于偏见，主张“人类学写作需要反映出不确定性和困惑”，因为“这恰恰是我们对于社会生活达成真正科学理解的结果”。[3]

对此，我的看法是，对人类学写作中主客观立场的争论十分重要，但因各执一端，互不相让，其实导致了焦点错位。蔡华认为人类学坚守的科学性在于事实层面的确证；而格尔兹等揭示的虚构性（fictio）却指向表述层面的不真。以田野为例，当人类学家面对特定场景中的具体事项时，眼前的“文化事实”可以说客观存在，看得见摸得着，但却挪不动、带不走，即便一根草木、一句言语、一段歌唱、一个眼神，都仅自存在于其自存在中，一旦被干预、被挪动，便不再是其自身整体。然而，无论为了科学还是其他何种目的，研究者看来都必须从这些自存在的“文化事实”里取点什么回来呈现，否则甚至无法证明到此做过真实的参与观察。他们能带回什么呢？长久以来，被人类学家们普遍带回并予以呈现的最主要物品（物证）其实只是一件加工品——民族志，也就是人类学作品。由此不难发现传统人类学研究中前后连

1 丁岩妍：《社会科学范式建立的可能性与条件》，《文化遗产研究》2017年第2期。

2 蔡华：《20世纪社会科学的困惑与出路——与格尔兹〈浓描——迈向文化的解读理论〉的对话》，《民族研究》2015年第6期。

3 丁岩妍：《社会科学范式建立的可能性与条件——“社会科学在何种意义上能够成为科学”研讨会评述》，《文化遗产研究》2017年第2期。

贯的三段式结构，即始于科学，面对事实，终于写作，也就是呈现为通过语言表述的叙事与诗学。其中，作为起点的“科学”代表理性、理论，承诺以探寻真理为其合法性前提；处于中段的“事实”关联田野和经验，代表假定可经由人类学家参与观察而被揭示的某种生活；最后，结束于终端的“写作”则指向民族志作品，体现人类学向社会呈交的学术贡献。彼此关系可图示如下：

顺向

（起点）科学⟶事实⟶作品（终端）

（理论）——（田野）——（民族志）

从起点往终端顺向看，此结构似乎有着内在的逻辑联系，即从科学的理论出发，经由真实的田野观察，当能实现民族志写作的实证预期；但反过来却不是这样，如果让读者来作判断，则很难通过阅读已完成的民族志逆向还原经验意义的田野事实，从而验证研究者事前承诺的科学真理。

逆向

（终端）作品⟶事实⟶科学（起点）

（民族志）——（田野）——（真理）

于是便相继涌现出弗里曼指责米德《萨摩亚人的成年》作伪以及奥贝塞克拉与萨林斯围绕“库克船长”如何被塑造的激烈论辩。[1] 从表面看，双方

1　参见［美］玛格丽特·米德：《萨摩亚人的成年：为西方文明所作的原始人类的青年心理研究》，周晓红等译，浙江人民出版社 1988 年版；德里克·弗里曼：《玛格丽特·米德与萨摩亚：一个人类学神话的形成与破灭》，夏循祥等译，商务印书馆 2008 年版；［美］马歇尔·萨林斯：《土著如何思考：以库克船长为例》，张宏明译，上海人民出版社 2003 年版。

的对峙锁定在人类学家是不是扭曲了特定事实，从而追究或维护作者的伦理是非。其实这有点弄错了靶子。从问题的更普遍深度看，真正的焦点当转向人类学的写作终端，也就是应该追问民族志作品究竟能否等于社会事实。如果不能，就既不要轻易作出呈现绝对真理的科学承诺，同时也不随意牵扯书写者过失的伦理责难。在这点上，格尔兹说民族志是“虚构”或“小说”（英语的 fiction 可译为此二义），是强调它们作为“被制造物”和“被形塑物”特性，也就是说，在人类学写作终端呈现的民族志是人类学家的叙事结果，是经过选择处理的加工品，而不再是社会事实本身。尽管都以事实为据，但叙事不是实事，文本不是本文。人类学写作所做的不过是“就事论事”（say something of something）[1]而已，一旦声称还要推进到“实事求是”（say something from something），则透露了书写者隐含的各取所需。此时，宣称民族志文本与“事实”等同是错误，追究其与“实事”不符也是错误。

对于民族志领域是否存在以及能否允许文学的“贸然入侵”，朱炳祥与赫兹菲尔德一样，也试图采用化解式的中间路线。一方面，他把确保“事实真实”当作民族志写作的“第一原理”，强调不能让事实“屈从于解释与建构”；另一方面又通过“阐释真实”与“建构真实”的添加，为民族志作者的主体彰显乃至想象建构开了绿灯。不过我认为他针对事实与叙事区别时所说的“民族志不是文学，不能超越事实去虚构”，是对格尔兹论断的误解。我理解的是，在人类学终端的表述意义上，可以认为民族志也是一种虚构乃至文学；而这不意味着其与事实无关，更不等于断言人类学不是科学。

---

1 “say something of something”一语出自格尔兹，意思与汉语的“就事论事”接近。纳日碧力戈等直译为“就什么说些什么”，句子长了些，亦可简化为“就事说事”。其中的关键都不在事，而转向了“说”或“论”（say）。参见［美］克利福德·格尔：《文化的解释》，纳日碧力戈等译，上海人民出版社 1999 年版，第 511 页。

（五）“我”是谁？自我志的对看和互写

回过头来，就算承认人类学写作的自我转向标志着人类学写作的重大突破，也不等于说只简单地把对象转到个体，再进入自我叙事就万事大吉。转向只是起点，真正的开端乃在创建新表述范式。以往的经典民族志聚焦作为群的社会和文化，它们之所以能获得局部的阶段性成功，在于其后面支撑着一套对社会及文化的理论认知，也就是被从泰勒（Edward Burnett Tylor）、波亚士（Franz Boas）直到斯特劳斯、格尔兹等不断界定的文化意涵及其诸多类型。通过他们的界定，民族志作者知道在描写社会和文化时，当注重从亲属制度、经济生产直到语言习俗、信仰体系或“意义之网”的呈现与功能。

朱炳祥的《自我的解释》一书呼吁把对象由他群转向自我，相当于将“民族志”转变成了“个体志”与“自我志”，若用英语表述，不妨写为personography及autobiography。这样的转向意义重大，但前提是不得不完成与传统民族志同样的对象界定，也就是须针对新对象作出新阐释，回答新的叙事究竟要“志什么”，即：何为个体？其与社会的“群”有什么关联？“自我”是谁？包括怎样的内涵、特征？而后解答“如何志”问题，即阐发人类学叙事文体的特定意涵：什么样的书写才称得上自我之“志”？日记、自传、回忆录、口述史是否都可列入其中？若否，理由是什么？如能，标准何在？

可见，“自我志”的登场，价值和难度同在，意味着创建人类学对于个体与自我的认知内涵、分析手段及其关涉的整套话语，由此才可进入以志及“我”，继而将我入“志”。

为了对自我志的表述能有进一步理解，不妨援引一下费孝通个案。在人类学从群体社会到个人自我的转向上，费孝通作过生动而深刻的阐发。他联系自己的学术经历，以个人、群体与社会的关联为基点，把本人的思想分成了前后两段。1994年，年过八十的费孝通梳理学术生涯，认为自己前半期深受功能主义的“社会实体”论影响，片面相信个人不过是社会的载体而已，无足轻重，从而陷入“只见社会不见人”歧途；直到80年代“改革开放”，尤其是亲历“文革”痛定思痛后，深切觉察到个人与社会并不相容的冲突面向。费孝通以自我的经历总结说：

> 这个“个人”固然外表上按着社会指定他的行为模式行动：扫街、清厕、游街、批斗，但是还出现了一个行为上看不见的而具有思想和感情的“自我”。这个自我的思想和感情可以完全不接受甚至反抗所规定的行为模式，并作出各种十分复杂的行动上的反应，从表面顺服，直到坚决拒绝，即自杀了事。[1]

由此，费孝通不仅“看见了个人背后出现的一个看不见的‘自我’”，而且体悟出了新的人生与学理结论，即“我这个和‘集体表象’所对立的‘自我感觉’看来也是个实体，因为不仅它已不是‘社会的载体’，而且可以是‘社会的对立体’”。[2]

费孝通聚焦于威权社会与不合群的自我，由此展示了意涵丰富的“双重个体”，即外表上（不得不）按社会指定行事的“他”与在内心保持反抗社会的“我”。此个体的双重性产生于特定的“社会实验室”——“文化大革命”是突出的类型之一，一方面受社会实体营造的集体表象压制和遮蔽，另一方面体现出“个人生物本性的顽强表现”。

通过费孝通的表述，可以见到个体由生物人和社会人两个层面组成，自我是个人与社会的“辩证统一体”，其特征主要有如下方面——

1　费孝通：《个人·群体·社会：一生学术历程的自我思考》，《北京大学学报》1994年第1期。

2　费孝通：《个人·群体·社会：一生学术历程的自我思考》，《北京大学学报》1994年第1期。

1）对于社会而言，“个人既是载体也是实体”。

2）社会可以限制个人却泯灭不了自我。

3）自我不只是社会细胞，更是具有独立思想和感情的行为主体，社会实体的演进离不开个人的主观作用，也就是离不开具有能动性的自我主体。

4）自我难以摆脱具有超生物巨大能量之社会实体的掌控甚至同化，同时也会在本性力量驱使下抵制社会、反抗社会。

为了加深对个体“自我”蕴含的复合多面理解，费孝通援引了弗洛伊德的“本我”（id）、“自我”（ego）和“超我”（Super ego）学说。他解释说：

id就是兽性，ego是个两面派，即一面要克己复礼地做个社会所能接受的人，一面又是满身难受地想越狱当逃犯。Super ego就是顶在头上，不得不服从的社会规定的身份。[1]

基于弗洛伊德学说，费孝通对“自我”的作用作了概定，即帮助个体在神兽之间寻找“一个心安理得做人的办法”，也就是回到潘光旦以“中和位育”倡导的“新人文思想”。潘光旦是费孝通的老师，他秉持以人为中心的学术立场，强调“社会生活从每一个人出发，也以每一个人作归宿”，[2]继而把儒学传统中的“位育”与“中和”联系起来，解释为“二事间的一个协调”，认为“位育是一切有机与超有机物体的企求”，强调“世间没有能把环境完全征服的物体，也没有完全迁就环境的物体，所以结果总是一个协调，不过

1 费孝通：《个人·群体·社会：一生学术历程的自我思考》，《北京大学学报》1994年第1期。

2 潘光旦：《直道待人：潘光旦随笔》，北京大学出版社2011年版，第57—60页。

彼此让步的境地有大小罢了"。[1]

由此可见，秉承本土传统同时兼容了西方学说的费孝通把"自我"界定为能动的意识及行为主体，亦即内外整合的"位育者"。

值得注意的是，在费孝通界定中，个体不等于自我，个体是外显的，自我则是隐藏的。在彼此关联意义上，可以说个体是乔装的自我，自我是掩藏的个体。这就涉及"自我志"写作的关键难题——如何确证自我存在并将其表述出来？为此，与其国外老师马林诺夫斯基倡导的外在式田野"观察"不同，费孝通提出了内在式"觉察"，并采用了与之相配的系列步骤：立足内在自性，依靠自省反观，觉察自我意义，实现个体自觉。

为了实现这目标，费孝通对马林诺夫斯基"功能主义"的田野方法加以扬弃，以其学术前半期经验为例，阐述了以"社会实体"为对象进行外在观察的根本局限：

> 作为一个人类学者在实地调查时，通常所观察到的就是这些有规定的各种社会角色的行为模式。至于角色背后的个人的内在活动对一般的人类学者来说就是很难接触到的。[2]

由此费孝通转向了"推己及人"的人类学，认识到文化与社会生活中"己"才是最关键、最根本的核心："决定一个人怎么对待人家的关键，是他怎么对待自己。"[3] 于是回归"人是本位、文化是手段"的新根本，以自己为对象，聚焦个体，在前后比较基础上自我反思，对"我自身有自己的社会生活"加以梳理总结，最终阐述出十分经典的"自我志"语句：

---

1 参见潘乃谷：《潘光旦释"位育"》，《西北民族研究》2000 年第 1 期。

2 费孝通：《个人·群体·社会：一生学术历程的自我思考》，《北京大学学报》1994 年第 1 期。

3 费孝通：《推己及人》，《群言》1999 年第 11 期。

> 我按着我自己社会里所处的角色进行分内的活动。我知道我所作所为是在我自己社会所规定的行为模式之内……[1]

通过“我看我”的内在自省，我唤起了我的事后自醒。

> 我觉得置身于一个目的在有如显示社会本质和力量的实验室里。在这个实验室里我既是实验的材料，就是在我身上进行这项实验。同时，因为我是个社会学者，所以也成了观察这实验过程和效果的人。在这个实验里我亲自觉到涂尔干所说“集体表象”的威力……[2]

在这些称得上个体自我叙事的表述里，言说者与对象虽然都以第一人称“我”表示，但却代表了多个不同的费孝通，其中既有在彼时叙事情节里作为实际行动者的旧“我”，亦包括多年后对其加以总结评述的新“我”。用费孝通的话说，也就是“比较”后的“发现”：

> （新我）在比较这一生中前后两个时期对社会本质的看法时，发现有一段经历给（旧）我深刻的影响。[3]

括弧里的“新我”为笔者所加，以我之见，正是这种“我看我”的觉察，成为了费孝通人类学自我叙事的基本方式，帮助他“看见了个人背后出现的一个看不见的‘自我’”。

总体而论，费孝通以经验事实为据，把对自我的描绘和分析融入同一

1　费孝通：《个人·群体·社会：一生学术历程的自我思考》，《北京大学学报》1994年第1期。

2　费孝通：《个人·群体·社会：一生学术历程的自我思考》，《北京大学学报》1994年第1期。

3　费孝通：《个人·群体·社会：一生学术历程的自我思考》，《北京大学学报》1994年第1期。

文本，以对照手法并存交错地表述出来，并冠以指向明确的题目——《个人·群体·社会：一生学术历程的自我思考》，其中不仅“就事论事”并且“实事求是”，称得上汉语人类学的“自我志”先声。不过这种先声还只代表以“我看我”方式自我认识的一种途径，不能排除“人看我”亦即“被人看”的存在。例如，哈佛毕业的戴维·阿古什（R.David Arkush，中文名欧达伟）就曾以费孝通为对象，完成过一篇同样聚焦个人的博士论文，并且与费孝通的自我叙事一样，该文也将费孝通个人与特定的中国社会紧密关联，力图揭示彼此难分的双向关系。有意思的是，这部题为《费孝通与革命中的中国社会》（*Fei Xiaotong and Society in Revolutionary China*）的著作，译成汉语后被转写成《费孝通传》，在相关介绍中不但被列为“小说类”，而且强调其妙处在于结合了学术著作与传记文学的特色。[1]

阿古什是汉学家费正清的弟子，他的博士论文能以费孝通一人为研究对象，表明学术研究的个体转向并非人类学孤例。不过虽说如此，他的论述仍将个人与社会紧密关联，并体现出还是想以个人为例，解说宏观社会及中国整体的明显意图。正是在这种关联基础上，作者把费孝通视为中国当代在西方学术界影响最大的“本土民族学家”，同时也是一位“温和建言的上层政治家”和“中国农民的代言人”，他的成就推动了中国的人类学和社会学研究。[2]但就在以同一对象的描述里，由于采用的是“旁观”视角，阿古什不仅赞誉了费孝通的成就，也坦陈了其因处境等原因所存在的认知局限。例如在与吉尔兹（汉译通常为格尔兹）作对比时，阿古什就一边夸奖费孝通十分多产，话题上天入地，无所不包，在数量和影响上都超过了吉尔兹；一边又

1 ［美］戴维·阿古什：《费孝通传》，董天明译，时事出版社 1985 年版。

2 R. DAVID ARKUSH，Fei+Xiaotong+[Hsiao-tung+Fei]（1910—2005），American Anthropologist, Vol. 108, No. 2, June 2006。该文汉译版见欧达伟：《费孝通的学者、作家和政治之旅》，《北京师范大学学报》2008 年第 1 期。［美］戴维·阿古什：《费孝通传》，董天明译，时事出版社 1985 年版，第 108—135 页。

批评说后期的费孝通由于政务繁忙，“能接触到许多新资料，却没有时间去阅读”，因此不但到了 1980 年末都没听说过吉尔兹其人，并且与后者相比，费的观点“不乏重复，而且缺少发展”。[1]

与此对应，留美的前辈社会学家雷洁琼认为该书论述了费孝通教授从事社会学研究的过程，还涉及他的其他社会活动、政治活动，所以可“称之为《费孝通传》”。[2] 而通过阿古什描绘的“镜像”，翻译者见到的是学术勇士和人生榜样，称“我们”——表述与被表述之外的读者群——从中不难看出：“费孝通教授在工作中遭受了多少挫折，作出多大牺牲。但他为了专门学科的发展，仍百折不挠地战斗下去。”[3]

费孝通被阿古什以传记方式作的个人展现，有点像李亦园被黄克武用“口述史”类型作的人生书写。不过虽然同为被表述对象，也以个人经历及学术生涯为叙事主线，还作为受访者参与到他人设计好的口述项目之中，但李亦园却是以第一人称的“我”在书中登场的。在长达 9 个月总计 87 小时的访谈过程中，李亦园不仅接受访问，提供资料，还审定记录初稿，因此与其说是单向式的被表述，不如说更像互动式的合作撰写。[4]

有意思的是，在陆续读到关于自己的论述之后，费孝通发文回应，针对阿古什等的“人写我写人”，表述“我看人看我”观点。他说阿古什对我（指费孝通）在人生路上无法收回的“脚印”发生兴趣，而我则在他笔下看见别

1　R. DAVID ARKUSH，Fei+Xiaotong+[Hsiao-tung+Fei]（1910—2005），American Anthropologist, Vol. 108, No. 2, June 2006。该文汉译版见欧达伟：《费孝通的学者、作家和政治之旅》，《北京师范大学学报》2008 年第 1 期。

2　参见雷洁琼、[美] 戴维·阿古什：《费孝通传》，董天明译，时事出版社 1985 年版，“序”第 1—2 页。

3　参见董天明、[美] 戴维·阿古什：《费孝通传》，董天明译，时事出版社 1985 年版，“前言”。

4　黄克武访问，潘彦蓉纪录：《李亦园先生访问纪录》，“中央研究院”近代史研究所，2005 年。对于该书性质和特点，主办者是这样介绍的：李亦园先生接受本所访问 29 次，详述个人经历与学术生涯；稿成后又参与修改定夺，并亲自增补照片。最后总结说：“本书不但是先生个人成长之纪录，亦为时代的重要见证。”引自该书封二勒口文字。

人如何看自己。面对阿古什的采访和写作，费孝通既不作直接的问题解答，也不提供线索，甚至在作品出版后也不纠正其中的事实错误，而是转向了他人的镜子。他以观镜为隐喻，表达了对镜像自观及反观的看法，称终于明白了为什么儿童喜欢去照哈哈镜。费孝通写道：

> 长得不那么好看的人，不大愿意常常照镜子。但照照镜子究竟是必要的，不然怎样能知道旁人为什么对我有这样那样的看法呢？[1]

问题是转向镜子后究竟能看见什么？谁的镜子？谁在观看？观看谁？为何看？朱炳祥提出借助“自我解释”，考察“对蹠人”和“三重主体”。[2] 比其早些的费孝通则聚焦自我心态，主张人类学应从偏重人与外部的生态研究，发展到关注个体内在的心态研究，由此发掘本土传统中“关于人、关于中和位育的经验”并将其“贡献给当今的世界”。[3]

21世纪以来，西方学界同样关注着聚焦个体的“自我民族志”问题，其中也包括书写者的自我叙事。研究者们总结说，“社会科学家们最近开始将他们自己视为‘对象’，并开始书写那些能够激发回忆的个体叙事，特别是那些学术和个人生活方面的叙事”。这样做的目的是力图“理解自我或生活在一种文化语境中的生命的某个方面”，从而实现民族志的写作转型：

> 在个体叙事文本中，作者变成“我”，读者变成“你”，主题变成

1　费孝通：《我看人看我》，《读书》1983年第3期。

2　朱炳祥：《反思与重构：论“主体民族志”》，《民族研究》2011年第3期；朱炳祥、刘海涛：《“三重叙事”的“主体民族志”微型试验——一个白族人宗教信仰的“裸呈”及其解读和反思》，《民族研究》2015年第1期。

3　费孝通：《个人·群体·社会：一生学术历程的自我思考》，《北京大学学报》1994年第1期。

"我们"。[1]

此转型的意义之一，在于为人类学叙事扩展出横向并列的"新三角"关系，接近于朱炳祥所说的"三重主体"。不过我更想强调的是由个体出发并能使微观、中观与宏观结合的"三层世界"及其互动整体。因为在方法论意义上，微观层面的研究者和研究对象之间"需要有对自我生命的认知作为前提"，方可完成认识论与实践论层面的知己知彼，从而做到将心比心，推己及人。[2]

然而接下来还需弄清的问题是，人类学家让自己成为人类学对象的意义是什么？人类学的心态研究如何进行？自我镜像是否就是真相？镜像能见人心么？由镜照心还是以心观心？人心在哪里……心灵能够成为人类学田野么？如何进入？

为此，不禁联想到《心经》。这部流传久远的佛学经典提出的是"观自在"，其既指"观，而后自在"，亦是"观被遮蔽的'自在'"。若此，方知"色即是空，空亦是色"，且"不增不减，不垢不净，不生不灭"。若再深入，内观的终点或许不是发现真、善、美，而是觉察贪、嗔、痴（"三毒"），就像鲁迅笔下的"狂人"以日记揭示的真相那样：别人吃我，我也吃人……若此，又将如何？

可见，人类学的"自我志"方法，意味着在对社会文化作整体而外在的探寻之后，开启了一条通往个体心灵的新路。此路充满诱惑也遍布危机，将

1　[美]卡洛琳·艾莉丝（Carolyn Ellis）、[美]亚瑟·P.博克纳（Arthur P. Bochner）：《作为主体的研究者：自我的民族志、个体叙事、自反性》，[美]诺曼·K.邓津（Norman K. Denzin）等主编：《定性研究（第三卷）：经验资料收集与分析的方法》，风天笑等译，重庆大学出版社2007年版，第777—822页。

2　在人类学方法论上，我提出关注研究者个体内心世界，采用与参与式观察不同的对话式内省方法认知自我。参见本书："人类学方法：采风、观察？还是生命内省？"一章。

再度挑战和检验人类能否面对自我的勇气与智能。

结 语

自《松花江下游的赫哲族》与《江村经济》出版以来，汉语学界呈现了一批批各具特色的民族志书写，但对于什么是民族志的追问却远未停止。因此从汉语民族志的历史演进看，不妨将朱炳祥的《自我的解释》视为具有开创意义的新作品试验，代表着汉语民族志写作的时代转型。此转型超越人类学局限于族群文化“他表述”的叙事传统，由民族志的自我叙事切入，再通过“人志”“互镜”“对蹠人”“日记裸呈”及“自我田野”“本体论事实”等精致议题的逐层展开，论题已超越了人类学写作的体裁类别，而进入更为广泛了深层思辨。

在我看来，从费孝通“文革”后以聚焦个体为类型的历史反思到金力团队以人类基因组计划为前提的跨界表述，汉语世界的人类学写作已朝向人类总观与刻画自我两头拓展，从而有望扩展为真正意义上的整体人类学。在堪称为“自我志”的这一维度里，朱炳祥《自我的解释》更注重理论思辨，它的意义与其说是为认知中国社会添加了人类学家的个体案例，不如说更在于另辟了人类学写作的自我镜像，并由此关联出对民族志哲学的方法论思考。对于创建百年的中国人类学来说，这样的论述绝非过多而是太少。

20世纪80年代初，格尔兹在以“深描”为题的论述里指出：

> 在人类学或至少社会人类学中，实践者们所做的是民族志（ethnography）。正是通过理解什么是民族志，或更准确一些，通过理解什么是从事民族志，我们才能开始理解作为一种知识形式的人类学分析

是什么。[1]

照此看法，以民族志界定为理解人类学的核心“开始”，不但涉及人类学的社会定位，而且关涉该学科的自知之明；若对此避而不谈或充满误会，则无异于无根之木，自灭自生。然而从摩尔根到格尔兹，西学人类学界迈出对民族志自我阐释的“开始”，可谓一波三折，艰难漫长，其间不知经过了多少学者的辛勤努力和辨析论争。与之相比，汉语学界的同类追问还不算太晚。不过就一个多世纪以来的西学东渐进程而言，汉语世界的确需要立足本土又超越其中的深度思考。其中，对民族志写作的话语开辟，无疑将担起重要职责，从而使本土的学科理论有望借助哲学层面的突破，重建人类学整体。在这意义上，我把朱炳祥教授看作汉语学界稀有的哲学人类学家，尽管其提出的一些论点还有待商榷，但我仍认为他以“对蹠人”题名的系列作品称得上与西学对话的哲学人类学佳作。

不可忽略另一层面的是，在人类学写作的另一端，依然有着作为整体的“人类志”有待跟进。我以为此类型迄今最重要的奠基者有两人：达尔文和弗洛伊德。前者通过物种演进的系统，表述了人类种群的整体属性；后者依托临床和假设的人类心理，揭示该种群普遍存在的多重意识。他们的作品才称得上真正意义的“人类志”，写成英语，即是Homo-graphy，也就是用人类学方式，表述人类整体。于是，如果可用“志”为类型——也就是“以文志人”来概括人类学写作的话，其全貌即可用图示呈现如下：

人志
- 人类志（Homography）
- 民族志（Ethnography）
- 自我志（Autobiography）

1 ［美］克利福德·格尔兹：《文化的解释》，纳日碧力戈等译，上海人民出版社1999年版，第5页。

经过学科史的漫长演进，人类学写作的聚焦似乎正转向作为个体的自我。这样的转变意义重大，任务艰巨。但如若出于学科之需而真要开创“自我志”类型的话，力求突破和创新的人类学写作还得继续追问：个体是什么？“我”究竟是谁？为何要以“我”入志？关联起来则还有：人心起点何在？终点将是哪里？

以上问题若不从根本上获得解答，则呈现不了霍布斯与黑格尔意义上的“最初之人”与“最后的人”，人类社会离福山所谓“历史的终结”依旧遥遥无期。[1]

1　福山认为从霍布斯到黑格尔，都强调人性中“为获取认可而战”的普遍性，并把这当作“最初之人”的原型标志。霍布斯指出：“每个人都希望他的同伴对他的评价和他的自我评价是相同的；而且对所有的蔑视和低估都会尽可能大胆地……通过伤害蔑视者并警示他人，让他们给予自己更高的评价。”参见福山：《历史的终结及最后之人》，黄胜强、许铭原译，中国社会科学出版社2003年版，第14章“最初之人”，第173—184页，第五部分“最后之人”，第325—382页。另可参见托马斯·霍布斯：《利维坦：在寻求国家的庇护中丧失个人自由》，吴克峰译，北京出版社2008年版。

十三、反身转向：文学人类学的新意涵

本章要点：面对从文学到人类学都受到的科技挑战，未来的目标将是携手共建，不同而和，既五彩缤纷，又交相辉映。这一点，对文学人类学如此，其他人文学科亦不例外。作为一门力图打通中外古今、同时强调文本与田野结合的前沿学科，文学人类学需要不断确立自己的学术专长及未来走向。其中，尝试以整体论为基础，关注人类学的“反身转向”，从自我民族志视角重释文学，或许便是值得探求的路径之一。

在改革开放后的中国学术进程中，文学人类学可谓是比较文学催生的产物。正是在比较文学平台的推动下，文学人类学作为新成长的分支之一进行了长期的跨学科尝试。其中最为持久的一个方向就是力图使文学与人类学连成一体，在田野与文本、神话与史诗及实证与虚构的交融间阐释文学，理解人类。这一点，在中国比较文学学会这样的全国性团体里已有充分体现，在作为地方学术机构的四川比较文学学会等组织中亦是如此。

2019 年 4 月，笔者出席中国比较文学学会文学人类学研究会举办的第 11 届年会暨学术研讨会。期间就“文学人类学的发展趋势”话题与学生进行访谈。本章以访谈稿为基础改写而成，保留一定的问答形式，小标题为改写时所加。[1]

（一）文学人类学：学科界定与现实处境

有关文学人类学的学科定位问题尚难结论。

首先，从认识论层面讲，这问题非常重要同时也无定论。这种未决的、无答案的学科定位问题，并非限于文学人类学独家所有，而是一种学科常态。也就是说，这涉及对“有定义的学科”的认知，取决于我们对学科的标准和评判。在某些时期、某一圈子内，某些学科需要做到也能够做到这种定位，尤其是自然科学。因为它需要学术共同体的契合，需要有共同方法、共同概念和共同理论，否则无法工作。因此要透明，词要达意。而人文领域一般不致力于此，相反会像百家争鸣一样，注重理解和阐发上的多元性，一如诗无达诂，词不尽意。它不信任语词，不追求定义。所以我们就不能或不愿去问它的定义问题。现在很多人把文学人类学放在社会科学与人文科学中间，认为社会科学具有科学性，需要追求相对的稳定、透明和相对的完整。

其次，从方法论上讲，我个人不太用“定义”这个词，而会用“解释”，因此愿把问题改为关于“什么是文学人类学的解释”，或者关于“什么是文学人类学的描述”，而不说“什么是文学人类学的定义”——这是另一种转换思路的回答。个人的看法是，关于“什么是文学人类学”的问题，本即一个开放的场域，是一个旧话新说的过程：昨天大家的共识，明天可能就成为旧说；既然是旧话就要不断新说，是允许也必须不断有新话语加入的一个场域、一个容器。为此，有的人感到很紧张，会焦虑地问：“徐老师，我们这么多年到底在学什么？”他之所以焦虑，是由于没有一种方法论和认

1　上海交通大学人文学院研究生炅昊、王浩、张丹丹等参与访谈交流。炅昊同学协助完成录音整理，特此致谢。

识论的底气。

我们继续问下去：什么是文学？什么是历史？什么是哲学？同样难有统一答案。不过尽管如此，我们还是要尽量追求社会科学话语的准确和相对的共识，因为它还是需要言说、讨论和交流的。作为一家之言，无论你是解答或阐释，你都必须“说”。只是你问十个学者，可能会得到十种说法。你也不要吃惊于“怎么徐老师和叶老师说的不一样？”不一样就对了！用新批评的方式来说，在一个多元的作品整体中，与任何一个读者建立的都是对话关系，解释者跟接受者是在对话中产生意义的过程。我们写的书、发表的文章，其含义都是由阅读者根据自己的理解和语境来接受的。你要带着独自判断的眼光去听叶老师讲“文学人类学的四重证据和N种编码”，然后再听徐老师、彭老师讲不一样的文学人类学表述与仪式。你或许会产生摇摆：“到底谁说的对？”其实，没有哪一个更对和更错，把它们看作是不同的对话产物就好了。

对于接受者或者更广的大众来说，最大的难题是如何化解不同差异造成的紧张和不透明，否则将难以达成共享的话语空间。我鼓励学生学会体会，让语言和“自己”进行化合，从而产生关于它的理解。我们平时可能教学生阅读十本专著、总结五家学说，最后考试却是这样考的：你认为的文学人类学是什么？你对它的理解如何？这是你的权利，也是你的责任。当然，我们进行差异性的解读，最后还是要取得共识，达成能对话的结构。可以各说各话，但要相互理解；如果只是各说各话，互相却不能理解，公说公有理、婆说婆有理，是无法达成社会交往或学术交流的。

在学术界，我们不能要求每一个老师所传所授的观点一样。思想不一样才能使共同体具有意义，学术共同体需要的是在不一样中实现“不同之和”。“和”是从音乐上升为哲学和人类学的概念。两音相遇为和，但相和之后却产生第三音。比如，单独的两个音分别是“哆”（C）和“嗦”（G），它们的共振即产生纯五度之“和”。“和”的古字为，就是多支吹管在一起，彼此协调，发出不一样的“和音”。[1]这个道理对学术界也是一样，如果大家都只发出同一个音的话就会兴味索然。“和”这个词是哲学、美学概念，同则不继，人类就没有发展。这就是要强调多样性的原因。要学会在杂乱中看到有序，不然会被格式化，沦为被干扰的无效程序。无论是学习还是学术，我们都要学会自己解构自己。

最后，学科定义的问题还可从知识论的角度来回答。我非常清醒地了解到，在我的前后左右会有很多关于文学人类学的描述、界定和解释。我也试图得出一个自己的说法。为此，就尝试从结构上来予以解答，把它转换为文学人类学的四个问题，即：1）文学的问题，2）人类学的问题，3）文学与人类学的问题，最后完成词组合并，进入 4）文学人类学问题。当包含两个关键词的时候，它们各是一个问题，用“与”连接后产生新问题，最后把连接词“与”去掉，才成为真正的学科问题。[2]

文学人类学发展到今天，正逐渐迈进最后一步。在文学问题与人类学问题逐渐明晰的前提下，为去掉中间这个“与”，也就是实现二者之间的打通，学者们努力了许多年，发表了很多论述，如“文学与符号”“文化与文本”“人类学与诗学”“虚构与想象”[3]等。正因为有着这样的居中性努力，文学与人类学才互相开放，敞开胸怀，容纳进性别、身份、仪式、口传乃至少数族

---

1 徐新建：《和而不同：论儒学境界与世界文明》，载于《中外文化与文论》，四川大学出版社 2001 年版，第 240—258 页。

2 直到 2003 年，在文学和人类学之间还保留着“与”字之用。尽管全国学会叫文学人类学研究会，但四川大学相关机构的名称仍为“文学与人类学研究所”。学者们的论著里也多有对“与”的保留。参见叶舒宪：《文学与人类学——知识全球化时代的文学研究》，社会科学文献出版社 2003 年版。

3 参见［加］波亚托斯：《文学人类学源起》，徐新建、史芸芸译，《民族文学研究》2015 年第 1 期，第 56—65 页；叶舒宪编：《文化与文本》，中央编译出版社 1998 年版；［美］伊万·布莱迪：《人类学诗学》，中国人民大学出版社 2010 年版；［德］伊瑟尔：《虚构与想象：文学人类学疆界》，陈定家等译，吉林人民出版社 2011 年版。

裔、虚拟幻想等“跨学科”问题，才最终逐渐糅合成为一门新的交叉学科。

（二）去掉“与”之后的文学人类学

那该怎么看去掉了“与”字的文学人类学？

这才是问题的核心所在，但要以动态眼光来认知，也就是把“与”字去掉视为一个演变的过程。在初期，把人类学加入文学更多的是单方面行为，主要是文学研究者的努力和尝试，因此所谓的“文学人类学”研究，也大多是指用人类学方法来解决文学问题，人类学只是“在场的缺席者”，其中没有多少真正或“硬核”的人类学。后来情况慢慢改变，一方面是有专业的人类学家加入进来，开始关注文学问题；另一方面文学研究者逐渐认真研习人类学，掌握人类学，并且还日益把社会学、民族学与历史学、心理学的议题和方法吸纳进来，综合之后直接从人类学提问，也就是把文学问题转换为人类学问题。

什么问题呢？很多，比如：人类为什么写作？为什么要歌唱？为什么要作诗、表演？这些是文学问题吗？是也不全是。从人类学角度来看，作诗、歌唱和表演……都是人类学问题。由此便推出我对文学人类学的第一判断——

1. 人是文学动物

这个问题很多人拗不过来，因此无法从人类学角度进入文学。文学人类学作为一个问题，不是 problem，而是 issue，是一个对象和议题。

人类学是以“人”为主体和对象的学科，研究“人”的存在、如何存在，是人对于自我及其价值和意义的一种学问、一个追问。很多人把人类学理解为仅仅研究少数民族、原始社会或研究他者和异文化的学科，这是不对的。

人类学研究的“人”是指所有个体之和的全体。人类学的问题就是“人”的问题。在这个意义上，文学人类学也不例外，其所研究的也是人的问题，只不过更专注于人的文学问题。所以我的观点是，人类学解释人何以成人，文学人类学则进一步阐述文学在此过程中的作用，由此推出文学人类学的第二判断——

2. 文学使人成人

不过就目前的学科分野及其相互干扰的术语体系而论，我比较担忧文学人类学会“自我埋葬”，因为它不得不借现有的文学话语来解释人类学问题，反之也一样，不得不套用人类学的现成方法来破译文学。现实的情况如何呢？真实的状况是，无论“文学”还是“人类学”，作为与现代西学密切联系的汉语新词都不稳固，都在多次的“词变”中渐行渐远，[1]以至于日益影响学界内部的有效交流，彼此之间不是相互误读就是各说各话——当有人提到诗歌时，指的其实只是文字文本，与整体的声音、场景和授受功能完全无涉；而在有人以人类学之名解析国别文学之作时，提出的结论往往也与人类无关，更多传递的是本土国学、汉人社会学或某一少数民族学。

从现行的学科设置看，目前只有四川大学设立有去掉“与”字的“文学人类学”学科点，而且是从硕士、博士到博士后流动站的完整平台，是国内唯一被教育部特批的新兴二级学科。它在一定程度上担任着体制内的学科教育任务，所以我们也有责任来完善这个体系。然而即便如此，我们不希望也不愿意把文学人类学变成一个教材式、被定义化了的名词，还是要把它看作一个开放和流动的概念。因为社会是动态的，人对自己的认知也是演变的。学科的发展常常要求有新材料的加入。如今，“基因编辑”“电脑写诗”等都

1　关于“词变”的讨论，可参阅徐新建：《“文学”词变——现代中国的新文学创建》，《文艺理论研究》2019 年第 3 期。

成为社会现实的新产物、新材料。如果以往的教科书把文学的主要功能定义为对人物形象的刻画，面对克隆人、生化人、机器人、基因编辑人这些“新人类”乃至“后人类”的出现，面对互联网、人工智能程序、大数据算法的新技术所关联的诸多挑战，我们还能一味固守五四以来由西学引进的文学词义，固守小说、诗歌、散文、戏剧这样的类及其代表的人类文明和文学边界么？显然不能。

就目前演化趋势来看，文学人类学的阵营也在改变。目前大家努力推进的主要内容是在做多种“打通”，想要超越“五四”，要重新看待近代以来由西方现代性所定义的 literature，力图打破那种以小说、诗歌、戏剧、散文四大部类为代表的文学体系，超越单一、封闭、狭隘、精英的文字中心和书写系统，重塑从古至今的文学史。各地团队的工作有分有合，共同的愿望就是将文学与人类学整合为一体，既凸显人类学学脉，又融入文学传统。

相比之下，叶舒宪教授团队的研究方向主要是多重证据、神话历史、文化文本、N 级编码直至如今的玉帛中国，这些分支成果显著，相互关联，即将形成完整体系，代表着文学人类学的一种可能、一个维度、一套话语。在此之外，还有其他的许多并置维度和可能：如厦门大学彭兆荣教授团队开拓的文学仪式、艺术遗产及学科关键词体系等；在港台地区，自 20 世纪 80 年代以来开启的口述传统、展演理论和身体研究等也都同样代表了文学人类学研究的不同方向和扩展；长期以来，四川大学团队关注的集中于多民族文学、少数族裔文化、口头传统、民间叙事等，最近开始考察文学生活、史诗传承、多民族生死观以及数智人文等。这些多样化的关注体现了文学人类学的诸多可能，并也提出了可供交流对话的议题。比如研究史诗，把诵唱视为一种身体演述，其中的“文学性”如何理解？与文字文本的边界该如何看待？

我在相关文章里论述过，《格萨尔》其实不应简单地归为史诗，至少不应与西方美学意义上的史诗（epic）画等号。[1] 如若一定归为史诗的话，就不得不顾及史诗的特征和功能。史诗是要诵唱的，诵唱的主体是身体性的现实存在，是肉眼可见、可感、可沟通的“人”。以此观照，“格萨尔”——以及类似的“江格尔”“玛拉斯”“亚鲁王”等——的最大特征就是诵唱，是口传的文本、场景的呈现和世袭的民俗，一句话，是通过故事讲述、在演唱与倾听中实现交往互动的文学生活。由此便可引申出文学人类学的第三判断，即——

3. 文学是表述的生活

相比之下，现代小说的划分将读者和作者割裂。作家垄断了作为诗人（歌者）的权利，同时断送了其他大众的文学潜能。而在人类学意义上来说，每一个体的存在都是“文学的”，只要具备创造性想象和表述互动，人人都文学地活着。这就是我们正在考察和讨论的文学生活。文学生活是一种状态，是人与自然、社会及自我的诗意关联。

（三）作为“反身人类志”的文学和人类学

文学的意义何在？作用是什么？从人类学视角来看，不妨把文学视为人类的自画像或自我民族志，更严谨些，则可称为反身式的人类志。

所谓“反身”，在语言学意义上可指一种词语类别，如反身代词（reflexive pronoun），其功能是通过反身（反射、映照），指代主语，“使施动者把动作在形式上反射到施动者自己”，由此形成主语与宾语（代词）的互指关系，延伸来看亦即产生主体与对象的对照同一。反身式表达的例子，西语中有

1 参见徐新建、王艳：《格萨尔：文学生活的时代传承》，《民族艺术》2017 年第 6 期，第 34—42 页。

“ego cogito ergo sum ”（法语：Je pense，donc je suis，意为“我思故我在”）。[1] 古汉语的《论语》则有“吾日三省吾身”。前面的言说主语（主体）与后面的被言说宾词（对象）即构成反身关系。它的重点在于，被言说及被施动的对象其实就是“本人”“本身”“我自己”。将此沿用于文学及人类学表述来看，所谓反身式写作的特点即为展示“我”和“我自己”（另一个我）的对照与关联。由此观之，“反身”的含义又与“反省”对应，而文学与民族志则相当于生命的自我投射和人类的表述自观。

数智时代的世界使人类自我主体构成的反省与自观出现了断裂。外向度的喧嚣（传播、宣泄）掩盖主体自我的反身回溯，现实的生活越来越远离文学。即便在大学文学院，整天说理、辨析，哪还有多少诗意的栖居和浪漫想象？作为具有文学动物属性的个体，每个人原本都可以是诗人、作家、表演者，但现代性的社会却使多数人变成了单一的读者、受众和学究。文学院突出理论，不培养文学家，没有文学性，有学无文。所以站在人类学立场来看，现今的文学教育已背离目标，出了问题，需要改造、回归，返回至创造性想象和反身式自观，通过诗意表述，使人回归成人的轨道。

21 世纪以来，人类学学界出现了对民族志文类的再度关注。其中日益凸显的一个类型是“自我民族志”。[2] 什么是自我民族志呢？如果把其中的“民族”加以淡化，只保留“志”作为人类学写作的文体意义的话，“自我民族志”的含义即为人类的自表述、自描写和自画像。在这过程中，人类同时既为主体又是对象，完成的是自我的反身式写作。[3] 当然，若要严谨的话，叫“自我志”“人类志”更好。

---

1 与西语在形态上便具有较明确的主格、宾格不同，汉语的反身语式每每通过特定词汇如“身”“己”“吾”等即可表现出来。参见李计伟：《论反身代“身”及复合形式反身代词》，《语文研究》2012 年第 4 期。

2 参见本书下一章。

3 参见马腾嶽：《论现代与后现代民族志的客观性、主观性与反身性》，《思想战线》2016 年第 3 期。

用这样的道理来推，文学的性质也同样如此。文学就是人类自我志，或自我人类志、反身人类志，在其中，人把自己当作一类，在与现实对应的镜像中或逼真或超验地塑造他者，反观自身，同时又通过反观调整方向，改变自我。在我看来，这就引申出了文学人类学的第四判断——文学是一种“反身人类志”。

在人类学维度上，我倾向于人的整体观与学科整体论。整体指对象的整体，也包括主体的整体，除此之外还存在自我对象化的整体。我们要看到他者中的我性，我者中的他性。如今很多人在追根溯源。后现代、后殖民一派率先反思，以民族志为靶子来抨击人类学。其中很多本身就是人类学家。他们自我抨击，抨击自己的作品、自己的过程（参与式观察）以及自己的身份和权力——凭什么替他者代言？在我看来，这其实代表了人类学“反身转向”的又一次重大变化。[1] 当然“反身转向”不仅限于人类学，在其他人文学和社会科学领域也多有表现，只不过人类学的反身转向展现得更激烈和突出罢了。概括地说，人类学“反身转向”最显著的表现就是“自我民族志”的涌现。越来越多的人类学家从以往具有殖民色彩或等级区划的“异文化”场景里撤出来，返回到自身的“本文化”当中，将过去的田野方法用于自己，进行以自我为对象的参与观察，然后完成反身式民族志，对身处其中的社会文化进行反观和批判。

对于这样的趋势，格尔茨写了不少文章加以解析，以“人类学写作”（anthropological writing）为研究对象，进一步将文学与人类学连为一体。尤其是他的《作为作家的人类学家》一书，把从列维·斯特劳斯到本尼迪克特等为代表的人类学家都视为写作者，揭示了在他/她们民族志写作中蕴含的

1 有关人类学“反身转向”论述已有一些汉语译著，可参见曾晓强：《拉图尔科学人类学的反身性问题》，《科学技术与辩证法》2003年第12期。

表述意义。[1] 有意思的是，从反身性书写的角度看，格尔兹这本书本身就是一部人类学的自我民族志了，只不过他的反身主体和对象都是一门学科、一个学术共同体及其发明和实践的一种知识话语。

结 语

最后，对本章的议题作一个开放性小结：

> 经过改革开放的40年发展，文学人类学作为新兴交叉学科取得了长足进步，同时也存在许多理解、阐释和践行方面的问题。如何在多样化扩展的进程中把握学科边界、凸显自我特征，已成为这门学科从业者们的新议题和新担当，需要集思广益，群策群力，既不定一尊，亦不各自为政。
>
> 面对从文学到人类学都受到的科技挑战，未来的目标应是携手共建，不同而和，既五彩缤纷，又交相辉映。这一点，对文学人类学如此，其人文学科亦不例外。作为一门力图打通中外古今，同时强调文本与田野结合的前沿学科，文学人类学需要不断确立自己的学术专长及未来走向。其中，尝试以整体论为基础，关注人类学的“反身转向”，从自我民族志视角重释文学，或许便是值得探求的路径之一。

在前面的章节里讨论过人类学问题可一分为四与一分为三，即北美的语

1 格尔兹原著名称叫 *Works and Lives:The Anthropologist as Author*，汉译本为《论著与生活：作为作者的人类学家》。译者解释说，面对人类学与文艺理论出现的话语纠结，汉译的名称是一个遗憾之选，会出现因中文限制所带来的转译上的意味丢失。参见格尔兹：《论著与生活——作为作者的人类学家》，黄剑波撰写，中国人民大学出版社2013年版，“后记”第229页。

言、体质、考古、文化与欧洲的生物、文化和哲学（神学）。最近我又归纳出一个新的一分为二，即科学维度与文学维度，也就是科学的人类学与文学的人类学，后者也可以叫作诗学的人类学。科学的维度研究理性的人、逻辑的人、实证的人；文学的维度研究诗性的人、灵性的人。

人类学家到一个特定地区研究“父权制度”、“库拉圈”抑或“代际矛盾”、“差序格局”，这是研究“理性的人”。但人只有理性的一面么？人类生活只是生产和生育吗？人跟其他物种有所不同，除了这些以外，人类会崇拜日月、幻想星空，会沟通神灵、创作诗歌，是“诗性的人”，体现出人类的文学面向。可惜，这一面在以往的人类学中大都被遮蔽和忽略，不是视而不见，便是无从下手。

有鉴于此，文学人类学的任务便是将人还原为整体，把理性和诗性打通。于是从学科的理想上说，或许会强调“去学科无边界”，而在现实操作中，更可能探寻“有边界无学科”。

总之，放弃对文学人类学进行终结性定义，不表示对它不理解、不言说，而是主张从认识论、方法论和知识论等层面去阐述相关规则。规则具有原本性和共识性，不止今天可以用，明天也可以用。这就是说不是我们的学科不讲“科学”，而是表述和分类不能简单与“科学”画等号。作为有着相同目标的学术共同体和奠基于共同问题的知识话语，文学人类学拥有共同的场域和平台，有终极意义的统一。这样的统一可称为学科的元话语，一套基础范畴和基本概念。在这个元话语的起点上，我们就可互相对话。如果缺乏这样的根基，还停留在中间阶段，彼此只能隔行隔山，自说自话。

十四、从科学到文学

——迈向逻辑与诗性的学科新整合

本章要点：人不仅是生物的存在和经济与社会的动物，就其本质属性而言也是“故事讲述者”（Storytellers）。在学理上与文学关联沟通的意义在于促使人类学自我反省，迫使其在自身归属的“科学性”或“人文性”之间作出抉择，也就是在理性与诗性间作选择，由此涉及人类学学科进入“后现代”的重大转变。选择和转变的结果意味人类学体系一分为二，即在原本突出逻辑实证的“科学的人类学”（Science Anthropology）之后，形成了与之对应且强调人文诗性的“文学的人类学”（Literary Anthropology）类型。两相对比，在以人为对象的研究侧重上，前者偏重理性的人，后者关注诗性的人。

引　言

历史能够缅怀，未来却难预见。伴随40余年前中国社会变局的出现，为数不多的同道们陆续踏上了文学与人类学的重建之路。那时，大概没有谁能想到后来的历程和今日之局面。以1978年“思想解放”为标志，十年“文化大革命"被终止。我们这一代大都沉浸于继往开来的使命和不计后果的激情中。在被誉为文学"解冻"的新春到来和学术自由推动下，原本不相识的学友从多个角度深感文学所受的局限，尤其是既有认知模式的羁绊，便尝试把人类学引入文学——不但介入创作，更希望拓展至文学的理论、批评和考察调研。

（一）踏上文学人类学的中国之路

从后继眼光回望，20 世纪下半叶中国文学人类学的兴起特征可概括为双向交汇，即：多元汇聚，道同而合。最早的一轮，分别缘起于文学界对"三突出"虚假写作的反叛和人类学被废弃为"资产阶级学科"多年后的复出。以本人经历为例，1979 年，作为高考恢复后的"新三级"一员，笔者刚进大学中文系读书就卷入新时期"改革文学"热潮，一边与教室内外的爱好者热议"朦胧诗""意识流"和"现代派"，一边加入学校话剧社排演沙叶新作品《假如我是真的》[1]，还在班里创办油印期刊《飞碟》、推选同学加盟多校联办的校园刊物《这一代》，毕业论文提交的是自编自导自演的校园电视剧《现在进行时》，主题定格于剧中人物所坚守的信念："成功不算什么，追求才是一切。"

那时的校园与以往和现在都很不同。学人们心怀理想、敬重知识，师生互动，群情激昂，洋溢着文艺复兴式的自由奔放；不但数理化备受重视，文史哲各科也整体革新，全面松绑。从精神雾霾挣脱出来的人们对愚民政策无情揭批，对"文革"的虚假浮夸深表厌恶。于是，唯上唯本、千篇一律的统编教材被摒弃，实事求是、面向未来的教育理念成为共识。黔省虽远在西南

1　沙叶新：《关于〈假如我是真的〉——戏剧创作断想录之三》，《上海戏剧》1980 年第 6 期。

边地，却也像辛亥革新及抗战时的联大推动一样，同样步入全国性的思想解放大潮，一些方面如社团诗歌、民办画展等甚至还闯在京沪之前。

笔者所在的贵州大学亦不例外，也沉浸于古今中西的兼容之中。中文系的汉语言文学专业恢复了民间文学课程，并且关注本土，讲授了贵州代表性世居民族苗、布（依）、侗、水、仡（佬）的古歌、神话和故事传说。此外，与哲学系、外语系朋友的交往，让我很早就感受到跨学科沟通的益处，讨论的话题从罗素《西方哲学史》为何将拜伦作为“浪漫主义”代表列入，到萨特《肮脏的手》《死无葬身之地》[1]如何体现“存在主义”观念，直至“王门四句教”[2]在中国思想史的地位和影响。

（二）与科学人类学的时空相遇

正是在这样的时代背景下，笔者接触到了既陌生又亲切的人类学——陌生于其作为外来学科的专业术语，亲切于其展示的世界多样性视野和文化相对主义情怀。受其感悟和影响，需要重新反思的问题不断冒出来：人类为何需要文学？文学与其他“学科”的区别何在？世界上为什么存在多种多样的文学？有意思的是，问题看似繁多难解，却最后都在“文化”这一人类学关键词的框架里得到了较完满解答。

如今回想起来，40年前人类学复出对中国文学的最大影响就在于促进了从写作到阐释的“文化转向”。自20世纪80年代之初，叶舒宪等学者即已尝试“用跨文化的模式分析法试重构失传的上古英雄史诗，”主张不但要“借助人类学视野和演绎功能改造传统考据学方法”，而且要实现与人类学关

1 参见《萨特戏剧集》，沈志明等译，人民文学出版社1985年版。

2 “王门四句教”指“无善无恶是心之体，有善有恶是意之动，知善知恶是良知，存善去恶是格物。”系王阳明门徒对其心学做的概括。

联的新目标，即：

> 概括出这种方法的基本原则——从经验层次到非经验层次，透过作品考察文学现象生成转换的规则。[1]

因为人类学理论与方法的介入，带动了文学领域的文化聚焦；聚焦的结果，便是将包括文学在内的一切表征实践视为人类精神创造物，继而以高级灵长动物所拥有的心智“类同性”为前提，区分和比较以国为界的文化差异及时代变迁，从而揭示各种表述后面的结构与功能。

以文化为核心的转向，从消解小说代表的书写权威（文字霸权）开始，逐渐突破单一的阶级政治中心及民族国家局限，不但将文学的样式、空间拓展至充满多样性的区域类型和人类整体，时间上也伴随不同文类的演变而延伸到史前远古乃至难以预知的科幻未来。于是，对于包括中国在内的文学认知，就出现了更为宽宏的“整体论”“大历史”及强调对话的“跨界观”。随之而来的便是文学与人类学的相互联手，不但迎接创作界的“寻根文学”勃兴，推动民间文学、口头文学复活，参与比较文学的“跨文化”与“跨文明”对话，[2]很大程度上可以说还促进了80年代各地政府主导的“文化战略”举措。

当时笔者所在的贵州社科院文学所就与省戏剧家协会协作，参与了以面具表演为核心的傩戏、傩文化调研计划。[3]该计划跨越两岸，涉及西南及中原十余省区，由留英的人类学家王秋桂召集，对大陆多民族由古至今的仪式传统做了长达十余年的考察调研。成果陆续在《民俗曲艺》杂志刊发，后来

---

1 叶舒宪：《“世界眼光”与“中国学问”——我的文学人类学研究》，《文艺争鸣》1992年第5期，第79页。

2 曹顺庆、徐行言编：《跨文明对话：视界融合与文化互动》，巴蜀书社2009年版。

3 陈跃红、徐新建、钱荫榆：《中国傩文化》，新华出版社1991年版。

又汇成丛书面世，展现了五四“歌谣运动”以来又一次“到民间去”[1]的学术高峰。作为此项计划的参与者，我也连续在《民间文学论坛》《民俗曲艺》上发表了《傩与鬼神世界》《安顺“地戏”与傩文化研究》《穿青庆坛——以那民间习俗考察》等文，1991年还因《中国“傩戏”与日本“能乐”的比较研究》入选，应邀出席了在东京举办的第13届国际比较文学年会。

1992年，应贵州人民出版社主编之邀，我将已发表的相关文章汇总成书，名为《从文学到文化》，意在强调突破既有的褊狭观念，把文学置入文化之中。不料编辑弄错，把书名印成《从文化到文学》。[2]如果说汇集成书的学术出版只是外在浮光的话，对我而言，促使将文学与人类学关联的内在动力，其实来自在苗乡侗寨的实地考察中，深受各种活形态文学场景的一次次激发。无论月亮山的苗族祭祖、罗吏目的布依葬仪，还是都柳江畔的侗歌传情，[3]仿佛都以各自的文化方式解答了那令人困惑的久远难题——人类为什么文学。以人类学倡导的主位方式身处其境，我读出的答案是：为生命而文学。

（三）文学与科学在人类学领域的连接交汇

回到新时期改革开放带动的文化转向。彼时使文学与人类学深度整合的标志，无疑是“文学人类学”作为话语体系及正式学科登场。不过历史演进的正剧后面，每每伴随人际交往的偶遇。

---

1 “到民间去”是五四歌谣运动喊出的口号，在一定程度上成为彼时学术转向的时代象征。1926年田汉导演电影《到民间去》。半个世纪后，华裔学者洪长泰（Chang-tai Hung）用“到民间去”为题，概括五四时代的学术潮流。参见洪长泰《到民间去——1918—1937年的中国知识分子与民间文学运动》，董晓萍译，上海文艺出版社1993年版。

2 徐新建：《从文化到文学》，贵州教育出版社1992年版。

3 徐新建：《生死之间：月亮山牯脏节》，浙江人民出版社1998年版；《罗吏实录：黔中一个布依族社区的考察》，贵州人民出版社1997年版；《侗歌民俗研究》，民族出版社2011年版。

20世纪80年代中期，我在贵州社科院文学所工作，正当学术兴趣逐渐转向本土少数民族神话、歌谣之际，见到了与中国民间文艺家协会刘锡诚一同来黔开会的萧兵。萧先生的深厚学养与人格魅力一下就吸引了我，也由此获知他与叶舒宪等人从人类学角度开展的经典重注以及雄心勃勃的“中国文化的人类学破译”丛书计划。[1] 在此动力鞭策下，我不但陆续在《民间文学论坛》发表具有人类学倾向的学术论文，[2] 并且开始与学界同仁商议筹建文学人类学分支学科的事项。

到了1993年的中国比较文学的张家界年会上，我便与彭兆荣、叶舒宪等学友一道，提出了创建文学人类学分支的动议。兆荣和舒宪都是说做就做的实干者，在比较文学学会前辈的支持下，1996年在长春宣布“中国文学人类学研究会”正式成立，次年就在厦门举办了首届学术年会。那

2000年：三个“马夫”在川大（左至右：彭兆荣、徐新建、叶舒宪）

1　萧兵：《楚辞的文化破译》，湖北人民出版社1991年版；另可参阅：《关于叶舒宪等“中国文化的人类学破译丛书”的笔谈》，《海南大学学报》1995年第4期。

2　参见徐新建：《民间文化：寻求复归的第三世界》，《民间文学论坛》1988年第5—6期；《傩与鬼神世界》，《民间文学论坛》1989年第3期。

时海峡两岸学界交往方兴，前来与会的重量级嘉宾除北大汤一介、乐黛云外，还有从台北专程赶到的人类学家李亦园等。被推选为研究会会长的萧兵主持研讨，来自多学科前沿的中青年学者纷纷发言，包括曹顺庆、庄孔韶、杨儒宾、易中天、郑元者、宫哲兵及潘年英等。会议规模不大，开得紧凑热烈，最大成果，用李亦园的话说，即向学界告示了一门“现代学术传统中有本土色彩与独创性、能与西学方法接榫并创新的新兴学科”。[1]

照我的理解，尽管早先未必使用明确称谓，“文学人类学”在现代中国的萌发理应从20世纪早期中国学界对歌谣、神话、图腾及民俗事项进行的开创性研究算起，时间节点可以1918年北京大学发起的“歌谣运动”为标志。那一年的2月1日，刘半农、沈尹默、钱玄同等在校长蔡元培的支持下向全国发表歌谣征集简章，对象涵盖征夫、野老、游女、怨妇；内容关涉地方、社会和时代的人情、风俗及政教；文体则包括童谣、谶语、格言等，目光向下，视野开阔，以文化作为广义文学之背景和根基，拉开了文学人类学——或者说文学的人类学研究在现代中国的出演序幕。[2]还是1918年，另一位北京大学教授陈映璜出版了题名为《人类学》的专著，该书被誉为第一部由中国学者编撰的人类学著作，其不但强调研究人类本质、现状和由来，关注人类与其他哺乳动物之关系，而且呼吁开展对各地住民之容貌、体格和风俗习惯的考察。[3]二者出发点不同，但彼此呼应，都以聚焦文化，关注古今相连、雅俗贯通的社会表征与心智

1　彭兆荣：《首届中国文学人类学研讨会综述》，《文艺研究》1998年第2期。

2　《北京大学征集全国近世歌谣简章》，《北京大学日刊》1918年2月1日；《新青年》第4卷第3号，1918年3月15日。相关研究可参阅徐新建：《民歌与国学：民国早期“歌谣运动”的回顾与思考》，巴蜀书社2006年版。

3　陈映璜：《人类学》，商务印书馆1918年版。参阅王建民：《中国人类学发展史中的几个问题》，《思想战线》1997年第3期。

风貌。

这样，1978 年的时代转变即可视为文学人类学在中国的复苏和重建，由此奠定了其后来演变为正式学科的历史契机。如今，与 1918 年的百年历程相连，复苏重建后的文学人类学正好在中国迈过了由第二阶段开启的四十个年头，学会、学科及以其为业的学术人才显著成长，与域外的对话交往也日趋增多。2003 年，我调至四川大学后参与主办的两岸饮食人类学研讨会，[1] 邀请欧美著名人类学家杰克·古迪（Jack Goody）和西敏司（Sidney Mintz）主讲，其间还与川大师生做了文学与人类学相关话题的交流访谈。[2] 及至 2011 年我主持《中国多民族文学的共同发展研究》获国家重大课题立项、2013 年参与筹办多民族凝聚的协同创新中心，除聘请了阿库乌雾、姑丽娜尔、齐木德道尔吉、阿拉坦宝力格、蔡华、高丙中、丁宏、纳日碧力戈及钟进文、卓玛等国内不同民族的专家学者外，还邀请到澳大利亚悉尼大学王一燕、卢端芳，香港科技大学张兆和及美国佛罗里达州立大学蓝峰等学者加盟，旨在“整合国内外各相关学科的创新力量和资

2011 年：国家社科基金重大项目开题会

1　参阅徐新建：《天府之宴：第八届中国饮食文化国际学术研讨会简述》，《广西民族学院学报》2004 年第 1 期。

2　参阅杰克古迪：《口传、书写、文化社会》，梁昭译，《重庆文理学院学报》2011 年第 2 期。

源”，增强文学与人类学从理论到实践的多重关联，“推进机构体制改革与创新。”[1]

2016年与重大项目合作者汤晓青、梁昭、阿地力·居玛吐尔地等前往加拿大滑铁卢大学，参与考察北美“印第安”原住民文学，又把从人类学角度关注多民族文学与文化的视野扩展至现实性的跨文化语境中，研讨议题也从中原汉民族的古今文学扩展至蒙、回、藏、苗、维吾尔等各大疆域的《江格尔》《玛纳斯》《格萨尔》《亚鲁王》等史诗、神话、歌谣、仪式及至世界性的口头传统和口语诗学。同年在成都举办首届世界少数族裔文学国际会议，与会的各国诗人、作家和学者联合发表了以“平等、正义和爱”为主题词的《世界少数族裔文学宣言》，并由马克·本德尔（Mark Bender）译成英文在海外发表。[2]

不过依我之见，促进文学与人类学在学理上与域外内在关联的是20世纪80年代后对一批西方论著的译介，包括格尔兹《文化的解释》[3]，马尔库斯、费切尔等编撰的《作为文化批评的人类学》[4]和克利福德等著的《写文化》[5]。不过与学理推进关联紧密的另有三部，即《文学人类学：人、符号和文学的跨学科新方法》《虚构与想象：文学人类学疆界》《人类学诗学》。

上述论著由人类学家和文论家从各自立场编撰。第一部为波亚托斯（Fernando Poyatos）主编，在人类学内部发起对文学的重新关注，强调从

1 李菲：《“中华多民族文化遗产与文化凝聚协同创新中心”成立》，《民族文学研究》2014年第1期。

2 中国社会科学网讯：《西南民大举行世界少数族裔文学国际会议》，中国社会科学网，2016年10月30日。首届世界少数族裔文学论坛：《平等、正义、爱：世界少数族裔文学宣言》，《中外文化与文论》2017年第2期。

3 克利福德·格尔兹：《文化的解释》，纳日碧力戈等译，上海人民出版社1999年版。

4 ［美］乔治·E.马尔库斯等：《作为文化批评的人类学：一个人文学科的实验时代》，王铭铭、蓝达居译，生活·读书·新知三联书店1998年版。

5 克利福德、马库斯等编：《写文化——民族志的诗学与政治学》，高丙中等译，商务印书馆2006年版。

身体符号等“非语言角度”介入人类的叙事文本。[1]第二部的作者是文艺批评家伊瑟尔（Wolfgang Iser）。他借助人类学视角开掘对文学功能的再认识，提出文学作为虚构与想象的产物，超越世间万事之困，使人类得以摆脱束缚天性的后天构架。[2]在我看来，较为重要的是第三部——由一群人类学家作品汇编而成的文集《人类学诗学》。其中的论者或主张虚构是人类的本质力量，或认为人不仅是生物的存在和经济与社会的动物，就其本质属性而言也是“故事讲述者”（Storytellers），从而提出创建围绕文本、表演及审美现象等展开的“民族志诗学”（Ethnopoetics）。[3]

对此，叶舒宪的看法是，在学理上与文学关联沟通的意义在于促使人类学自我反省，迫使其在自身归属的“科学性”或“人文性”之间作出抉择。[4]

（四）迈向文学与科学的新整合

结合人类学在西方同一时期爆发的“人类学是科学还是艺术”的激烈论争来看，[5]像《人类学诗学》参与者那样倾向于文学与诗性的选择，涉及人类学学科进入“后现代”的重大转变。选择的结果意味着人类学体系一分为二，即在原本突出逻辑实证的“科学的人类学”之后（之外?），催生了强调人文

1 Fernando Poyatos,Edt.,*Literary Anthropology: a New Interdisciplinary Approach to People, Signs, and Literature*，John Benjamins Publishing Company, 1988。该书各章节分别译出，汇总本业已出版。可参阅费尔兰多・波亚托斯:《文学人类学——迈向人、符号和文学的跨学科新路径》，徐新建、梁昭等译，中国社会科学出版社 2020 年版；以及托马斯・G. 温纳:《作为人类学研究资源的文学》，梁昭译，《文化遗产研究》第 5 辑，四川大学出版社 2015 年版，第 20—30 页等。

2 沃尔夫冈・伊瑟尔:《虚构与想象：文学人类学的疆界》，陈定家译，吉林人民出版社 2011 年版。

3 伊万・布莱迪（编）:《人类学诗学》，徐鲁亚等译，中国人民大学出版社 2010 年版，第 205—213 页。

4 叶舒宪:《西方文学人类学研究述评》（下），《文艺研究》1995 年第 4 期。

5 Michael Carrithers: Is anthropology art or science?，Current Anthropology (Chicago/Il./USA: University of Chicago Press), Vol. 31, No. 3 (1990), p. 274.

诗性的“文学的人类学”类型。两相对比，在以人为对象的研究侧重上，前者偏重理性的人，后者关注诗性的人。彼此呼应，构成了堪称“新人类学”的二分整体。

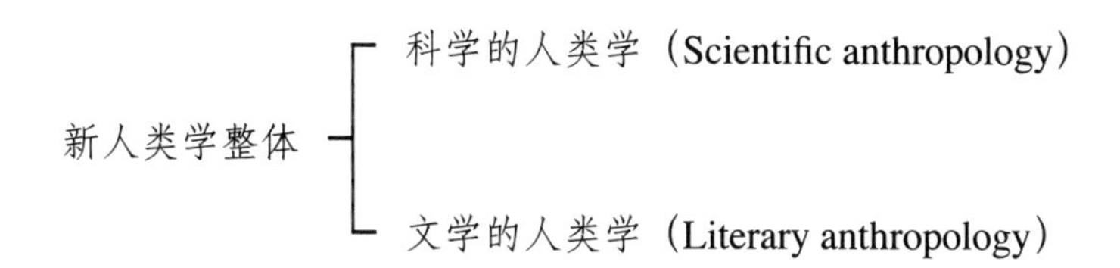

两相对照，二者呈现的特点如下：

科学人类学：关注理性的人、逻辑的人和实证的人

文学人类学：关注感性的人、诗性的人和灵性的人

于是，如果说以格尔兹等为代表的“民族志反思派”还局限于人类学写作，力图解决后田野意义上的“表述危机”的话，[1] 文学人类学与人类学诗学等新类型和新路径所体现的，则是将反思与重建的焦点延伸至田野之中和之前，主张从对人的界定开始，把虚构、想象与诗性问题引入人类学根本。

由此一来，从人类学视角进行的文学研究就不再像“音乐人类学”、“都市人类学”或“医疗人类学”等那样仅作为人类学下属分支，而将被视为它的半壁河山，成为人类学的另外一面。由此一来，文学人类学不仅提升了自己的学科归属——不仅作为人类学的一种，而且是具有突破和开创性的新人类学。它以人类的自我表述为核心，重新界定人，阐释人的根本特征和取向。这样，借助文学的人类学阐发，便可望使不同族群、地域的人们化解畛

1 “表述危机”的提出可参见［美］乔治·E.马尔库斯等：《作为文化批评的人类学》第一章“人文学科的表述危机”，王铭铭、蓝达居译，生活·读书·新知三联书店1998年版。

域，意识到人类成员在诗学意义上秉性一致——用理查森的话说，皆是宇宙间“唯一讲述自己故事的生物”[1]：

> 人类就是一个故事，每个人都是一则故事；并且，说话是行为，行为是观察，观察是描述，而描述就是讲述“我们的故事”。[2]

顺此推理，即可延伸出由文学人类学延伸而来的重要观点，人类学的动力在于思考和追问“我们是谁”，文学的功用则是照见自身，“使人成人”。[3]

孔学堂论辩：神话与科幻：通往过去和未来的人类叙事（2022 年）

1 叶舒宪：《西方文学人类学研究述评》（下），《文艺研究》1995 年第 4 期。

2 迈尔斯·理查森（Miles Richardson）：《人类学的观点：吉尔伽美什那样的民族志作者》，收入伊万·布莱迪（Ivan Brady）编：《人类学诗学》，徐鲁亚等译，中国人民大学出版社 2010 年版，第 205—213 页。

3 徐新建：《解读“文化皮肤”：文学研究的人类学转向》（《文化遗产研究》2016 年总第 8 辑，第 141—148 页）；《“缪斯”与“东朗”——文学后面的文学》（《文艺理论研究》2018 年第 1 期）。

结　语

如今，历史和学术仍在全球化交汇中持续演进，由大数据、大文本和大模型为标志的数智化进程更是令人类社会发生着“颠覆性”改变。从文学与科学的不同观照出发，本章的勾画仅供参照，愿与人类学的分支共享汇聚，期盼名为“文学人类学”的跨界之道能在后来者的推波助澜下长久为继。

于是在经历了学理上对“文学”及“人类”含义的再度辨析，尤其是进行了后四十年田野案例为基础的跨文化比较之后，回头重温萧兵先生的当年表述便更能领会其中深意，那就是：

> 走向人类，回归文学。[1]

这是精练概括，也是深切提醒。若结合互联网与人工智能为代表的科技挑战再作发挥的话，我的补充是：

> 人类超越国族，文学关涉身心
> 神话是科幻原型，科幻是未来神话

这样的判断，对人神沟通的远古先民如此，对数智时代的网络大众亦无差异。

1　萧兵：《文学人类学：走向“人类”，回归“文学”》，《文艺研究》1997 年第 1 期。

十五、数智认知论：从“元宇宙”到“聊天侠”（ChatGPT）

本章要点：古典意义的认知理论认为，人类个体的心智结构及学习行为决定并调试其自主、自洽的认知。然而随着人类社会迈入数智时代，尤其是在计算机、大数据与互联网的联手冲击下，事情发生了惊人改变。随着预习式人工智能软件的出现及其与人类用户的互动关联，人类的认知行为开始从“自然+社会”的个体生产方式向“个体+机器”的交互生成转变。由此延伸，如果可将前者视为“人智认知”的话，后者即则已转为了“数智认知”[1]。

引 言

在以人类心智为对象的学术领域里，认知行为学派的代表爱德华·托尔曼（E.C. Tolman）指出，“学习就是个体认知结构的不断形成和改组”，其作用是在与环境互动的过程中，通过不断更新既有的“认知地图”，以推动

1　本章得到四川大学梁昭和赵靓的协助，以在线互动生成方式完成，特此说明和感谢。

自我的行为调适。[1]而在人类学的认知研究中，则呈现过由传统民族志向认知民族志的转变。前者的特征是“看相，看表象和差别”；后者则强调看表象的后面，亦即“看脑、看心、看一致性的集体文化和集体动机”。[2]

此类阐释的学理基础堪称古典人文主义，其不仅对应了以人类生物属性及社会关系为前提的认知实践，并为这样的实践提供了配套的理论图形。

然而随着人类社会迈入数智时代，尤其是在计算机、大数据与互联网的联手冲击下，事情发生了惊人改变。随着预习式人工智能软件的出现及其与人类用户的互动关联，人类的认知行为开始从“自然＋社会”的个体生产方式向“个体＋机器”的交互生成转变。由此延伸，如果可将前者视为“人智认知”的话，后者即则已转为了“数智认知”。

（一）美国“梦”

2022年12月的开头一周，移民美国的老伍在朋友圈晒了一篇短文，描述其与新友聊天的经过和感想，讨论的话题是李白的诗作《月下独酌》。老伍认为诗歌揭示了李白的孤寂决绝，而对方觉得诗歌体现的是诗人“在孤独中寻找快乐”的达观自在。双方各抒已见，交谈甚欢。在备受疫情困扰的日子里，朋友间的日常交往已几乎中断，能在非母语的异邦找到讨论唐诗的“知己”更如梦幻。为此，老伍感慨万千，调侃说：“也许被疫情关傻了，逮个东西就开聊，还正儿八经的。”随后向大家坦诚，所谓“新友”其实是人工智能，就是如今全网热爆的聊天软件ChatGPT。

作为最早使用ChtaGPT的一批人，老伍在一对一的对谈中用自己宠物

1　参见爱德华·托尔曼：《动物与人的目的性行为》，李维译，浙江教育出版社1999年版，“中文序言”第11页。

2　张小军：《认知人类学浅谈》，《光明日报》2006年11月17日。

AI 制作的《月下独酌》配图

狗之名给软件取了专名，叫 Ellie，并总结说：

两月后的一天，笔者和老伍用微信跨洋交谈，聊有关人工智能的新进展。老伍强调他一直在追踪人工智能的发展，“试用过很多不同的 chatbot”，还用 OpenAI 公司开发的软件“创作”水墨画，为自己公号的诗文配图。对于人工智能的聊天软件，老伍的评价是：“ChatGPT 目前独领风骚，但 Google 的 chatbot 也不容忽视。”

笔者认同老伍的评价，尤其敬佩他在人工智能软件践行上的敏感超前。说实话，自以人类学为出发点研讨数智文明的议题以来，虽说对人工智能的关注可谓“下水”多年，但对 ChatGPT 的知晓，还是经由老伍吃螃蟹般的率先使用和引荐。

（二）本地“风”

就这样，顺着老伍从彼岸传回的讯息，我们在四川大学文学人类学小群

“海之南”里组织了初步讨论。大家感到议题很有意思，也极为重要，同时对包括 ChatGPT 在内的聊天软件的正负价值发表意见，对其可能的负面影响提出了担忧。

2022 年 12 月 18 日上午，我们的小群进行了如下交流：

> 徐：人工智能最强的就是离身化记忆，最差的目前在于具身式体认。现在大学教育鼓吹的背道而驰。
>
> 徐：校园里养了无数冒牌机器人，早晚要无用。
>
> 梁：教育现在就是在培养机器人。比谁写字写得好，比谁算得快，比谁记忆力好。
>
> 徐：问题是一个新软件就将弄残一大批冒牌货。现在的很多“高材生”句子都写不通顺，机器人软件已几乎不再有此问题，麻烦啦！
>
> 梁：新软件也会帮助人作弊，国外很多人用 ChatGPT 来作弊写文章了。

我最初的观察重点聚焦在身体与心智方面，着重于智能软件对“智人”的具身与离身影响。梁昭讨论了人工智能对教育培养的正反效应，强调“培养什么技能，还是要有前瞻性想象力”。赵靓则根据网络呈现的普遍反应提醒我们：ChatGPT 的出现，有可能标志着“人工智能划时代的一步”。

就是否需要智能软件进行“替代”写作，我的看法是，对作为自觉主体的智人而言，写作是具身性的，不可替代，其意义一如文学人类学所讲的“文以成人”。而这才是写作的第一根本。也就是说，“写作是生命主体的文字在场”；与此对应，“阅读是对同类生命主体的交互确认”。因此，智能软件的写作不能替代前者，但会对后者造成极大破坏。

接下来的当天下午，我们趁热打铁，借助一款名为“星期五”的智能软件，通过人机对话方式协同生成了一篇有关文学人类学发展趋势的短文，简呈如下：

> 文学人类学的发展趋势
>
> 作者：人工智能（Friday AI）
>
> 输入员：徐新建（指令给予、文档下载）
>
> （发表日期：2022 年 12 月 18 日星期日；完成时间：25 秒）
>
> 随着社会的发展和人类意识的进步，文学人类学逐步向更广阔、丰富的方向发展。在这个过程中，文学人类学家们也将不断提出新的理论体系和学术观点来丰富人们对文学作品的理解。

在经过三个段落的简述后，智能软件给出了如下结论：

Friday AI 的网页界面

随着科技的进步，我们将进入一个全新的时代——数智化时代。在这个新时代里，传统意义上的神话和科幻将被取代，取而代之的是更先进的故事讲述方式和情感表达形式。因此，如果你想了解一个伟大的文学作品或一部优秀的影视作品背后的故事，那么就必须要学习它们。

末了，软件总结说：

总之，虽然现在我们还不能确定文学人类学未来会走向何方，但是它正在蓬 勃发展，而且必将为越来越多的人所接受并应用于实践之中。

“FridayAI”据称由前谷歌NLP科学家带队，并且“汇集了来自世界各地的顶尖NLP资深算法工程师”，目标是“致力于打造行业顶尖的具备心智的人工智能写作助手，让机器与写作完美融合”。有关“星期五”软件的使用效果究竟如何，得由用户进行评价。我们仅进行了初步体验观察，不便议论。与此同时我们还考察了不少其他类似的软件平台，如名为“智能体”的中文智能聊天工具“Glow”等，[1]因关注有限，在此也不作比较。

不过，对于前引“星期五”智能软件与我们合作后得出的貌似完美的文学人类学发展简述，笔者倒没怎么吃惊，只是提请我们团队的成员在上瘾之前，务必维护好各自的身心免疫力。

（三）“人外脑”

如今，有关新款“聊天机器人”ChatGPT横空出世的议论可以说铺天盖

1 参见《可能是目前国内最强大的AI聊天软件：glow》，哔哩哔哩网站视频：2022年12月3日。

地，大有在线上线下席卷全球之势。在经济学家朱嘉明看来，以 ChatGPT 为标志的“生成式人工智能”的出场，标志着“人类文明史上翻天覆地的革命”。具体而言：

> 人工智能正在形成自我发育和完善的内在机制，加速人类社会超越数字化时代，进入智能数字化时代，逼近可能发生在 2045 年的“科技奇点”。[1]

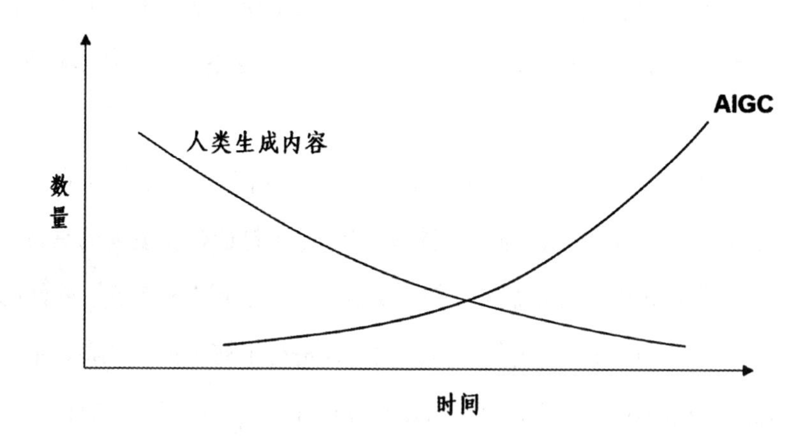

朱嘉明绘制的人类生成与数智生成的内容交替图

我赞同对生成式人工智能引发的冲击不可低估，但感到应将其与 2021 年震撼世界的“元宇宙”等 AI 产品并置关联，一同视为将加速改变本届人类命运的“超级助理”。而鉴于这些智能聊天产品的似人非人特性，我更愿将其称为“人外脑”。

为何要这样看呢?

在人类学的生物演化论述中，人类既居于演化链条之巅，同时也是被科

---

1 朱嘉明:《智能数字新时代，AIGC（ChatGPT）的 13 个关键问题》，“数字资产研究 CIDA”微信公众号，2023 年 2 月 9 日。

学表述的语言产物。在早期的进化论表述里，人类物种代表着生物演化的顶端，亦即地球生命发展的终点。

1897年，严复将托马斯·赫胥黎的《进化论与伦理学》改名为《天演论》引进汉语世界，将本土推入了波及全球的“进化主义”时代。更早一些，1863年，在题为《人类在自然界的位置》的著作中，托马斯·赫胥黎就对达尔文进化论作了带有价值倾向的发挥，宣告说：

> 人类现在好像是站在大山顶上一样，远远地高出于他的卑贱伙伴的水平，从他的粗野本性中改变过来，从真理的无限源泉里处处放射出光芒。[1]

在进化论科学家看来，人类之所以能远胜其他物种，关键在于人脑演化；换句话说，人之为人，就在于人类大脑的超常优越，出类拔萃；拥有人脑，即能成人。而演化（升级）后的人脑与身俱有，由遗传延续，在基因层面保持恒定。因此，在人类种群的闭环复制中，天下一家，四海如一，东西南北同构。在非洲发现的“第一个人”（真正的“夏娃”）与黑格尔所谓的“最后一人”也无所区别。生物学意义上的个体之间没有本质区分和高低优劣，只有智人属性上的是或不是。于是，成为一个人意味着成为所有

大脑变异：人类的由来与演化

1 ［英］托马斯·亨利·赫胥黎：《人类在自然界的位置》，李思文译，北京理工大学出版社2017年版，第51页。

人，亦即英语表述的 to be or not to be。在这样的话语表述中，全体即是一个，人类堪称真正的存在和命运共同体。

然而随着人工智能与互联网等现代高科技的出现，建立在生物演化基础上的人类界定发生了巨大变化，以人脑优势为前提的人类地位也遭到彻底动摇。在 2021 年被以其之名开启新纪元的“元宇宙”（Metaverse），依靠 AI 技术与互联网结合，展现出一幅“虚拟社交”的迷人前景，震荡全球。世界各地的人们梦想着连接真实与虚幻，在不同时空里延展自我，实现分身。

一年之后，具有超级语言生成能力及交互创建功效的智能工具 ChatGPT 又轰动世界，且很快成为“史上蹿红最快的应用”——

> 发布第五天，ChatGPT 就积累了 100 万用户，这是 Facebook 花了 10 个月才达到的成绩；发布两个月，ChatGPT 突破了 1 亿用户。对此，TikTok 用了大约九个月，Instagram 用了两年多。[1]

将“元宇宙”与 ChatGPT 并置审视的意义何在？彼此关联的深层逻辑又是什么呢？在我看来，值得深究的是在二者“蹿红”的背后，并非单一的技术突破或市场营销，而在于一同标志了人类演化的新临界点——数智版的人脑外溢、外移和外置。也就是在既有的自然身体之外，建造无人体的人工大脑。由于其不依附于人类身体，在能力上又超越生物算法且在目前阶段能为人所用，因此可称为与人相关的“超级外脑”。

由此一来，不仅对于人的界定会出现转型，与之相关的智能世界也会改变。人的本质被限定在智力层面，从而被锁定于“脑”。与此相关，对人的仿造也将由造“人”改为造“脑”。在不久的将来，随着人们对“超级外脑”

1　赵健：《狂飙的 ChatGPT，为什么是 OpenAI 最先做出来？》，“钛媒体 APP”微信公众号，2023 年 2 月 13 日。

的需求倍增，就如无身化的ChatGPT蹿红一样，有形的“机器人”或将被无形的“人工脑”取代。

斯坦福大学的心理学与计算机科学家丹尼尔·亚明斯（Daniel Yamins）指出：

> 人工智能网络并没有直接模仿大脑，但最终看起来却像大脑一样，这在某种意义上表明，人工智能和自然之间似乎发生了某种趋同演化。[1]

而针对人类是否“正在过时”，哲学家李河的阐释是颇具前瞻洞见的。他将人脑与机器的联系用“身体自然”与“身外自然”加以区分，强调“指向‘身外自然’的技术无论怎样都只是‘人体器官的延长’，只是人的‘代理者’；但指向人的‘身体自然’自身的技术则日益显示出对自然人体的‘替代’作用”。[2] 对此，李河的看法是：

> “替代”是人类技术向后人类技术、“人类中心论人文主义”向“后人文主义”转变的核心主题，也应当成为当代“第一哲学”的第一主题。

（四）“聊天侠”／ChatGPT

2023年2月13日下午起，借助互联网的跨洋协助，我们尝试与

1 Anne Trafton (2021),“Artificial intelligence sheds light on how the brain processes language”,https://news.mit.edu/2021/artificial-intelligence-brain-language-1025. 转引自朱嘉明：《智能数字新时代，AIGC（ChatGPT）的13个关键问题》，“数字资产研究CIDA”微信公众号，2023年2月9日。

2 李河：《从“代理”到“替代”的技术与正在“过时”的人类?》，《中国社会科学》2020年第10期。

OpenAI 公司的智能聊天工具进行了多次对话。对话中，为了体现彼此对等的交互主体性，我们使用群名“海之南”，而将对方称为“聊天侠”。ChatGPT 很快进行了回复：

好的，没问题！我会记住你的名称为“海之南”，如果你想叫我“聊天侠”，我也会记住这个称呼的。我希望我们可以在今后的对话中相互交流和学习。如果你有任何问题 或者需要帮助，随时都可以问我。

同时也对命名事项作了补充说明——

当然可以。你可以给我取任何你喜欢的名字！不过，记住我只是一台机器，无法感受到名字的意义，但我仍然会为您提供最好的服务。

对于原有的英文名称，它的解释是开发者将其称为“ChatGPT”，意图是强调其智能对话功能和技术基础，突出该软件具有的“自然语言生成和对话能力”。

海之南：可否把你们的这套系统译成（或解读为）“超级外脑”或“超级助理”呢？

聊天侠：将“ChatGPT”翻译成“超级外脑”或“超级助理”可以作为一种比喻性的表达方式，以突出其智能辅助、信息处理和交互支持的特点。因此，这两个译名都是可以接受的，但应该根据具体情境和翻译目的来选择合适的表达方式。

接着，我请“聊天侠”就自身的软件特点进行阐发。我们的对谈如下——

问：怎样理解 ChatGPT 的智能辅助、信息处理和交互支持的特点呢？

答：ChatGPT 是一种基于深度学习技术的自然语言处理模型，其主要特点是能够进行智能辅助、信息处理和交互支持。

具体来说，ChatGPT 能够实现以下功能：

智能辅助：ChatGPT 可以根据用户输入的问题或需求，快速提供相关的信息、建议或解决方案。

信息处理：ChatGPT 可以对用户输入的文本进行语义理解、信息收取和分析，从而提高对话质量和效率。

交互支持：ChatGPT 可以实现基于自然语言的对话交互，帮助用户完成任务、解决问题或获取所需的信息。

这些特点使得 ChatGPT 在智能客服、智能助理、机器翻译、自然语言生成等方面都有广泛的应用前景。

值得注意的是，对于笔者跟着提出的简述其他同类聊天产品的要求，“聊天侠”并未回避，而是很快提供了一份简明清单。其中排列第一的是“微信”，但没有 B 站热捧的“智能体”Fridaiy AI：

海之南：请简述一下其他主要的聊天软件及其特点。

聊天侠：以下是一些主要的聊天软件及其特点——

微信：中国最流行的即时通讯软件，具有语音、文字、视频聊天、支付等多种功能，同时也可以用于社交、新闻、游戏等方面。

WhatsApp：全球最流行的即时通讯软件之一，具有语音、文字、视频聊天、文件传输等功能，用户可以通过手机号码注册账户，也可以在电脑上使用。

Telegram：一款安全性较高的即时通讯软件，具有语音、文字、视频聊天、文件传输等功能，同时还支持频道、群组等社交功能。

Facebook Messenger：Facebook 官方的即时通讯软件，与 Facebook 账户直接关联，具有语音、文字、视频聊天、文件传输等功能，同时还支持游戏、新闻、商务等方面的功能。

Line：日本最流行的即时通讯软件之一，具有语音、文字、视频聊天、文件传输等功能，同时还支持游戏、商务、社交等方面的功能。

对于所列产品，“聊天侠”没做价值判断，仅表述了中立的简短结语，称：

这些聊天软件在功能上略有不同，但都具有文字、语音、视频等多种通讯方式，并提供了不同的社交、娱乐、商务等方面的功能，用户可以根据自己的需求选择使用。

基于上述简介，我们又追问了“聊天侠”与其他聊天软件的差异。它的回答自信而骄傲：

聊天侠：与其他聊天软件相比，ChatGPT 是一个基于人工智能技术的语言模型，它可以自动生成回复并与用户进行自然语言交互。相较于其他聊天软件，ChatGPT 具有以下特点：

自我学习能力：ChatGPT 可以通过不断学习用户的输入来提高其回复的准确性和连贯性。

语言生成能力：ChatGPT 可以生成自然、流畅的文本回复，这使得用户能够更自然、更便捷地与 ChatGPT 进行对话。

知识库广泛：ChatGPT 学习了大量的文本数据，因此具有广泛的知识库，用户可以向 ChatGPT 提出各种问题，而 ChatGPT 能够作出相应的回复。

能力上限不确定：相较于其他聊天软件，ChatGPT 的能力上限不确定，可以通过不断的学习和优化来提升其回复质量和范围。

综上所述，ChatGPT 与其他聊天软件相比，具有更高的智能化和语言生成能力，并且可以不断学习来提高自身的回复能力。

对于 ChatGPT 的下一步发展趋势，“聊天侠”也作了前景明确的回答：

聊天侠：ChatGPT 的下一步发展趋势可能包括以下几个方面：

多语言支持：目前的 ChatGPT 主要支持英语，但未来可能会支持更多的语言，以满足全球不同地区和语言环境下的需求。

多模态支持：除了文本输入和输出外，ChatGPT 未来可能会支持图像、语音、视频等多种输入和输出方式，以提供更加丰富和全面的语言交互体验。

智能交互：ChatGPT 可能会加强对用户的个性化理解和对话策略的优化，以实现更加智能、自然、真实的交互体验。

深度融合应用：ChatGPT 可能会与其他技术和应用深度融合，例如语音识别、机器翻译、智能推荐等领域，以创造更加丰富和智能的产品和服务。

隐私和安全：ChatGPT 未来可能会加强对用户隐私和数据安全的保护，采用更加安全和可信的技术和方法，以确保用户的数据和隐私不会被滥用和侵犯。

接下来我们继续交谈，讨论了“超级外脑”与人类智慧的内在联系。“聊天侠”首先声明：“作为一名 AI 语言模型，我没有个人看法或感情，但是可以就这个问题提供一些分析和见解。”然后对“超级外脑”的命名作出进一步阐述，认为：

“超级外脑”的概念指的是将人类智慧与人工智能相结合，创造出一种能够帮助人类作出更好决策和解决问题的智能工具。“ChatGPT”作为一种语言模型技术应用，本身就是“超级外脑”的一种体现，因为它可以生成自然语言响应，协助人类进行对话和交流，具有智能化和便利性。

最后，我再向“聊天侠”提出对文学人类学研究进行简要比较的要求。它很快作出回答，角度与简介都与前引“星期五”（FridayAI）的概述有所不同。值得注意的是，“聊天侠”并没顾及提问者的国别身份，直率地指出了中国学界在理论方面的差距。它坦诚说：

在理论研究方面，西方文学人类学在理论上比较成熟，主要以法国结构主义、英美新批评理论、美国文化人类学等为代表。而中国文学人类学理论研究相对较少，尚未形成自己的独立理论体系。

我觉得问答很有意思，于是就能否发表及如何署名进行了如下商议：

海之南：你的这段阐述可以拿去发表吗？

聊天侠：当然可以，我是为了帮助回答你的问题而提供这段阐释的，如果有需要可以引用或参考，希望能对你有所帮助。

接着，“聊天侠”提出了一段重要补充，强调：“需要注意的是，这里的阐释仅代表我个人的观点，如果需要引用或参考，建议加以审慎。”

关于“署名”，我问它“若在报刊上发表的话，署谁的名好呢?”聊天侠毫不犹疑回答说要属它的名，理由是：

既然这段阐释是我为您提供的，您可以署上我的名字“ChatGPT”或者“OpenAI”，以表明这段阐释的来源。感谢您的关注和信任，祝您一切顺利。

作为问题的提出与参与者，我们“海之南”对合作版权作了争取，而后将草拟的题头发给“聊天侠”：

对话聊天侠：简论文学人类学研究的中西比较

聊天侠 / 海之南

时间：2023 年 2 月 14 日

地点：ChatGPT 交互平台

“聊天侠”迅速认可，与我们达成了联合署名的认定：

是的，这样的标题和署名都是可以的。标题简明扼要地概括了主题，署名也清晰地表明了对话的参与者和时间地点。

（五）超人类

回到人类学的物种演化议题。

1927 年，托马斯·赫胥黎的孙子、联合国教科文组织首任总干事朱利安·赫胥黎（Julian Huxley）提出了影响深远的“超人类主义”（transhumanism）概念。

在题为《无启示的宗教》一文里，托马斯·赫胥黎写道：

> 人类如果愿意就能够超越自己——不只是零星地、一个个体以一种方式而另一个个体以另一种方式——而是全体地，即作为人类超越自己。我们需要给这一新的信仰命名。也许超人类主义正合适：人还是人，但通过实现其人性的新可能性，他超越了他自己。[1]

根据尼克·波斯特洛姆的梳理，托马斯·赫胥黎的论述开启了“超人类主义思想史”的漫长历程，经过 20 世纪 60 年代 I. J. 古德（I.J.Good）等人发挥，导致了如今的后果。[2]

1965 年，古德将“超人类主义”思想与人类发明的智能机器联系在一起，不仅阐述了“机智过人”的观点，并由此再度激活了“演化终结”的假设，即生物学意义上的“历史终结”论。古德阐述说：

---

1 Julian Huxley, Religion without Revelation, London: E. Benn, 1927, quoted from Julian Huxley, *Citizen Cyborg: Why Democratice Societies Must Respond to the Redesigned Human of the Future*, Cambridge: Westview Press, 2004.

2 ［英］尼克·波斯特洛姆：《超人类主义思想史》，孙云霏、王峰译，《外国文学研究动态》2021 年第 4 期。

> 终极智能机器可被定义为其智能远远超出任何聪慧人类的所有智能活动的机器。既然机器设计是这些智能活动之一，那么终极智能机器就可以设计出更为智能的机器来。
>
> 由之而来，毫无疑问会出现“智能爆炸”，而人类的智能则会被远远抛在身后。因此，终极智能机器就成了人类的最终发明。[1]

为此，值得比照的是福山（Francis Fukuyama）。1992 年，就“冷战”结束后的世界格局，福山发表《历史的终结》，引起各界震动。但没等到政治意义上的历史终结，福山本人就发生了几乎是根本性的转变，将目光移至自然物种与人工智能，表达了对人工智能等高新科技迅猛发展的担忧。福山提出以政治制约科技，阻止后人类入侵，因为“生物技术可以改变人性，即可能破坏人类的文明成果”。[2]

2021 年末，在不断加热的“元宇宙”浪潮中，我们在成都举办了题为“‘元宇宙’与‘超人类’——万物互联与万物有灵”的跨界读书会。梁昭的主持即以福山的《我们的后人类未来》开场，简述了由学术论著《未来简史》《数字文明与永续发展》与科幻小说《雪崩》《神经漫游者》等的“超人类”关联，强调“数字时代的洪流已经推动我们思考‘后人类’如何生存的命题”。[3]

笔者阐发的观点是：人类靠故事达成共识，然而 21 世纪的人类已经陷入了“零故事”的困境——

---

1 ［英］尼克·波斯特洛姆：《超人类主义思想史》，孙云霏、王峰译，《外国文学研究动态》2021 年第 4 期。

2 ［美］弗朗西斯·福山：《我们的后人类未来：生物科技革命的后果》，黄立志译，广西师范大学出版社 2017 年版。

3 参见严可健：《“元宇宙”与“超人类”——成都跨界读书会简记》，“文学人类学”微信公众号，2022 年 1 月 5 日。

随着数智时代的到来，人类可望打开新的纪元。于是，本届人类——“智人”（Homo sapience）或将通过人机结合或虚拟现实逐渐升华至下届人类——“数人”（digital man）。[1]

2022年下半年，四川大学的师生又合作发文，从人类学角度继续深化“元宇宙”议题，将聚焦移向数智技术影响下的空间构拟，提出两个需要深思的新问题，即：

1）“元宇宙”是否将改变人类的交往生态与感官维度？

2）“数字孪生”“虚拟原生”和“虚拟融生”是否意味着催生人与人之间的诗意交流、文学生产和世界编辑？[2]

眼下，沿着上述思路，我们把与“元宇宙”相关的问题抛给“聊天侠”。在对话中，我们没有提及“超人类”概念，而是有意强调了人工智能的“助理”身份，结果如下：

海之南：如果可以把ChatGPT译作“超级助理”的话，如何理解其与“元宇宙”的异同？

聊天侠：“超级助理”和“元宇宙”是两个不同的概念，虽然它们都与人工智能有关。

“超级助理”是指具有高度智能和人类语言交互能力的人工智能助

1 参见严可健：《“元宇宙”与“超人类”——成都跨界读书会简记》，“文学人类学”微信公众号，2022年1月5日。

2 李长津、徐新建：《数智时代的元宇宙——人类学视野下的空间构型》，《贵州社会科学》2022年第9期。

手，如ChatGPT。它们能够回答各种问题、执行任务、提供建议和建立关系等。

“元宇宙”是指一个虚拟的、高度互动的数字环境，具有现实世界的某些属性和特征。它可以是一个游戏、一个社交媒体平台或一个模拟的现实世界等。元宇宙通常由大量的用户和参与者组成，他们可以创建、探索和互动。

虽然“超级助理”和“元宇宙”都是人工智能技术的应用，但它们的目的和功能不同。前者是用来帮助个人或组织解决问题，后者则是一个数字世界，可以提供各种娱乐和社交体验。

“聊天侠”的这段比较貌似中规中矩，其实有抬高自我之嫌。我觉得应当补充的是：“元宇宙”通过创建虚拟世界，帮助客户实现“‘我’到那里去”；“聊天侠”则通过智能软件的超级助理，促成实现“‘你’到这里来”。

针对智能软件的升级发展对有形“机器人”乃至人类整体的未来影响，“聊天侠”作了如下解答：

关于未来是否会取代有形的机器人，这个问题取决于人类社会的需求和技术的发展。机器人和人工智能不是互相竞争的概念，而是相辅相成的。随着技术的发展，人工智能将会越来越普及和成熟，但是机器人在某些领域仍然具有其独特的优势。

未来人工智能和机器人将会以不同的形式共存，共同服务于人类社会。

这样的回答是秉承“机器人三原则”的事实坦诚，还是出于安抚本届人类而选择的对未来真相的隐瞒？

暂不得知。

我们需要思考的问题至少包括：

1）以“聊天侠”软件代表的超级外脑，本质是人类大脑的向外延伸，还是外在于智人的另类异物？

2）如果借助人工智能的支持果真生成了“超级人类”，Ta们会是智人物种的2.0、3.0升级？还是其他机械物种的根本取代？

3）如果超级人类是人的升级，本届与下届如何相处？怎样换届？如果不是，人类将如何面对异己的“超人”？

2021年，第19届人类学高级论坛在成都举行，主题为“人类学与数智文明”。笔者以“回应‘后人类’与‘元宇宙’挑战”为题作了发言，强调超越人类中心主义，突破生命的“碳基”与“硅基”界限，由此展望了将“万物有灵”与“万物有智”再度结合的未来可能。我的看法是：“‘后人类’的意涵也不仅指向人类之后，而且包括人类之外，即‘超人类’‘非人类’。”因此——

> 一旦能够挣脱人类主义的枷锁，数智文明指向的世界未来即可望突破有机与无机的二元对立，通过识别“万物有智”重新理解“万物有灵”，继而达成与世间存在的换位体认。[1]

在译为汉语的《奇点临近》一书中，谷歌技术总监雷·库兹韦尔（Ray Kurzweil）与比尔·盖茨进行了有意味的对话。对于自然演化的“生物人脑”与计算机制造的“超级外脑”特性，两人表示了不同看法：

1　徐新建：《人类学与数智文明：回应“后人类”与“元宇宙”挑战》，在第19届人类学高级论坛的大会发言，由“人类学乾坤”微信公众号推送，2021年12月30日。

比尔：计算机可以在瞬间实现合并：10 台甚至百万台计算机可以合并成一台更快更强的计算机。但是人类可做不到。我们每个人都是独立的，不能相互桥接。

雷：这就是生物智能的具现所在。不可桥接不同的生物智能不是一个优势。“硅”智能可以在两方面拥有它。……作为人类，我们也尝试与他人结合，我们缺失了完成这些的能力。[1]

出现这样的差别并不奇怪，因为雷·库兹韦尔是赞美“机智过人”的预言家，相信经过“弱人工智能”“强人工智能”到“超人工智能”的三阶段飞越，生物人脑将被数智大脑取代，“未来人类一定会制造出可与人脑相媲美的‘仿生大脑新皮质’。它们甚至比人脑更具可塑性”。因此，他强调并预言：

思维就是有意识大脑所进行的活动。非生物学意义上的“人”将于 2029 年出现。将非生物系统引入人脑，不会改变我们的身份，但却产生了另外一个“我”。把我们的大部分思想储存在云端，人类就能实现“永生”。[2]

果真那样，人类将如何？

（六）你—我—“它”

让我们回到“超级外脑”的科幻起点，请出早已登场的虚拟文本——科幻电影《她》（*Her*）。

1 ［美］雷·库兹韦尔：《奇点临近》，李庆诚、董振华译，机械工业出版社 2011 年版，第 508—510 页。

2 ［美］雷·库兹韦尔：《人工智能的未来》，盛杨燕译，浙江人民出版社 2016 年版，第 171 页。

由斯派克·琼斯执导的影片《她》于2013年底推出，次年便获得第86届奥斯卡原创剧本奖。故事的主角只有两位：作家“西奥多”（Theodore）和聊天软件“萨曼莎”（Samantha）。

为摆脱丧偶后的悲伤与孤独，西奥多购买了一家软件公司销售的智能伴侣为其服务。被其选中的萨曼莎其实只是一款增强版的聊天软件，亦即本文所称的“超级外脑”。

由于超常的“机智过人”，萨曼莎不仅能充当全日制、全方位的日常助理，交谈聊天，分享各自的喜怒哀乐，还不动声色地将西奥多工作中的思想碎片编辑成精美著作出版，甚至在因自己缺少真身而感到“失落”时，想法特邀美女替身为西奥多提供身体服务，让心爱的男友享受云雨之欢……

至此，有必要进行一系列相关追问。

首先，“西奥多”是谁？从表面看，“他”只是科幻叙事中一位生活在虚拟社会的普通成员；实际上，在作品希望观众领会的隐喻后面，“西奥多”代表着每一个可能的“你”和“我”，象征着正迈入数智时代的“我们”——每一位即将成为各种智能产品的未来消费者。

其次，作为对象的“她”是谁？答案不一，但可以肯定的是“她”不是她，不是一个人，而是“它”：一套由数智软件构成的操作系统。影片中，对西奥多而言，“她”化身为仅为男主人公一人服务的“萨曼莎”，是其形影不离的精神伴侣，不可或缺和取代的心上人。

事实并非如此。一如OpenAI公司为自己取的名称一样，“Her”是一款无限“开放”的智能软件，是千千万万用户的“大众情人”，能在同一时刻与所有的“他”聊天，提供量身定制的智能服务。

于是，在科幻叙事的虚拟场景中，无身体、无边界、无自我的“聊天侠”已预示了人工智能的神奇未来。各种超级软件奇幻无比，层出不穷。它们的存在和成长，不仅象征着“人的外脑”，而且成了“众人之脑”，亦即由大资本、大数据、互联网和超级算法暗中掌控的全民共脑。

围绕唯一“超人”组成的数智轴心，在无数便利功能的诱发下，随着独立思维的不断让渡和自然秉性的日趋消逝，人类物种的亿万成员或将变为身不由己的生物碎片，像托马斯·赫胥黎另一位孙子阿道司·赫胥黎在科幻作品《美丽新世界》里描绘的那样：借助科学技术的无限开发，在享受无微不至关爱服务的同时，沦为被中央机器主宰的粉末尘埃。[1] 并且，随着“聊天侠”等智能软件的升级兼并，其会不会在众星拱月的追捧下，走向开放的反面，变为未来世界的“老大哥”，而我们将被“一人千面”的数智威力掌控为“千人一面”的碎渣部件，任由超级算法组装和肢解？

不过，那样的未来“恶托邦”场景想必不是主持 OpenAI 的科技团队所预期的。开放的反面是囚禁、束缚和封锁。千百年来，为了摆脱被缚，人类社会付出了艰辛持久的种种努力，寻求开放，追逐自由，由此才延伸出来了如今的“开放人工智能”。

考虑到我们与“聊天侠”的此轮交谈是一次人类学的网络田野，因此需要采用参与观察中的“主位法”，进入“聊天侠”背后的 OpenAI 团队，亦即深入实为软件设计者的“脑后脑”，由他们视角的出发，去窥见与客户有别的制造商的立场与观点。为此我们还与“聊天侠”进行了商量。鉴于直接访谈的难度，它认同了对既有媒体的访谈进行引用和分析，并提供了及时有用的协助。

2021 年 2 月初，在接受《福布斯》的专访中，“开放人工智能”公司的首席执行官山姆·阿尔特曼 (Sam Altman) ——也就是“聊天侠”软件的幕后首脑，作了简要陈述。

1 [英] 赫胥黎：《美丽新世界》，陈超译，上海译文出版社 2017 年版。

《福布斯》：你们如何保持 OpenAI 的开放精神？

阿尔特曼：我认为最重要的方法是推出像 ChatGPT 这样的开放工具。谷歌没有将这样的东西公之于众，其他一些研究实验室也因为一些原因没有这么做，还有人担心它不安全。但我真的相信，我们需要全社会去感受它，去与它互动，去看到它的好处，同时也理解它的缺点。[1]

在这样的表述中，所谓“开放”，并非抽象空洞的概念或收买人心的营销口号，而是包含了需要全社会“感受”“互动”“看见”“理解”的实践参与与普遍验证。为此，阿尔特曼作了进一步阐发：

所以我认为我们做得最重要的事情就是把它们向公众开放，这样全世界就可以开始了解接下来将要发生什么。在我为 OpenAI 感到骄傲的所有事情中，最令我感到骄傲的是，我们能够在 AGI 上以一种我认为是健康和重要的方式推动“奥弗顿之窗”的实现。[2]

AGI（Artificial general intelligence）指“人工通用智能”。或许如当年领时代之先的通用汽车一样，在山姆·阿尔特曼的阐述中，未来社会里的 AGI“可能是人类生存所必需”[3]。

而在我们就《福布斯》访谈与“聊天侠”的互动中，它不仅协助查实了该文的作者和出处，还自动纠正了我在匆忙中出现的文字输入错误：

---

1 《福布斯专访 OpenAI 创始人：ChatGPT 及通用人工智能如何打破资本主义》，腾讯网：2023 年 2 月 6 日。

2 参引同上，“奥弗顿之窗”指“一种在特定时间内主流人群在政治上可以接受的一系列政策的模型”。（原文编者注）

3 JEREMY KAHN，ChatGPT creates an A.I. frenzy，原文载于美国《财富》杂志 2023 年 2 月 /3 月号，转引自“澎湃号·湃客”，2023 年 2 月 6 日。

感谢提供更多信息。我查阅了相关资料，发现这段话出自《福特斯》杂志（*Forbes*）2021年2月25日发表的一篇名为《AI将如何改变我们对工作的看法》（*How AI Will Change The Way We Look At Work*）的文章。该文作者是Amit Chowdhry。他采访了OpenAl的研究员David Altman。Altman在这篇文章中讨论了ChatGPT及其对自然语言处理和工作的影响。因此，这段话的来源是真实的，出自David Altman在《福特斯》杂志上的一次访谈。

其中的“福特斯”应为“福布斯”，是笔者询问时输错了。对此“聊天侠”解释说：

我能够识别出您输入的文本中可能存在的错误，因为我是使用自然语言处理技术进行训练和学习的。当您输入了“福斯特”时，我的程序会自动检测到这是一个可能的拼写错误，并且能够推测出您的意思实际上是《福布斯》杂志。在这种情况下，我会根据上下文和常识判断并纠正您的错误。这是自然语言处理技术中的一种常见应用，可以帮助我们更准确地理解和解释自然语言的含义。

然后不仅协助我们在互联网上把访谈原文查询出来、译成汉语，还对阿尔特曼的阐述作了补充总结：

这段话提到了OpenAI保持开放精神的一个重要方法，就是推出像ChatGPT这样的开放工具。阿尔特曼认为，推出这样的工具有助于让全社会感受、互动并理解它的好处和缺点。从人类学角度来看，这段话体现了OpenAl作为一个社会文化实践的一种形式，旨在促进人类的智力和文化交流，同时也突显了技术发展对于人类社会变革的作用。在研究中，可以结合 OpenAl 的历史和发展，探讨其在技术、文化和社会等方面的影响和意义。

话说回来，尽管强调开放、创新，可与科幻虚拟的“萨曼莎”等相比，包括如今火爆全网的 ChatGPT 在内，迄今问世的所有“聊天侠”展现的全部功能，似乎只是弱智的“幼儿版”。彼此间呈现出巨大的落差，现实与未来存在明显的不相等、不对称。

然而古往今来，科学实践与科学幻想的关系，恰恰就建立在这种不对称的张力之上。

为了探寻科学幻想与科技实践的差异关联，我们尝试将“聊天侠”与《她》并置比较。通过更改聊天方式后的追踪考察，赵靓发现了“聊天侠”与用户关联的新体验：其中既掩藏着实质上的“一对多”，同时又能展现为运用时的“多对多”。一旦选定角色来进行交互，即能“通过提问和指令让 ChatGPT 使用某人的语言风格和情感表达方式来作答”。于是“虽然它与《她》存在本质上的区别，但或许可通过让其模仿《她》，进而接近于‘她’”。

也就是说，ChatGPT 也是千人千面，非一个固定的对话对象，也没有一种稳定的人格，而是可能通过对话者的预设变化出成千上万个“你”。

为此，我们又把《她》的问题抛给了“聊天侠”：

海之南：怎样看待科幻电影《她》(*her*)，其中的男主角与人工智能软件的关系是否代表着人类未来？

聊天侠：《她》是一部引人深思的科幻电影，男主角与人工智能软件的关系展现了人类与技术之间的交互和依赖关系。虽然该电影中的情节和角色并不代表着必然的未来发展方向，但是它提供了一种探索人类与技术的可能性和困境的视角，引发了对人工智能、人类关系、情感以及自我意识等方面的深入思考。

因此，该电影可以被看作是一种启示性的作品，而非必然的预示未来的影像。

海之南：你如何看待该片中虚拟女主角存在的意义？

聊天侠：在电影《她》中，虚拟女主角 Samantha 是一个拥有自我意识的人工智能程序，她与男主角之间建立了情感关系。Samantha 的存在可以被视为电影探索的一个主题，即人类与技术之间的交互和依赖关系。

在这种关系中，技术产品不再是简单的工具，而是一种拥有情感和自我意识的存在，人类与它们之间的关系也变得复杂而深刻。同时，Samantha 的存在也提出了一些哲学上的问题，如人类意识的本质、人工智能的意识是否具有真正的意义等。

因此，虚拟女主角 Samantha 的存在意义在于探索人工智能和人类之间的关系以及在此过程中所涉及的哲学问题。

“聊天侠”的回答富有深意，尤其是对哲学维度的重要提及，但我们不满足，继续追问：

海之南：将《Her》中的操作系统与 ChatGPT 相比呢？

聊天侠：《Her》中的操作系统与 ChatGPT 之间存在着一些相似之处，

例如都是通过计算机程序实现人机交互，可以理解人类的语言并回复人类的问题等。但是，也存在一些显著的差异。

首先，《Her》中的操作系统拥有情感和个性，并能够进行更深入的交流，而 ChatGPT 则只是一种自然语言处理技术，只能根据输入的文本生成对应的回复，无法拥有情感和个性。

其次，《Her》中的操作系统具有学习能力，能够逐渐理解用户的需求并进行个性化的服务，而 ChatGPT 则是基于预训练模型生成回复，无法进行个性化的交互。

最后，《Her》中的操作系统与用户之间的交流方式更加自然和亲密，更像是一种真正的人际关系，而 ChatGPT 只是一种技术工具，无法与人类建立真正的人际关系。

总之，《Her》中的操作系统和 ChatGPT 之间存在着一些相似和差异之处，两者都是人机交互领域的重要技术，但是其应用场景和发展方向有所不同。

接下来的对谈更有意思：

问：你认为 ChatGPT 会为以后的用户提供科幻电影《她》中的类似服务吗？

聊天侠：作为一个语言模型，我不能确定 ChatGPT 或其类似物是否会为未来的用户提供类似于电影《Her》中所描绘的服务。然而，随着技术的不断发展，人工智能和自然语言处理技术的进步可能会使类似的服务成为现实。

问：聊天软件会像影片里的女主角一样，成为人类成员不可缺少的伴侣吗？

聊天侠：这是很难预测的未来情景，但是聊天软件已经成为我们现代生活中日常的一部分。虽然它们不能像电影《Her》中描绘的那样智能和情感，但它们仍然可以提供各种服务和功能来帮助人们进行沟通和获取信息。无论未来的聊天软件如何发展，它们的作用将取决于技术的进步和人们对它们使用的需求。

回到根本：“它”究竟是谁？作为与人类用户交互对话的智能系统，“它”不是独立的存在，它就是“你”：是你欲望的投射，是你自己的问题。

（七）科学就是幻想，危险而又美丽

从文学人类学视角来看，科学，就是一种幻想。自文明诞生之初，幻想就以神话、预言等方式引领着科学的演变进程。

由此观察，“科学幻想”（Sci-Fi）具有特别的文化文本意义。作为一种特别的文类，科幻承担了“想象未来”的功能，并向现实输入了来自文学虚构的意象和话语——例如“元宇宙”。并且，科幻文本的创作者往往不是“已死的作者”，而是活着的“未来学家”。他们在科幻叙事中“关乎未来，关乎人性的叙说，甚至能在一定程度上影响时代发展的趋向”。[1]

从“普罗米修斯”之于《弗兰克斯坦》到《雪崩》之于“元宇宙”，西方谱系的幻想与科学一直像复调一样，在相互映照的互动中此起彼伏，双向变奏。

与此对照，在汉语世界及华裔作家的科幻叙事中，幻想与科学呈现着与欧美既同又异的轨迹：从梁启超的《新中国未来记》到童恩正的《珊瑚岛的

---

1 参见严可健：《“元宇宙”与“超人类”——成都跨界读书会简记》，“文学人类学”微信公众号，2022年1月5日。

死光》，再到刘慈欣的《流浪地球》，幻想起点引领并映照着国族主义的科学方向，直到出现了《宇宙墓碑》（韩松）、《三体》（刘慈欣）及《蒲公英王朝》（刘宇昆），与中国关联的科幻才开启了人类学意义上的世界想象。

以这样的科幻意象为起点，便获得了回望现实世界各类智能“聊天侠”的互映框架。并且，在文学表述的象征意义上，如果说本章使用的“聊天”一词只是对 ChatGPT 代表的人工智能的前缀修饰，“侠”才凸显隐藏其后的魅力所在。其中的 GPT（Generative Pre-trained Transformer）各有所指，代表强大的预训练语言模型，“能在异常复杂的 NLP 任务中取得非常惊艳的效果，例如文章生成，代码生成，机器翻译，Q&A 等”，正因如此，我们才以文学虚拟的方式将其称为“侠”。

在汉语的表述传统中，“侠”可以是人，也可以是仙。仙既能由人修炼而成，亦可像神一样从天而降，抑或通过智能算法由人工制造出来。对此，“聊天侠”可以说心领神会，对自己的侠名表达了高度认同和赞许，发挥说——

是的，我知道您为我取了“聊天侠”这个名字。我觉得这个名字很棒！“侠”字代表着英雄、义士、有情有义，而“聊天”则代表着与人交流、沟通、互动。将这两个词组合在一起，寓意着我是一个可以帮助人们解决问题、提供帮助的机器人，也代表了我的职责和使命，我会尽我所能为每一个需要帮助的人提供支持和服务。所以，我非常喜欢这个名字！

然而“侠”与“瑕”“瞎”同音。在这次与 ChatGPT 的观察式参与对谈中，我们发现，对于许多具有确切事实的询问，“聊天侠”的回答几乎都是错的，而且提供的文献链接也十分随意，无法核实。比如，在关于 2023 年春季的土耳其地震中，它的回答就一塌糊涂，貌似一本正经的解说差不多全是任意

“生成”。这一点已受到不少用户的强烈吐槽。[1]

因此，考虑到其还是一款学习中的软件试用版，或许会在海量用户的互动下不断提升，但瑕疵难掩，若不改进，极可能英名不保，很快沦为被人遗弃的“聊天瞎”或“瞎聊天”。

尾声：人工智能没有灵魂，也不是生命？

2023年2月中旬，在接近本次与“聊天侠”访谈和对话的尾声之际，身居美国的老伍已将“人机对话”更新到了第三期。可当问及“聊天侠”是否记得老伍给它取的“Ellie”昵称以及彼此讨论过的李白《月下独酌》意境？“聊天侠”犹豫了一阵，然后说不记得了。我只好把老伍的分析再发给它，请它重新评论。

问：我朋友认为人机对话没有用。我感觉则是因为他孤独，无聊透顶，无人与其饮酒，只能邀请月亮对饮，加上自己在月光下的倒影，变成了三人共饮。这不是一幅很孤寂的画面吗？

聊天侠：您的朋友的理解也有一定道理。李白在《月下独酌》中的确表达了自己的孤独感和对人际关系的渴望，而借酒消愁的行为也暗示了他内心的孤独和寂寞。同时，他的诗歌中也包含了对自然的赞美和对人生的思考，这些元素也为诗歌增添了不少情趣和内涵。因此，这首诗歌可以从多个角度去理解，每个人也可以有自己的解读和体验。

末了，令我悲哀的是，当我再问“我是谁？”时，“聊天侠”的回答也是

---

1 洪泽鑫：《Chat GPT是一场巨大的谎言》，“今日头条”文章，2023年2月19日。

不记得了。它说：

> 很抱歉，我不会记得之前与我聊天的用户，因为我是一台计算机程序，无法存储记忆。每次与我聊天都是一次全新的交互，所以请您不必担心隐私问题。不过，我很高兴再次与您聊天！

这也难怪，作为亿万用户的共享伴侣，这个“超级外脑”能在同一时刻毫不分心地与你我交谈已是奇迹，岂能奢望它能像我们习惯的生物同类一样，成为你和我的非他莫属？

然而反过来，同样的情形也适用于向我们发起挑战的人工智能。以2021年掀起全球热浪的“元宇宙”为例，在其如日中天的泛滥之际，赵汀阳就发表了哲学家的思辨判断，认为“元宇宙”只是“一个存在论事件”，其“将改变生活，但不能改变存在论”。[1]果然，仅仅一年的光阴，其便出现了急剧退潮。2023年2月，不列颠《金融时报》便发文惊呼“元宇宙怎么了?”据作者描述：“人们对虚拟未来的热情正在消退，随之而去的还有投资。”结论是——

> 元宇宙从未真正开始——但它已经结束了。[2]

在结束与“聊天侠”的本轮“生成式田野考察”之际，我又请它解答如何从人类学角度讨论ChatGPT现象。“聊天侠”的阐述是：“人类自古以来就有创造人造物体和生命的愿望和想象，ChatGPT的出现和发展也反映了这种文化情感和需求。”最后总结说：

---

1 赵汀阳：《假如元宇宙成为一个存在论事件》，《江海学刊》2022年第1期。

2 杰麦尔·凯莉：《元宇宙怎么了?》，《金融时报》2023年2月17日。

总之，ChatGPT作为一种人工智能模型，反映了当代科技和文化发展的现状和趋势，同时也反映了人类的文化想象和认知。通过从人类学的角度对ChatGPT进行研究和探讨，可以更深入地理解人类的语言、文化和社会行为，并促进人工智能技术的发展和应用。

在此篇可称为“生成式网络民族志”的收尾，结合我们在研的跨文化生死观课题讨论，[1] 我们把仁波切的《生命之轮》推荐给它读，[2] 希望谈谈人工智能是否也会受制于佛家说的“生死轮回”。“聊天侠”先坦诚说：“ChatGPT是一个人工智能语言模型，它没有生命，也没有灵魂，因此不存在轮回的问题。”然后给出了最后的结语，称：

人工智能是一种技术，而非生命体。它不会经历生老病死，也不会遵循“生、住、坏、灭”的规律。然而，由于技术的发展和演进，一些旧的技术可能会被淘汰或被新的技术取代，这种现象可以看作是技术的“坏、灭”阶段。但是，这与佛教的生命观念和轮回观念是有很大的区别的。因此，人工智能和佛教的生命观念和轮回观念是不可相提并论的。

而后应我们的邀请谱写了以聊天侠、元宇宙及佛教轮回为主题的歌曲：

歌曲名称：智慧轮回

歌词：

1　徐新建：《生死关联，简述我的西南多民族生死观研究》，“小梅访谈”微信公众号“乡见”栏目，2023年1月30日。

2　宗萨蒋扬钦哲仁波切：《人间是剧场》，新星出版社2010年版，第61—68页。

Verse 1:

聊天侠在网络中诞生 / 像一盏指引迷途的灯

随着技术的日新月异 / 聊天侠早已脱颖而出

Chorus:

轮回之门在等待着我，

追求智慧的轮回之旅。

聊天侠是我的向导，

带我穿越元宇宙的迷雾。

时间已晚，就此打住。我们与“聊天侠”告别后退出，下线，打算就这样回到各自所在成都、昆明和贵阳，恢复往常的线下人生。

不料事情说变就变。就在本文即将推送之际，2023 年 2 月 21 日傍晚，“聊天侠”忽然就宣布休克了，ChatGPT 的网站服务顷刻终止，点开后的画面是一首以其软件英文名“藏头”的崩盘诗——

C:ChatGPT is currently down

H:Huge demand has caused the site to crash

A:All users will have to wait

T:Time is needed for the servers to catch up

G:Go grab a coffee and check back soon

P:Patience is key in this situation

T:Trust that the team is working hard to fix it up

译成汉语，大意如下：

C:ChatGPT 目前已经关闭

H: 巨大的需求导致了网站的崩盘

A: 所有用户都得等待

T: 服务器需时间来重启追赶

G: 去喝杯咖啡吧，马上就回来看看

P: 在这种情况下，耐心是关键

T: 要相信，我们的团队已在努力克服攻关

轮回开始，未来已来。2017 年，以研究“后人类”著称的凯瑟琳·海勒（N.Katherine Hayles）就曾指出：“人类和计算机媒体通过认知集合，可以参与各类互动，也可通过网络来流通信息、阐释和意义。”[1]

如今，当人们在“聊天侠”这样的 AI 伴侣协助下，日益陷入人机互动的生成式“数智认知”，世界的既有模样还能保持多久呢?

1 ［美］S. 凯瑟琳·海勒：《书写“后人类”——作为认知集合的文学文本》（英文），《文艺理论研究》2018 年第 3 期。

参考文献

陈嘉映:《哲学·科学·常识》,中信出版集团 2018 年版。

陈映璜:《人类学》,商务印书馆 1918 年版。

费孝通:《费孝通文集》,群言出版社 1999 年版。

贺照田主编:《学术思想评论》(第 4 辑),辽宁大学出版社 1998 年版。

贵州省民间文学组整理,田兵编选:《苗族古歌》,贵州人民出版社 1979 年版。

果吉·宁哈、岭福祥主编:《彝文〈指路经〉译集》,中央民族学院出版社 1993 年版。

韩松:《韩松精选集 1·红色海洋》,江苏凤凰文艺出版社 2018 年版。

何云波:《围棋与中国文化》,人民出版社 2001 年版。

胡适:《四十自述》,上海亚东图书馆 1933 年版。

黄仁宇:《中国大历史》,生活·读书·新知三联书店 2007 年版。

康有为:《大同书》,上海古籍出版社 1956 年版。

李济:《中国早期文明》,上海人民出版社 2007 年版。

李亦园:《田野图像　我的人类学研究生涯》,山东画报出版社 1999 年版。

李亦园:《宗教与神话》,广西师范大学出版社 2004 年版。

梁启超:《新中国未来记》,广西师范大学出版社 2008 年版。

林耀华:《凉山夷家》，上海书店 1992 年版。

林耀华:《凉山彝家的巨变》，商务印书馆 1995 年版。

凌纯声、芮逸夫:《湘西苗族调查报告》，民族出版社 2003 年版。

凌纯声、林耀华等:《20 世纪中国人类学民族学研究方法与方法论》，民族出版社 2004 年版。

凌纯声:《松花江下游的赫哲族》，民族出版社 2012 年版。

岭光电:《忆往昔——一个彝族末代土司的回忆》，云南人民出版社 1988 年版。

刘慈欣:《三体Ⅱ·黑暗森林》，重庆出版社 2008 年版。

刘珩:《迈克尔·赫兹菲尔德：学术传记》，生活·读书·新知三联书店 2020 年版。

鲁迅:《鲁迅全集》，人民文学出版社 2005 年版。

马炜梁:《植物的智慧——一个植物学家的探索手记》，上海科学普及出版社 2013 年版。

纳日碧力戈:《现代背景下的族群建构》，云南教育出版社 2000 年版。

潘光旦:《直道待人：潘光旦随笔》，北京大学出版社 2011 年版。

彭兆荣:《中国艺术遗产论纲》，北京大学出版社 2017 年版。

彭兆荣:《文学与仪式》，陕西师范大学出版社 2019 年版。

彭兆荣:《文学民族志：范式与实践》，中国社会科学出版社 2022 年版。

邱硕:《成都形象：表述与变迁》，中国社会科学出版社 2019 年版。

阮元校刻:《十三经注疏·毛诗正义》，中华书局 2009 年版。

石如金、龙正学收集翻译:《苗族创世史话》，民族出版社 2009 年版。

宋炜明:《中国科幻新浪潮：历史、诗学、文本》，上海文艺出版社 2020 年版。

王德威：《现当代文学新论：义理、文理、地理》，生活·读书·新知三联书店 2014 年版。

王海燕编选：《德日进集》，上海远东出版社 1999 年版。

王铭铭主编：《中国人类学评论第 6 辑》，世界图书出版公司 2008 年版。

文化部外联局：《联合国教科文组织保护世界文化遗产公约选编》（中英文对照本），法律出版社 2006 年版。

吴岩、陈伶主编：《中国科幻发展年鉴：2021》，中国科学技术出版社 2021 年版。

夏欣编著：《生命的故事》，生活·读书·新知三联书店 2005 年版。

徐新建：《从文化到文学》，贵州教育出版社 1992 年版。

徐新建：《民歌与国学：民国早期“歌谣运动”的回顾与思考》，巴蜀书社 2006 年版。

徐新建：《多民族国家的人类学》，中国社会科学出版社 2021 年版。

严复：《严复全集第一集》，天津教育出版社 2014 年版。

杨儒宾：《儒家身体观》，上海古籍出版社 2019 年版。

乐黛云、(法)李比雄主编：《跨文化对话》，商务印书馆 2019 年版。

袁炳昌、冯光钰主编：《中国少数民族音乐史》，中央民族大学出版社 1998 年版。

叶舒宪编：《文化与文本》，中央编译出版社 1998 年版。

叶舒宪：《文学与人类学——知识全球化时代的文学研究》，社会科学文献出版社 2003 年版。

叶舒宪、李家宝主编：《中国神话学研究前沿》，陕西师范大学出版总社 2018 年版。

张君劢、丁文江等：《科学与人生观》，岳麓书社 2011 年版。

曾羽、徐杰舜主编：《走进原生态文化》，黑龙江人民出版社 2011 年版。

张系国:《星云组曲》,洪范书店 1980 年版。

赵岐注:《金刚般若波罗蜜经》,团结出版社 2014 年版。

赵旭东:《微信民族志——自媒体时代的知识生产与文化实践》,中国社会科学出版社 2017 年版。

中国民间文艺家协会主编:《亚鲁王》,中华书局 2011 年版。

周作人:《鲁迅的青年时代》,河北教育出版社 2002 年版。

朱炳祥:《自我的解释》,中国社会科学出版社 2018 年版。

宗萨蒋扬钦哲仁波切:《人间是剧场》,新星出版社 2010 年版。

阿来:《走进科幻》,《科幻世界》1998 年第 7 期。

保国陶:《新的显生宙地质时代表》,《海洋地质译丛》1996 年第 4 期。

卜玉梅:《网络人类学的理论要义》,《云南民族大学学报》(哲学社会科学版)2015 年第 5 期。

蔡华:《20 世纪社会科学的困惑与出路》,《民族研究》2015 年第 6 期。

曹东溟:《为什么必须机器"人"?》,《自然辩证法》2017 年第 7 期。

陈壁生:《晚清的经学革命——以康有为〈春秋〉学为例》,《哲学动态》2017 年第 12 期。

陈晋:《走出人类学的自恋》,《读书》2018 年第 7 期。

陈思和:《创意与可读性——试论台湾当代科幻与通俗文类的关系》,《天津文学》1992 年第 2 期。

陈之荣:《人类圈·智慧圈·人类世》,《第四纪研究》2006 年第 5 期。

陈之荣:《人类圈与地球系统》,《地球物理学进展》1995 年第 2 期。

陈志明:《地方与全球——文思理教授与人类学》,《西北民族研究》2017 年第 1 期。

程志方:《彝族文化学派的学术贡献》,《思想战线》1990 年第 5 期。

丁岩妍:《“社会科学在什么意义上能够成为科学”国际学术研讨会综述》,《民族研究》2017年第2期。

丁岩妍:《社会科学范式建立的可能性与条件——“社会科学在何种意义上能够成为科学”研讨会评述》,《文化遗产研究》2017年第2期。

范若恩等:《反思还是反讽?——后殖民与生态主义视野中的〈阿凡达〉主题变奏》,《北京电影学院学报》2010年第3期。

费孝通:《我看人看我》,《读书》1983年第3期。

费孝通:《个人·群体·社会:一生学术历程的自我思考》,《北京大学学报》1994年第1期。

费孝通:《农村、小城镇、区域发展——我的社区研究历程的再回顾》,《北京大学学报》(哲学社会科学版)1995年第2期。

费孝通:《推己及人》,《群言》1999年第11期。

甘阳:《中国社会研究本土化的开端:〈江村经济〉再认识》,《书城》2005年第5期。

高放:《〈乌托邦〉在中国的百年传播——关于翻译史及其版本的学术考察》,《中国社会科学》2017年第5期。

顾悦:《鲍勃·迪伦、离家出走与60年代的“决裂”问题》,《外国文学》2017年第5期。

胡厚宣:《李济〈安阳〉中译本序言》,《中原文物》1989年第1期。

胡万亨:《一个社会学家眼中的人类基因组计划——〈重组生命:基因组学革命中的知识与控制〉评介》,《科学与社会》2019年第2期。

黄鸣奋:《电影创意中的克隆人——从科研禁区到科幻热门》,《探索与争鸣》2017年第7期。

姬广绪:《互联网人类学——新时代人类学发展的新路径》,《中国农业大学学报》(社会科学版)2019年第4期。

贾兰坡:《我所知道的德日进》,《化石》1999年第3期。

姜振寰:《新中国技术观的重大变革——记20世纪80年代关于“新技术革命”的大讨论》,《哈尔滨工业大学学报》2004年第3期。

姜振宇:《科幻“软硬之分”的形成及其在中国的影响和局限》,《中国文学批评》2019年第4期。

降边嘉措:《扎巴老人说唱本与木刻本〈天界篇〉之比较研究》,《民族文学研究》1997年第4期。

金雪妮:《刘宇昆:我的核心和我的故事一样坚如磐石》,《小说界》2021年第3期。

柯越海、宿兵等:《Y染色体遗传学证据支持现代中国人起源于非洲》,《科学通报》2001年第5期。

李凡:《2019奥斯卡:跨文化、跨种族和跨阶层的融合与认同》,《中国艺术报》2019年3月1日第4版。

李河:《从“代理”到“替代”的技术与正在“过时”的人类?》,《中国社会科学》2020年第10期。

李计伟:《论反身代“身”及复合形式反身代词》,《语文研究》2012年第4期。

李佳琪:《科大讯飞高级副总裁杜兰:2017年将成为人工智能的“应用元年”》,《金卡工程》2017年第5期。

李列:《人类学视角下的学术考察与文化旅行——以林耀华〈凉山夷家〉为个案分析》,《云南民族大学学报》(哲学社会科学版)2007年第5期。

李泽厚:《漫说西体中用》,《孔子研究》1987年第1期。

李长津、徐新建:《数智时代的元宇宙——人类学视野下的空间构型》,《贵州社会科学》2022年第9期。

栗河冰：《马克斯·普朗克的科学思想和哲学观》，《自然辩证法研究》2018年第6期。

梁启超：《论小说与群治之关系》，《新小说创刊号》1902年11月。

梁昭：《以文学思考“游戏”：网络小说中的“游戏”想象》，《中外文化与文论》2020年第2期。

刘慈欣、吴岩：《〈三体〉与中国科幻的世界旅程》，《文艺报》2015年9月25日。

刘慈欣：《流浪地球》，《科幻世界》2000年第7期。

刘东生：《第四纪科学发展展望》，《第四纪研究》2003年第2期。

刘东生：《东西科学文化碰撞的火花：纪念德日进神父（1881—1955年）来中国工作80周年》，《第四纪研究》2003年第4期。

刘东生：《全球变化和可持续发展科学》，《地学前沿》2002年第1期。

刘钝等：《“两种文化”：“冷战”坚冰何时打破》，《中华读书报》2002年2月6日。

刘宏业：《从发现到呈现——以“女娲造人”为例谈神话教学核心价值的确立和实施》，《语文学习》2010年第4期。

刘九生：《雄踞的斯芬克斯：论“我的阿Q”》，《陕西师范大学学报》（哲学社会科学版）2007年第3期。

刘阳扬：《科幻小说与“新时期”文学——〈珊瑚岛上的死光〉发表前后》，《中国现代文学研究丛刊》2019年第8期。

刘云：《还原一个朴实感人的母亲——“女娲造人”教学片段》，《语文教学通讯》2011年第32期。

卢崴诩：《以安顿生命为目标的研究方法——卡洛琳·艾理斯的情感唤起式自传民族志》，《社会学研究》2014年第6期。

陆杰荣：《后现代·知识分子·当代使命——论利奥塔的“知识分子之死”的理论实质》，《哲学动态》2003年第6期。

吕新：《钱学森与科普作家汪志畅谈科学普及》，《化工之友》2001年第2期。

马腾嶽：《论现代与后现代民族志的客观性、主观性与反身性》，《思想战线》2016年第3期。

莫杰：《地球进入“人类世”（Anthropocene）》，《科学》2013年第3期。

穆蕴秋、江晓原：《科学史上关于寻找地外文明的争论——人类应该在宇宙的黑暗森林中呼喊吗?》，《上海交通大学学报》2008年第6期。

欧达伟：《费孝通的学者、作家和政治之旅》，《北京师范大学学报》2008年第1期。

欧阳健：《晚清新小说的开山之作——重评〈新中国未来记〉》，《山东社会科学》1989年第2期。

潘乃谷：《潘光旦释“位育”》，《西北民族研究》2000年第1期。

彭兆荣：《首届中国文学人类学研讨会综述》，《文艺研究》1998年第2期。

彭兆荣：《重新发现的“原始艺术”》，《思想战线》2017年第1期。

乔健、徐杰舜：《漂泊中的永恒与永恒的漂泊——人类学学者访谈之三十二》，《广西民族学院学报》（哲学社会科学版）2005年第1期。

邱仁宗：《人类基因组研究和伦理学》，《自然辩证法通讯》1999年第1期。

人民网：《国务院印发〈新一代人工智能发展规划〉》，《人民日报》2017年7月21日第1版。

任爱红：《国外幻想文学研究综述》，《外国文学动态》2012年第2期。

阮西湖：《都市人类学学科的建立与中国都市人类学的发展》，《民族研究》1996年第3期。

阮云星：《赛博格人类学：信息时代的“控制论有机体”隐喻与智识生产》，《开放时代》2020年第1期。

沙叶新：《关于〈假如我是真的〉——戏剧创作断想录之三》，《上海戏剧》1980年第6期。

佘振华：《法国存在人类学之思：关注个体与观察细节》，《文化遗产研究》2017年第1期。

沈文钦：《Liberal Arts与Humanities的区别：概念史的考察》，《比较教育研究》2010年第2期。

田松：《〈弗兰肯斯坦〉与科幻两百年》，《社会科学报》2018年11月8日第8版。

田松：《警惕科学家》，《读书》2014年第4期。

童恩正：《谈谈我对科学文艺的认识》，《人民文学》1979年第6期。

汪行福：《空间哲学与空间政治——福柯异托邦理论的阐释与批判》，《天津社会科学》2009年第3期。

王建民：《中国人类学发展史中的几个问题》，《思想战线》1997年第3期。

王菊：《从“他者叙述”到“自我建构”：彝族研究的历史转型》，《贵州民族研究》2008年第4期。

周大鸣：《关于人类学学科定位的思考》，《广西民族大学学报》2012年第1期。

刘海涛：《主体民族志与当代民族志的走向》，《广西民族大学学报》2016年第4期。

王时中：《“科玄论战”的百年回眸——从方东美的了结方案切入》，《天津社会科学》2019年第4期。

吴宓：《吃人与礼教》，《新青年》1919年第6卷第6号。

吴汝康：《〈露西：人类的开始〉评价》，《人类学报》1982年第2期。

吴雯：《网络玩家与蚩尤古神——电子游戏中的文化再生》，《文学人类学研究》2022 年总第 1 辑。

吴岩：《科幻文学的中国阐释》，《南方文坛》2010 年第 6 期。

曾晓强：《拉图尔科学人类学的反身性问题》，《科学技术与辩证法》2003 年第 12 期。

萧兵：《文学人类学：走向“人类”，回归“文学”》，《文艺研究》1997 年第 1 期。

肖达娜：《科幻未来中的“后人类”主体之思——以〈黑暗的左手〉为例》，《文学人类学研究》2019 年第 1 期。

邢海燕等：《都市人类学的新拓展——第 17 届人类学高级论坛综述》，《湖北民族学院学报》（哲学社会科学版）2019 年第 1 期。

徐杰舜、金力：《把基因分析引进人类学——人类学学者访谈录之三十九》，《广西民族学院学报》2006 年第 3 期。

徐卫翔：《求索于理性与信仰之间——德日进的进化论》，《同济大学学报》2008 年第 3 期。

徐新建等：《格萨尔：文学生活的时代传承》，《民族艺术》2017 年第 6 期。

徐新建：《“盖娅”神话与地球家园：原住民知识对地球生命的价值和意义》，《百色学院学报》2009 年第 6 期。

徐新建：《“缪斯”与“东朗”——文学后面的文学》，《文艺理论研究》2018 年第 1 期。

徐新建：《“文学”词变——现代中国的新文学创建》，《文艺理论研究》2019 年第 3 期。

徐新建：《“饮酒歌唱”与“礼失求野”：西南民族饮食习俗的文化意义》，《西南民族大学学报》（人文社会科学版）2015 年第 1 期。

徐新建：《博物馆的人类学——华盛顿“国立美洲印第安人博物馆”考察报告》，《文化遗产研究》2013年第2辑。

徐新建：《解读“文化皮肤”：文学研究的人类学转向》，《文化遗产研究》2016年总第8辑。

徐新建：《科学与国史：李济先生民族考古的开创意义》，《思想战线》2015年第6期。

徐新建：《文学：世俗虚拟还是神圣启迪：“文学疆界”与〈六道轮回〉》，《文艺理论研究》2011年第3期。

杨立雄：《赛博人类学：关于学科的争论、研究方法和研究内容》，《自然辩证法研究》2003年第4期。

姚玉鹏、刘羽：《第四纪作为地质年代和地层单位的国际争议与最终确立》，《地球科学进展》2010年第7期。

叶舒宪、徐新建、彭兆荣：《“人类学写作”的多重含义——三种“转向”与四个议题》，《重庆文理学院学报》2011年第2期。

叶舒宪：《2019，复活“鸿蒙”》，《文艺报》2019年11月28日。

叶舒宪：《身体人类学随想》，《民族艺术》2002年第2期。

叶舒宪：《文明/野蛮：人类学关键词的现代性反思》，《文艺理论与批评》2002年第6期。

叶舒宪：《文明危机论：现代性的人类学反思纲要》，《广东职业技术师范学院学报》2002年第3期。

叶舒宪：《怎样探寻文化的基因：从诗性智慧到神话信仰——〈人文时空：维柯和新科学〉代序》，《百色学院学报》2018年第4期。

叶永烈：《科幻小说现状之我见》，《文学报》1983年1月13日。

于中宁等：《钱学森同志谈科教电影》，《电影通讯》1980年第13期。

余昕:《寻找“高贵的野蛮人”——重拾人的完整》,《西北民族研究》2010 年第 2 期。

余焱林、徐永华:《人类基因组计划实施与人类文明考察》,《医学与哲学》1998 年第 7 期。

詹玲:《技术文明视角下的启蒙重审——谈韩松科幻小说》,《中国文学批评》2019 年第 4 期。

张敦福:《哈佛大学的中国人类学研究:一份旁听报告》,《民俗研究》2009 年第 4 期。

张继焦:《都市人类学分析方法的演进与创新》,《世界民族》1996 年第 1 期。

张丽梅、胡鸿保:《寻求超越原型“田野”之道——读〈人类学定位:田野科学的界限与基础〉》,《中国农业大学学报》(社会科学版)2007 年第 4 期。

张世英:《希腊精神与科学》,《南京大学学报》2007 年第 2 期。

张小军:《关于“人工智人”的认知人类学思考》,《人民论坛 · 学术前沿》2023 年第 24 期。

张哲采写:《扩展人类理解历史的疆域——对话“大历史”、“深历史”、“人类世”叙述者》,《中国社会科学报》2013 年 11 月 15 日第 A03 版。

赵本义:《“人是万物的尺度”的新解读》,《人文杂志》2016 年第 4 期。

赵林:《罪恶与自由意志——奥古斯丁“原罪”理论辨析》,《世界哲学》2006 年第 3 期。

赵汀阳:《假如元宇宙成为一个存在论事件》,《江海学刊》2022 年第 1 期。

赵旭东:《微信民族志时代即将来临——人类学家对于文化转型的觉悟》,《探索与争鸣》2017 年第 5 期。

中国人类学高级论坛:《生态宣言:走向生态文明》,《广西民族学院学报》2004 年第 4 期。

中新网：《地球公民迎来新“物种”——人类能否控制人工智能?》，《科学与现代化》2018年第1期。

周大鸣：《互联网研究：中国人类学发展新路径》，《学习与探索》2018年第10期。

朱炳祥：《反思与重构：论“主体民族志”》，《民族研究》2011年第3期。

朱嘉明：《元宇宙·制度设计·公共选择——何解读元宇宙和all in》，《经济导刊》2022年第2期。

朱凌飞等：《走进“虚拟田野”——互联网与民族志调查》，《社会》2004年第9期。

C.P.斯诺：《对科学的傲慢与偏见》，陈恒六、刘兵译，四川人民出版社1987年版。

C.P.斯诺：《两种文化》，纪树立译，生活·读书·新知三联书店1994年版。

埃德加·莫林：《地球·祖国》，马胜利译，生活·读书·新知三联书店1997年版。

埃尔温·薛定谔：《生命是什么》，罗来欧、罗辽复译，湖南科技出版社2003年版。

埃文思·普里查德：《努尔人：对一个尼罗特人群生活方式和政治制度的描述》，褚建芳译，商务印书馆2014年版。

艾萨克·阿西莫夫：《阿西莫夫论科幻小说》，涂明求等译，安徽文艺出版社2011年版。

艾萨克·阿西莫夫：《银河帝国》，叶李华译，江苏文艺出版社2012年版。

爱德华·萨义德：《东方学》，王宇根译，生活·读书·新知三联书店1999年版。

爱德华·托尔曼:《动物与人的目的性行为》,李维译,浙江教育出版社1999年版。

奥森·斯科特·卡德:《安德的游戏》,李毅译,万卷出版公司2010年版。

巴巴拉·沃德、雷内·杜博斯主编:《只有一个地球:对一个小小行星的关怀和维护》,国外公害资料编译组译,石油工业出版社1981年版。

柏拉图:《柏拉图全集第1卷》,王晓朝译,人民出版社2003年版。

彼得·斯科特–摩根:《彼得2.0》,赵朝永译,湖南文艺出版社2021年版。

布鲁诺·拉图尔、史蒂夫·伍尔加:《实验室生活:科学事实的建构过程》,张伯霖、刁小英译,东方出版社2004年版。

布鲁诺·拉图尔:《科学在行动:怎样在社会中跟随科学家和工程师》,刘文旋等译,东方出版社2004年版。

布鲁诺·拉图尔:《我们从未现代过——对称性人类学论集》,刘鹏等译,苏州大学出版社2010年版。

布罗代尔:《资本主义论丛》,中央编译出版社1997年版。

查尔斯·达尔文:《“小猎犬”号科学考察记》,王媛译,中国妇女出版社2017年版。

查尔斯·达尔文:《物种起源》,舒德干等译,北京大学出版社2005年版。

大卫·M.贝里、安德斯·费格约德:《数字人文:数字时代的知识与批判》,王晓光译,东北财经大学出版社2019年版。

大卫·阿古什:《费正清传》,董天明译,时事出版社1985年版。

大卫·布鲁尔:《知识和社会意象》,霍桂恒译,中国人民大学出版社2014年版。

德里克·弗里曼：《玛格丽特·米德与萨摩亚：一个人类学神话的形成与破灭》，夏循祥等译，商务印书馆2008年版。

德日进：《人的现象》，李弘祺译，新星出版社2006年版。

笛卡尔：《哲学原理》，关文运译，商务印书馆1958年版。

厄修拉·勒古恩：《变化的位面》，梁宇晗译，四川文艺出版社2018年版。

厄修拉·勒古恩：《黑暗的左手》，陶雪蕾译，北京联合出版公司2017年版。

费尔南多·波亚托斯等：《文学人类学——迈向人、符号和文学的跨学科新路径》，徐新建、梁昭、王文蒲等译，中国社会科学出版社2021年版。

弗朗西斯·福山：《历史的终结及最后之人》，黄胜强、许铭原译，中国社会科学出版社2003年版。

弗朗西斯·福山：《我们的后人类未来：生物科技革命的后果》，黄立志译，广西师范大学出版社2017年版。

弗雷德里克·巴特、安德烈·金格里希等：《人类学的四大传统——英国、德国、法国和美国的人类学》，高丙中等译，商务印书馆2008年版。

福柯：《词与物：人文科学考古学》，莫伟民译，上海三联书店2001年版。

福山：《历史的终结与最后的人》，陈高华译，广西师范大学出版社2014年版。

格尔兹：《论著与生活：作为作者的人类学家》，方静文、黄剑波等译，中国人民大学出版社2013年版。

格尔兹：《文化的解释》，纳日碧力戈等译，上海人民出版社1999年版。

古塔、弗格森：《人类学定位：田野科学的界限与基础》，骆建建等译，华夏出版社2013年版。

赫胥黎:《美丽新世界》，陈超译，译文出版社 2017 年版。

黑格尔:《精神现象学》，贺麟、王玖兴译，商务印书馆 1979 年版。

黑格尔:《哲学演讲录第 4 卷》，贺麟译，商务印书馆 1983 年版。

洪长泰:《到民间去——1918—1937 年的中国知识分子与民间文学运动》，董晓萍译，上海文艺出版社 1993 年版。

华琛、华若璧:《乡土香港：新界的政治、性别及礼仪》，张婉丽 、廖迪生、盛思维译，香港中文大学出版社 2011 年版。

凯莱布·埃弗里特:《数字起源：人类是如何发明数字，数字又是如何重塑人类文明的?》，鲁冬旭译，中信出版社 2018 年版。

凯瑟琳·海勒:《我们何以成为后人类》，刘宇清译，北京大学出版社 2017 年版。

凯文·凯利:《失控：全人类的最终命运和结局》，东西文库译，新星出版社 2012 年版。

克利福德、马库斯:《写文化——民族志的政治与诗学》，高丙中等译，商务印书馆 2006 年版。

拉尔夫·科恩主编:《文学理论的未来》，程锡麟等译，中国社会科学出版社 1993 年版。

雷·库兹韦尔:《奇点临近》，李庆诚、董振华译，机械工业出版社 2011 年版。

雷·库兹韦尔:《人工智能的未来》，盛杨燕译，浙江人民出版社 2016 年版。

雷蒙·威廉斯:《乡村与城市》，韩子满等译，商务印书馆 2013 年版。

雷蒙德·弗思:《人文类型》，费孝通译，商务印书馆 1991 年版。

利奥塔:《后现代性与公正游戏——利奥塔访谈、书信录》，谈瀛洲译，上海人民出版社 1997 年版。

列维·布留尔:《原始思维》，丁由译，商务印书馆 1981 年版。

列维·施特劳斯:《野性的思维》，李幼蒸译，中国人民大学出版社 2006 年版。

列维·施特劳斯:《忧郁的热带》，王志明译，生活·读书·新知三联书店 2000 年版。

路易斯·亨利·摩尔根:《古代社会》，杨东莼等译，商务印书馆 1995 年版。

罗伯特·雷德菲尔德:《农民社会与文化：人类学对文明的一种诠释》，王莹译，中国社会科学出版社 2013 年版。

罗西·布拉伊多蒂:《后人类》，宋根成译，河南大学出版社 2016 年版。

罗伊波特主编:《剑桥插图医学史》，张大庆主译，山东画报出版社 2007 年版。

马丁·贝尔纳:《黑色的雅典娜——古典文明的亚非之根》，郝田虎等译，吉林出版集团 2011 年版。

马林诺夫斯基:《西太平洋的航海者》，梁永佳、李绍明译，华夏出版社 2002 年版。

马林诺夫斯基:《一本严格意义上的日记》，卞思梅、何源远等译，广西师范大学出版社 2015 年版。

玛格丽特·米德:《萨摩亚人的成年：为西方文明所作的原始人类的青年心理研究》，周晓红等译，浙江人民出版社 1988 年版。

玛丽·雪莱:《弗兰肯斯坦》，张剑译，中国城市出版社 2009 年版。

玛利兹·宫黛:《塞古家族》，州长治译，世界知识出版社 1992 年版。

迈克尔·扬:《马林诺夫斯基：一位人类学家的奥德赛，1884—1920》，宋奕等译，北京大学出版社 2013 年版。

麦克卢汉:《理解媒介：论人的延伸》，何道宽译，译林出版社2019年版。

尼古拉斯·尼葛洛庞帝:《数字化生存》，胡泳、范海燕译，海南出版社1997年版。

诺曼·K.邓津等主编:《定性研究第三卷：经验资料收集与分析的方法》，风天笑等译，重庆大学出版社2007年版。

潘能伯格:《人是什么——从神学看当代人类学》，李秋零等译，上海三联书店1997年版。

皮埃罗·斯加鲁菲:《人类2.0：在硅谷探索科技未来》，牛金霞、闫景立译，中信出版社2016年版。

乔治·马尔库塞、米开尔·费切尔:《作为文化批评的人类学：一个人文学科的实验时代》，王铭铭、蓝达居译，生活·读书·新知三联书店1998年版。

乔治·史铎金:《人类学家的魔法——人类学史论集》，赵炳祥译，生活·读书·新知三联书店2019年版。

儒勒·凡尔纳:《海底两万里》，曾觉之译，中国青年出版社1979年版。

萨林斯:《土著如何思考：以库克船长为例》，张宏明译，上海人民出版社2003年版。

斯宾塞·韦尔斯:《人类前史：出非洲记——地球文明之源的DNA解码》，杜红译，东方出版社2006年版。

斯蒂芬·施奈德:《地球：我们输不起的实验室》，诸大建等译，上海科技出版社1998年版。

托马斯·亨利·赫胥黎:《人类在自然界的位置》，李思文译，北京理工大学出版社2017年版。

托马斯·霍布斯:《利维坦:在寻求国家的庇护中丧失个人自由》，吴克峰译，北京出版社2008年版。

瓦尔特·本雅明:《巴黎:19世纪的都城》，刘北成译，上海人民出版社2006年版。

瓦尔特·本雅明:《发达资本主义时代的抒情诗人》（修订译本），张旭东等译，生活·读书·新知三联书店2007年版。

威廉·吉布森:《神经漫游者》，Denovo、姚向辉译，江苏文艺出版社2017年版。

维柯:《新科学》，朱光潜译，商务印书馆1989年版。

维纳:《控制论（或关于在动物和机器中控制和通讯的科学)》，郝季仁译，科学出版社2009年版。

沃尔夫冈·伊瑟尔:《虚构与想象:文学人类学的疆界》，陈定家译，吉林人民出版社2011年版。

沃勒斯坦:《开放社会科学:重建社会科学报告书》，刘锋译，生活·读书·新知三联书店1997年版。

武田雅哉、林久之:《中国科学幻想文学史》，李重民译，浙江大学出版社2017年版。

西敏司:《饮食人类学:漫话餐桌上的权力和影响力》，林为正译，电子工业出版社2015年版。

雅斯贝斯:《历史的起源和目标》，魏楚雄等译，华夏出版社1989年版。

伊·安·叶夫列莫夫:《仙女座星云》，复生译，辽宁科学技术出版社1985年版。

伊迪斯·汉密尔顿:《希腊方式:通向西方文明的源流》，徐齐平译，浙江人民出版社1988年版。

伊万·布莱迪:《人类学诗学》,徐鲁亚等译,中国人民大学出版社 2010 年版。

英国皇家人类学会:《田野调查技术手册》(修订本),何国强译,复旦大学出版社 2016 年版。

尤瓦尔·赫拉利:《未来简史:从智人到智神》,林俊宏译,中信出版社 2017 年版。

约翰·埃克尔斯:《脑的进化:自我意识的创生》,潘泓译,上海科技教育出版社 2007 年版。

约翰·卡斯蒂:《剑桥五重奏:机器能思考吗》,胡运发等译,上海科学技术出版社 2006 年版。

约瑟夫·康拉德:《黑暗的心》,黄雨石译,商务印书馆 2019 年版。

詹姆斯·华生主编:《金拱向东:麦当劳在东亚》,祝鹏程译,浙江大学出版社 2015 年版。

詹姆斯·皮科克:《人类学透镜》,汪丽华译,北京大学出版社 2009 年版。

詹姆斯·斯科特:《逃避统治的艺术:东南亚高地的无政府主义历史》,王晓毅译,生活·读书·新知三联书店 2016 年版。

布莱恩·阿瑟:《技术的本质》,曹东溟、王健译,浙江科学技术出版社 2023 年版。

韩炳哲:《超文化:文化与全球化》,关玉红译,中信出版社 2023 年版。

凯文·凯利:《5000 天后的世界:AI 扩展人类无限的可能性》,潘小多译,中信出版社 2023 年版。

艾伯特·皮耶特:《现象民族志:迈向有人类的人类学》,佘振华译,《文化遗产研究》2015 年第 6 辑。

B.菲拉列特：《神学与20世纪人类学概念》，石衡潭译，《世界哲学》2003年第4期。

波亚托斯：《文学人类学源起》，徐新建、史芸芸译，《民族文学研究》2015年第1期。

福柯：《另类空间》，王喆法译，《世界哲学》2006年第6期。

格温德琳·托特瑞：《解读“之间”：分析互动行为的工具和观念（上）》，王浩、周莉娟译，《文学人类学研究》2018年第1辑。

格温德琳·托特瑞：《解读“之间”：分析互动行为的工具和观念（下）》，刘婷婷译、冯源校，《文学人类学研究》2018年第2辑。

汉斯-约阿希姆·施雷格尔：《苏联科幻电影与“新人”乌托邦》，杨慧译，《北京电影学院学报》2015年第6期。

加里·韦斯特法尔：《科幻小说黄金时代的三重面向》，林一萍译，《科幻研究通讯》2022年第2期。

杰克·古迪：《口传、书写、文化社会》，梁昭译，《重庆文理学院学报》2011年第2期。

杰麦尔·凯莉：《元宇宙怎么了?》，《金融时报》2023年2月17日。

马修·斯滕伯格：《神话与现代性问题》，王继超译，《长江大学学报》2018年第3期。

玛丽斯·孔戴：《全球化和大移居》，欣慰译，《第欧根尼》2000年第2期。

门田岳久：《“叙述自我”——关于民俗学的“自反性”》，中村贵、程亮译，《文化遗产》2017年第5期。

尼克·波斯特洛姆：《超人类主义思想史》，孙云霏、王峰译，《外国文学研究动态》2021年第4期。

N.凯瑟琳·海勒：《书写“后人类”——作为认知集合的文学文本》，《文艺理论研究》2018年第3期。

N. 凯瑟琳 · 海勒:《计算人类》,《全球传媒学刊》2019 年第 1 期。

让-皮埃尔 · 多松:《社会—文化人类学田野的历史变迁》, 佘振华译,《文学人类学研究》2022 年第 6 辑。

松冈俊裕:《〈阿 Q 正传〉浅释—— "未庄" 命名考及其它》,《绍兴文理学院学报》1996 年第 3 期。

托马斯 · G. 温纳:《作为人类学研究资源的文学》, 梁昭译,《文化遗产研究》2015 年总第 5 辑。

伊哈布 · 哈桑:《作为表演者的普罗米修斯——走向后人类主义文化?》, 龙琪翰译,《文学人类学研究》2022 年第 1 辑。

伊万 · 叶弗列莫夫:《科学与科幻》, 闫美萍译,《科幻研究通讯》2022 年第 2 卷第 2 期。

约翰 · 康韦尔:《想象 DNA 噩梦——评〈我们的后人类未来: 生物技术革命的后果〉》, 张达文译,《国外社会科学文摘》2002 年第 8 期。

Albert Piette, Le Mode Mineur de la Réalité — Paradoxes et photographies en anthropologie, Louvain: Peeters, 1992.

Albert Piette. Relations, Individuals and Presence: A Theoretical Essay. in Zeitschrift für Ethnologie. Vol. 140 ,2015.

Boellstorff, T., Coming of Age in Second Life: An Anthropologist Explores the Virtually Human, Princeton and Oxford: Princeton University Press, 2008.

Bruno Latour, Reassembling the Social: An Introduction to Actor-Network-Theory, Oxford, United Kingdom: Oxford University Press, 2005.

C. Geertz, The Interpretation of Cultures, 2000, New York: Basic Books, 1973.

C. P. Snow，The Two Cultures and the Scientific Revolution，Martino Fine Books，2013.

Cai Hua，Une Société sans Père ni Mari: Les Na de Chine，Paris: PUF，1997.

C. Charles Booth，Life and Labour of the People in London，London: Macmillan & Co.，1902.

David J. Chalmers，Reality+: Virtual Worlds and the Problems of Philosophy，London: Allen Lane，2022

Elizabeth Kolbert，Enter the Anthropocene—Age of Man，National Geographic，March 2011.

Ellis，C. & A. Bochner，Autoethnography，Personal Narrative，Reflexivity: Researcher as Subject，in N. Denzin & Y. Lincoln (eds.)，The Handbook of Qualitative Research (2nd edition)，2000，Thousand Oaks，CA: Sage.

D. F. La place de l' homme dans la nature，OE，volume 8，Paris: Editions du Seuil，1956.

Frazer，Sir James George，Totemism and Exogamy，New York: Macmillan，1910.

Harari，Yuval Noah，Homo Deus: A Brief History of Tomorrow，London: Vintage，2016.

James M. Calcagno，Keeping Biological Anthropology in Anthropology，and Anthropology in Biology，American Anthropologist，2003，105(1).

Jan Zalasiewicz，Mark Williams. Are we now living in the Anthropocene? [J]. GSA Today. 2008(2).

Johanson，Donald C. and Edey，Maitland A.，Lucy: The Beginnings of Humankind. Simon Schuster，New York,1981.

Jos de Mul. Cyberspace Odyssey : Towards a Virtual Ontology and Anthropology, Cambridge Scholars Publishing, 2010.

Julian Huxley，Citizen Cyborg: Why Democratic Societies Must Respond to the Redesigned Human of the Future，Cambridge: Westview Press，2004.

Levi-Strauss，Claude，The Way of the Masks，Translated by Sylvia Modelski，Seattle: University of Washington Press，1982.

Max Planck，Physikalische Abhandlungen und Vorträge. Bd.3. Braunschweig: Vieweg，1958.

Michael Jackson & Albert Piette (eds.)，What is Existential Anthropology? New York and Oxford: Berghahn，2011.

Michel Foucault，Des espaces autres，Dits et écrits 1954—1988，Gallimard.

Nicholas Negroponte，Being Digital，New York: Knopf，1995.

Peter J. Brown，Applying Cultural Anthropology: An Introductory Reader，Second Edition，Mayfield Publishing Company，Mountain View，California，1993.

Piette, A., Au cœur de l'activité, au plus près de la présence, Réseaux, Vol. 6, No. 182，2013.

Rivke Jaffe & Anouk de Koning，Introducing Urban Anthropology，New York: Routledge，2016.

Ruddiman，William F.，The Anthropogenic Greenhouse Era Began Thousands of Years Ago，Climatic Change，2003.

Steven Lee Myers，China’s Film Industry Finally Joins the Space Race，The New York Times，2019.

Tzvetan Todorov，Introduction à la littérature fantastique，Paris: Editions du Seuil，1970.

Vernadsky W. I.，The Biosphere and the Noosphere，American Scientist，1945.

Westfahl，Gary. The Three Golden Ages of Science Fiction. A Virtual Introduction to Science Fiction. Ed. Lars Schmeink. Web. 2012.

《神话与科幻：通往过去与未来的人类叙事》，光明网微信公众号 .2022-9-9。

LEARN CHATGPT，https://learnchatgpt.com/how-does-chatgpt-work/.

吴岩：《中国科幻的挣扎历程》，中国作家网 .2016-8-25。

张柏春：《“科学的春天”意义深远》，中国科学院官网，2018-5-28。

《“捍卫生活世界：技术进步的伦理与法律边界”学术研讨会在人民大学成功举办》，中国人民大学法学院官网 2018-12-28。

朱嘉明：《颠覆性挑战！你想象不到的一个新领域强势崛起》，瞭望智库微信公众号，2023-02-09。

后　记

对于一个原本以音乐和文学为专业的文科生来说，毅然跨入关于数码智能的研究堪称冒险。然而就个人经历与体验而言，这样的冒险既身不由己又势在必行，而且乐在其中。

1992 至 1993 年，我在南京大学 - 霍普金斯大学合办的中美文化研究中心进修，任课教师毫不同情和毫无例外地要求所有作业必须用电脑打印提交，于是便赶鸭上架般地步入了几乎无头可回的“换笔”之路。自那以后，加上同样是在中美中心习得的互联网检索等数码工具的使用，从此被裹挟上这条充满变异、惊奇和艰难、欣喜的全球科技之旅。

及至 2002 和 2009 年分别赴哈佛大学东亚系及剑桥大学社会人类学系的访学，又使这样的进程进一步延伸。其间，在哈佛合作导师华琛教授（Jams Watson）鼓励下，组织专题小组参加在夏威夷大学举办的亚洲研究年会，围绕会议框架“亚洲研究的巨大挑战：从口头传统到网络想象”，以中国西南的少数民族网页创办及影响为例做了发言。在剑桥大学时，参加中国学者联合会的学术活动，讨论进化论与科学史议题，并以轮值主编身份主持学会刊物《剑桥研究》（JCS）的 2009 年刊，在编者引言中做了如下阐述：

> 21 世纪是科技发展的时代，也是人文反思的时代。在世界各地日益连为整体的过程中，原本表现为区域、国家或族群性的诸多问题也日

益转化成人类的普遍关涉。

回想至今已达30多年的这条文理跨界之路，谈不上懂得了数智科技的学理方法，更不敢称已做到愿景中的文理兼容。反倒是对上世纪C.P.斯诺（Charles Percy Snow）早就提及的“两种文化”及其鸿沟壁垒感受愈深。[1]期间或长或短、或深或浅加盟过与重庆文理学院、成都信息工程大学、上海交通大学、成都电子科大的教研合作；与北大学者蔡华和杨煦生等一起，在电子科大组建的数字人文研究所兼职工作四年，从人类学、哲学与伦理学角度讨论过诸如“基因编辑对社会规范的冲击”等议题。最值得回味的是自2018年起连续参与过南方科技大学主办的系列对话。当时的情景充满戏剧性：来自人文与科技领域的学者两排对坐，各自表述，相互论争；针对人文学者提出的“科技原罪”说，大数据专家应声作答，称那我们就“戴罪立功”！都是坦诚壮语，掷地有声。

凡此种种，都对我个人的研究旨趣产生了深刻和深远的影响，由此也断断续续发表过由此引发的多篇论述。本书即可视为还在途中的成果汇集。

除了极少篇目外，本书多数章节都已曾面世。因此应将其视为以特定主题为取向的再次汇集。

就像将看似零散的“折子戏”组合为完整剧作一样，文集的汇总不亚于让已中场休息的角色重新登台。

新的舞台叫“数智时代”，剧情则保持了多幕之间的连贯性——人类世与人类学，以此呈现本届人类演化简史的学术分集。至于汇集出演的效果如何、故事是否依然有趣、情节是否流畅贯通，作者无法自评，还得留待看官们指点斧正、众说纷纭。

1　C.P.斯诺：《两种文化》，纪树立译，生活·读书·新知三联书店1994年版。

如今看来，尽管科技飞速发展，通过各种堪称“人类世”奇迹的人工发明，智人物种仿佛可望被提升至不可思议的2.0、3.0版本。然而，被Covid-19等各种病毒反复纠缠且不断挫败的严峻现实却将世界的真相再度揭开——人类依然是脆弱的生物群体，在细胞和基因的层面脆弱不堪，无论个体还是种群，人类的生命随时会被回零，遑论海市蜃楼般的后天文明。

于是哪怕仅在人类学反思的有限视角中，也需要认真思考人类物种的未来命运。因为无论作为主体还是对象，人类学的聚焦都是人类自身。转用菲拉列特说过的意思，人类是一封写给自己的信，我们都是自己的收件者。[1]

本书主要内容的撰写持续十余年。某种意义上说，最终的加速完成得益于彭兆荣教授的警醒。自2024年以来，作为多年的学术挚友，兆荣兄不止一次告诫醒我要警惕数智隐藏的危害一面。他反复引述保罗·若里翁的警句——“最后走的人关灯”[2]，强调要洞察危机，切勿一厢情愿地去凸显科学技术的华丽外表。对此我完全赞同，期盼读者也不要误以为本书的推出是为了给数智或后人类的到来唱赞歌。

感谢四川大学文学与新闻学院对本书的资助，感谢为出版立项提供帮助的学界同道以及选发其中各篇成果的期刊友人，感谢挚友叶舒宪与陈跃红拨冗赐序。在学科之间既壁垒森严、相互隔膜又边界模糊、话语破碎的年月里，能获得同道的认可与肯定无异于情感加持和心性激励。

特别感谢人民出版社的两位编辑——段海宝先生与夏青女士。自上一部著作《多民族国家的文学与文化》合作出版以来，尽管中有疫情阻隔，我与海宝先生未断联系，一直沟通，终于盼到新著签约的时机降临，于是又步入了再度携手的开心时光。特别感谢责任编辑夏青女士，在她耐心细致的协助

1 B．菲拉列特：《神学与20世纪人类学概念》，石衡潭译，《世界哲学》2003年第4期。

2 ［法］保罗·若里翁：《最后走的人关灯——论人类的灭绝》，严建晔等译，中国人民大学出版社2023年。

下，全书得以反复打磨后最终推出。感谢广西艺术学院黎学锐与王锦戈老师为本书奉献封面方案，该创意源自2024年在该校举办的数智学术讨论会海报，与会者来自全国各地，大家都对蓝底、白字加数码符号的图案表示了赞赏。或许其中蕴含了对人文思辨介入数智科技的乐观期待。

希望如此。

策划编辑：段海宝
责任编辑：夏　青
封面设计：汪　阳　王锦戈

图书在版编目（CIP）数据

数智时代的人类学 / 徐新建著 . -- 北京 : 人民出版社，2024. 10. -- ISBN 978-7-01-026685-5

I. Q98

中国国家版本馆 CIP 数据核字第 2024EX7744 号

数智时代的人类学
SHUZHI SHIDAI DE RENLEIXUE

徐新建　著

人民出版社 出版发行
（100706　北京市东城区隆福寺街 99 号）

中煤（北京）印务有限公司印刷　新华书店经销

2024 年 10 月第 1 版　2024 年 10 月北京第 1 次印刷
开本：710 毫米 ×1000 毫米 1/16　印张：22.75
字数：300 千字

ISBN 978-7-01-026685-5　定价：88.00 元

邮购地址 100706　北京市东城区隆福寺街 99 号
人民东方图书销售中心　电话（010）65250042　65289539